公民科学素质建设发展战略研究
——以东北老工业基地为例

郑保章 李良玉 著

科学出版社
北京

内 容 简 介

科学素质是公民素质的重要组成部分，是社会文明进步的基础。提升科学素质，对公民树立科学的世界观和方法论、增强国家自主创新能力和文化软实力、建设社会主义现代化强国，具有十分重要的意义。当下，国家间的竞争更明显地表现为各国人力资源的竞争，良好的公民科学素质已成为现代社会健康、高效运行的基本前提。为此，本书以公民科学素质理论为基础，以东北老工业基地为例解析了公民科学素质建设的内涵和特点，分区域对东北老工业基地的投入和产出效率进行评价，在此基础上构建了公民科学素质建设投入的有效性评价体系，并进行综合评价，分析现实问题，剖析其根源，以期为提升我国公民科学素质建言献策。

本书适合科普研究人员、科技传播研究人员、新闻传播学及相关学科的高校师生以及其他关注公民科学素质的相关人员阅读。

图书在版编目（CIP）数据

公民科学素质建设发展战略研究：以东北老工业基地为例 / 郑保章，李良玉著. —北京：科学出版社，2022.4
ISBN 978-7-03-071697-2

Ⅰ. ①公… Ⅱ. ①郑… ②李… Ⅲ. ①老工业基地-公民-科学-素质教育-研究-东北地区 Ⅳ. ①G322

中国版本图书馆 CIP 数据核字（2022）第 034233 号

责任编辑：王 丹 张翠霞 / 责任校对：贾伟娟
责任印制：徐晓晨 / 封面设计：蓝正设计

科 学 出 版 社 出版
北京东黄城根北街 16 号
邮政编码：100717
http://www.sciencep.com
北京虎彩文化传播有限公司 印刷
科学出版社发行 各地新华书店经销

*

2022 年 4 月第 一 版 开本：720×1000 1/16
2022 年 4 月第一次印刷 印张：13
字数：212 000
定价：98.00 元
（如有印装质量问题，我社负责调换）

感谢大连理工大学人文与社会科学学部的资助

感谢大连理工大学基本科研业务费的专项支持

前　言

习近平总书记在全国科技创新大会、两院院士大会、中国科协第九次全国代表大会上的重要讲话中强调："科技创新、科学普及是实现创新发展的两翼，要把科学普及放在与科技创新同等重要的位置。"[①]没有全民科学素质的普遍提高，就难以建立起宏大的高素质创新大军，难以实现科技成果快速转化。

自 2006 年中华人民共和国国务院颁布实施《全民科学素质行动计划纲要（2006—2010—2020 年）》（简称《科学素质纲要》）以来，特别是"十二五"期间，各地各部门围绕党和国家发展大局，联合协作，未成年人、农民、城镇劳动者、领导干部和公务员、社区居民等重点人群科学素质行动扎实推进，带动了全民科学素质水平的整体提高；科技教育、传播与普及工作广泛深入开展，科普资源不断丰富，大众传媒特别是新媒体科技传播能力明显增强，基础设施建设持续推进，人才队伍不断壮大，公民科学素质建设的公共服务能力进一步提升；公民科学素质建设共建机制基本建立，大联合大协作的局面进一步形成，为全民科学素质工作的顺利开展提供了保障。第十一次中国公民科学素质抽样调查结果显示，2020 年我国公民具备科学素质的比例达到 10.56%，较 2015 年的 6.20%提高了 4.36 个百分点，圆满完成了"十三五"规划提出的 2020 年"公民具备科学素质的比例超过 10%"的工作目标，为"十四五"全民科学素质工作奠定了坚实基础[②]。

公民的科学素质问题是当今社会关注的热点。随着我国经济的强势增长以及建设创新型国家战略的制定，我国公民科学素质比例相对较低的状况与对高素质人力资源的巨大需求之间形成了强烈反差。与此同时，区域经济发展的不平衡导致了社会不同人群之间的科学素质鸿沟。为此，国务院颁布了《国家中

[①] 罗子欣. 2019. 把科普放在与科技创新同等重要的位置. https://m.gmw.cn/baijia/2019-05-30/32877181.html [2019-05-30].

[②] 付琳. 2021. 第十一次中国公民科学素质抽样调查结果　公民具备科学素质的比例达到 10.56%. http://www.xinhuanet.com/science/2021-01/27/c_139701108.htm [2021-01-27].

长期科学和技术发展规划纲要（2006—2020 年）》①，首次将提高全民族科学文化素质，营造有利于科技创新的社会环境作为国家中长期科学和技术发展规划的重要内容。2021 年颁布的《全民科学素质行动规划纲要（2021—2035 年）》中则具体提出了提高公民科学素质的行动计划②。纲要指出，在"十四五"时期实施 5 项提升行动，分别为青少年科学素质提升行动、农民科学素质提升行动、产业工人科学素质提升行动、老年人科学素质提升行动以及领导干部和公务员科学素质提升行动。

国内外的学者们围绕公民科学素质这一问题进行了多方研究，主要包括对科学素质的界定、对科学素质与人文素质关系的研究、对科学素质教育的比较研究、对公民科学素质的整体测评，等等。

国际组织和世界各国在提高公民科学素质的建设实践方面不断跃进。英国皇家学会（Royal Society，RS）在 1985 年发表了题为《公众理解科学》（"The Public Understanding of Science"）的研究报告，报告旨在提高英国国民的科学素质。该报告认为，"公众理解科学"就是外行对科学事务的理解，包括对科学方法和假说的实验检验的理解，以及对当前科学进展及其含义的理解。该报告除了强调加强和完善正规教育之外，还强调促进公众理解科学是科学家共同体职业责任的一部分，并进一步论述了大众媒介、博物馆、公共讲座和其他科普活动在提高公民科学素质中的重要作用。经济合作与发展组织（Organization for Economic Co-operation and Development，OECD）、国际教育成就评价协会（International Association for the Evaluation of Educational Achievement，IEA）也相继实施了一系列的科学素质评估活动，形成了各具特色的科学素质测评体系。2000 年，OECD 将科学素质（即科学素养）定义为应用科学知识、提出科学问题，并在证据的基础上得出结论的能力，以便认识自然界以及认识人类活动给自然界带来的变化，帮助人们做出与之相关的决策。国际学生评估项目（Programme for International Student Assessment，PISA）是 OECD 发起的评估学生阅读素质、数学素质和科学素质的项目，旨在考察各国学生是否具有适应生活所必需的知识和技能。在 PISA 设计的测评框架中，科学素质包括认知和

---

① 国务院. 2006. 国家中长期科学和技术发展规划纲要（2006—2020 年）. http://www.gov.cn/zwgk/2006-02/26/content_211553.htm [2006-02-09].

② 中新社. 2021. 中国官方发布全民科学素质行动规划纲要：在"十四五"时期实施 5 项提升行动. https://m.gmw.cn/2021-07/10/content_1302397031.htm [2021-07-10].

情感两个方面。认知方面指学生在科学的认知过程中展现的知识和有效使用知识的技能;在特定情境中学生还表现出科学能力受制于非认知因素,因而科学态度也成为科学素质的测评维度之一。对科学素质的考察包含科学情境、科学能力、科学知识以及科学态度四个方面[1]。从某种程度上看,该项目中关于科学能力的评估和我国 20 世纪 80 年代以来推行的素质教育理念较为一致,对正确展示我国近年来的科学教育、科学普及成果以及揭示其中存在的问题有着重要的价值。

我国对科学素质的研究相比西方发达国家要晚一些,早期研究主要集中在科学素质的内涵界定、意义及必要性的探讨上。"全民科学素质行动计划"制订工作课题研究组在《我国半个世纪的公民科学素质建设的历史轨迹》一文中指出,我国公民科学素质建设的历史轨迹经过了起步阶段、倒退阶段、恢复发展和积极探索阶段[2]。部分学者还针对科学素质政策进行了初步探索,如张义忠等在《我国公民科学素质建设的政策保障研究》一文中探讨了以美国"公众理解科学技术调查"为代表的国际成人科学素质评估和以 OECD 的 PISA 为代表的国际未成年人科学素质评估,就完善我国公民科学素质评估体系提出了若干操作性强的建议[3]。

国内学者基于米勒体系(源起于西方国家的针对公民科学素质进行测量的一套测度体系)对中国公民科学素质的测评进行了大量研究。汤书昆等认为,如果有关科学知识、科学方法的测评直接引用美国科学素质评估的原题,具体放到中国国情中就会存在一些问题,比如存在文化差异等,不宜照搬发达国家的公民科学素质测评体系,因此,需要提出适合我国国情和符合《科学素质纲要》要求的完整评估体系,以便其更好地服务于我国建设创新型国家[4]。孔燕和张凡结合实际调研数据,从结构方程模型的运用、项目分析、合格线的划分以及题库的建设等方面,对如何在中国公民科学素质测评中使用项目反应理论进

---

[1] Cresswell J, Vayssettes S. 2006. Assessing Scientific, Reading and Mathematical Literacy: A Framework for PISA 2006[M]. Paris: OECD: 26.
[2] "全民科学素质行动计划"制订工作课题研究组. 2005. 我国半个世纪的公民科学素质建设的历史轨迹[J]. 当代教育论坛, (1): 5-10.
[3] 张义忠, 汤书昆, 陈彪. 2007. 我国公民科学素质建设的政策保障研究[J]. 石家庄经济学院学报, (5): 90-92, 106.
[4] 汤书昆, 王孝炯, 陈亮. 2008. 国际科学素质评估的比较与启示[J]. 中国科技论坛, (1): 127-131.

行了阐释①。何薇和任磊为了适应全民科学素质评估的要求，基于对历次中国公民科学素质调查数据的分析和研究，构建了公民科学素质调查指标体系，该体系包括3项一级指标、9项二级指标和25项三级指标。他们还在定性研究和试验调查的基础上设计了相应的问卷调查内容②。金勇进等根据多次参与我国公民科学素质调查和测评的经验，指出基于米勒体系的国际通用标准存在一些局限性：层次划分不够细致，只有具备和不具备科学素质两类，同一层次的差异没有区分出来；测算方法缺乏灵活性。他们还适时提出改进的测算方法：根据不同题目的难度系数确定不同题目的分值；汇总每个调查者的得分，并进行标准化处理；测算总得分，确定不同层次素养水平的比例和结构③。此外，还有学者从科学知识、科学方法、科学能力等多角度构建我国公民科学素质基准测评指标体系。

全民科学素质行动计划的宗旨是全面推动我国公民的科学素质建设，实现到21世纪中叶我国成年公民具备基本科学素质的长远目标。2021年国务院颁布的《全民科学素质行动规划纲要（2021—2035年）》中提出："公民具备科学素质是指崇尚科学精神，树立科学思想，掌握基本科学方法，了解必要科技知识，并具有应用其分析判断事物和解决实际问题的能力。"④这一定义不仅结合了公民个人需求和国家目标，而且把提高处理实际问题和参与公共事务的能力作为科学素质建设的核心，同时又突出了我国重视科学精神的传统。提高公民科学素质，对增强公民获取和运用科技知识的能力、改善生活质量、实现全面发展，以及提高国家自主创新能力、建设创新型国家、实现经济社会全面协调可持续发展、构建社会主义和谐社会，都具有十分重要的意义。这一定义是当前我国公民科学素质建设的指导思想。

---

① 孔燕，张凡. 2009. 基于项目反应理论的中国公民科学素质测评方法研究[J]. 科技管理研究, 29(4): 280-283.

② 何薇，任磊. 2010. 公民科学素质指标体系研究——公民科学素质指数的创立[A]//中国科普研究所. 中国科普理论与实践探索——2009《全民科学素质行动计划纲要》论坛暨第十六届全国科普理论研讨会文集[C]. 北京：科学普及出版社: 450-457.

③ 金勇进，雷怀英，吴潇. 2011. 公众科学素养测评研究[J]. 科技进步与对策, 28(10): 125-129.

④ 国务院. 2021. 全民科学素质行动规划纲要（2021—2035年）[EB/OL]. http://www.gov.cn/zhengce/content/2021-06/25/content_5620813.htm [2021-06-25].

目 录

1 东北老工业基地公民科学素质建设投入的理论分析 ………………… 1
   1.1 公民科学素质的基本理论 …………………………………… 1
   1.2 公民科学素质建设投入的国内外经验 ……………………… 7

2 东北老工业基地公民科学素质建设的区域评价及比较分析 ………… 15
   2.1 辽宁老工业基地公民科学素质建设区域评价的模型和方法 … 15
   2.2 吉林老工业基地公民科学素质建设区域评价的模型和方法 … 34
   2.3 黑龙江老工业基地公民科学素质建设区域评价的模型和方法 … 44

3 东北老工业基地公民科学素质建设投入与产出效率评价 …………… 59
   3.1 东北老工业基地公民科学素质建设投入与产出效率评价的
      模型和方法 ………………………………………………… 59
   3.2 东北老工业基地公民科学素质建设投入与产出效率评价的
      变量选取与数据说明 ……………………………………… 63
   3.3 东北老工业基地公民科学素质建设投入与产出效率评价的
      测算结果及比较分析 ……………………………………… 64

4 东北三省公民科学素质建设投入与产出效率评价 …………………… 72
   4.1 东北三省公民科学素质建设投入与产出效率评价的模型和方法 … 72
   4.2 辽宁省公民科学素质建设投入与产出效率评价 …………… 73
   4.3 吉林省公民科学素质建设投入与产出效率评价 …………… 89
   4.4 黑龙江省公民科学素质建设投入与产出效率评价 ………… 103

5 东北老工业基地公民科学素质建设投入的有效性评价体系构建 …… 120
   5.1 东北老工业基地公民科学素质建设投入的有效性评价体系 … 120

5.2 东北老工业基地公民科学素质建设投入的有效性评价模型……… 124

　　5.3 东北老工业基地公民科学素质建设投入的有效性评价标准……… 138

6 东北老工业基地公民科学素质建设投入的有效性实证评价……… 145

　　6.1 东北老工业基地公民科学素质建设投入现状及统计分析……… 145

　　6.2 东北老工业基地公民科学素质建设投入有效性的具体评价……… 159

　　6.3 东北老工业基地公民科学素质建设投入有效性评价的状况分析… 179

7 东北老工业基地公民科学素质建设投入的调控对策研究……… 184

　　7.1 加强科普活动建设，促进公民科学素质有序提升……… 184

　　7.2 加大教育体制改革，保障公民科学素质全面发展……… 185

　　7.3 兼顾区域协调发展，促进公民科学素质的整体提升……… 186

　　7.4 加快发展科技馆建设，多角度呈现科普展览主题……… 187

　　7.5 促进政府与市场相协调，加速公民科学素质建设进程……… 188

　　7.6 加强创新教育，促进科技创新……… 188

附录 A　调查问卷 1……… 190

附录 B　调查问卷 2……… 193

1 东北老工业基地公民科学素质建设投入的理论分析

1.1 公民科学素质的基本理论

近年来，随着我国经济的不断增长，人民的生活水平不断提高。随之而来，国家、社会对公民科学素质的关注越来越多。《全民科学素质行动规划纲要（2021—2035年）》指出："提升科学素质，对于公民树立科学的世界观和方法论，对于增强国家自主创新能力和文化软实力、建设社会主义现代化强国，具有十分重要的意义。"[①]

1.1.1 公民科学素质的内涵

科学素质亦称科学素养（scientific literacy，SL），但"素质"与"素养"还有微小差别。素质偏重特质，多指先天即具有的性质，如身体素质；素养偏重修养，多指后天养成、积累的涵养，如文学素养、艺术素养。科学、技术需要后天学习，因此使用科学素养一词更为恰当。但在我国，由于长久以来提倡"素质教育"，素质一词更为广泛地被大家接受，因此将二词等同使用。

举凡事物的定义，难有统一答案。公民科学素质亦是如此。对于公民科学素质的界定，有多种版本，各国、各组织说法不一，但却大同小异。本杰明·沈（Benjamin S. P. Shen）依据功能把科学素质分为三类：公民（civic）科学素质，即公民在对科学相关问题和活动理解的基础上参与公共事务并影响决策；实用（practical）科学素质，即以解决实际问题为目的；文化（cultural）科学素质，

[①] 国务院. 2021. 全民科学素质行动规划纲要（2021—2035年）[EB/OL]. http://www.gov.cn/zhengce/content/2021-06/25/content_5620813.htm [2021-06-25].

即科学是可以被理解和学习的，它是人类文化的存在方式[1]。这一定义对后人的研究产生了较大影响。20世纪70年代，出于发布《科学与工程指标》(Science and Engineering Indicators)的需要，美国国家科学理事会（National Science Board, NSB）委托乔恩·米勒（Jon D. Miller）开发了一套用于评估公民科学素质的指标体系和相应的问卷，即著名的"米勒体系"。该体系将科学素质总结为三个维度：一是掌握足够的基本科学概念，足以阅读报纸和杂志上的科学文章；二是理解科学研究的过程和本质；三是理解科技对个人和社会的影响。米勒体系非常系统和完整，较好地揭示和测评了科学素养的本质，其操作性也较强，已成为世界各国进行科学素养测评的基础。

作为全球最大的科学和工程学协会的联合体，美国科学促进会（American Association for the Advancement of Science, AAAS）将科学素质定义为"具备并使用科学、数学和技术学的知识，做出有关个人和社会的重要决策"[2]。《美国国家科学教育标准》对科学素质的界定是："科学素质是指制定个人决策、参与公民和文化事务、从事经济活动所需要掌握的科学概念和科学过程。"[3]

OECD认为："科学素质包括运用科学基本观点理解自然界并能做出相应决定的能力，还包括能够确认科学问题、使用证据、做出科学结论并就结论与他人进行交流的能力。换句话说，如果一个人不具备一定的科学素质，就无法读懂媒体所报道的各种信息，无从了解科学技术的发展，无法识别政府科技政策的对错，无力进行意见的表达和参与。"[4]

目前国际上比较普遍的观点认为：公民科学素质是指公民了解必需的科学知识，具备科学精神和科学世界观，以及用科学的态度和科学的方法判断及处理各种事务的能力。这里面有三个构成要素：一是对科学知识的基本了解程度；二是对科学方法的基本了解程度；三是对科学技术对社会和个人所产生的影响的基本了解程度。这一规定已成为各国测定和比较公民科学素质的基本参

---

[1] Shen B S P. 1975. Science literacy and the public understanding of science[A]//Day S. Communication of Scientific Information[C]. Basel: S. Karger A. G.: 44-52.

[2] American Association for the Advancement of Science. 1992. Update, Project 2061: Education for a Changing Future[M]. Washington: American Association for the Advancement of Science.

[3] [美]国家研究理事会. 1999. 美国国家科学教育标准[M]. 戢守志, 金庆和, 梁静敏, 等译. 北京: 科学技术文献出版社.

[4] Organization for Economic Co-operation and Development. 2003. The PISA 2003 Assessment Framework: Mathematics, Reading, Science and Problem Solving Knowledge Skills[M]. Paris: OECD Publications.

照标准。

国务院最新颁布的《全民科学素质行动规划纲要（2021—2035年）》中正式把公民具备科学素质界定为"崇尚科学精神，树立科学思想，掌握基本科学方法，了解必要科技知识，并具有应用其分析判断事物和解决实际问题的能力"[①]。这是我国对"公民科学素质"的官方权威定义。

总体来说，"科学素质"作为一个系统，由科学知识、科学思想、科学方法和科学精神这四个要素组成，这些要素依一定的逻辑关系和历史关系，共同架构形成科学素质的结构[②]。依据以上对科学素质的论述，结合我国最新颁布的《全民科学素质行动规划纲要（2021—2035年）》中对公民科学素质的界定，可以将科学素质的内在结构概括为以下四点。

（1）科学知识。科学知识是人类对自然和社会的认识结晶，由诸多科学用语、基本概念、基本原理、基本规律等组成，在构成科学素质的四种要素中起着基础和核心的作用。科学知识是科学素质的前提条件，没有科学知识做基础，就不可能具备科学素质并应用科学方法进行创造。

（2）科学思想。科学思想是在科学知识基础上形成的对自然界和人类社会的基本看法，是对各门科学知识进行总结概括后形成的思想观念。科学思想是人们看待事物的一种方式，如同人的价值观。具备科学思想，即是用科学的思维来思考问题。

（3）科学方法。科学方法是人们在科学研究中所遵循的途径和所运用的各种方式及手段的总称，诸如观察、实验、测量、调查、比较、分类、归纳、演绎、类比、想象、假说等等，既包括各门学科具有的特殊研究方法，也包括各门学科共同的普遍研究方法。科学方法是科学素质延伸到方法论层面的产物，是应用科学方法来解决问题的实践操作。

（4）科学精神。美国科学社会学家罗伯特·金·默顿（Robert King Merton）认为科学精神是科学共同体共同的行为规范或精神气质，包括普遍主义、公有性、无私利性和有组织的怀疑。因此科学精神不是处在一般的知识、方法、思想的层面，而是在此基础上还需要个人进一步提炼、升华，进而上升到哲学层面的

[①] 国务院. 2021. 全民科学素质行动规划纲要（2021—2035年）[EB/OL]. http://www.gov.cn/zhengce/content/2021-06/25/content_5620813.htm [2021-06-25].

[②] 龚雄. 2007. 论我国公民科学素质建设[D]. 厦门大学硕士学位论文: 15-16.

精神气质[1]。相较于科学思想而言，科学精神是一种脱离应用层面，上升到哲学高度的思想境界。

1.1.2 公民科学素质的发展

经过多年发展，关于公民科学素质的论述已形成一套较为成熟的理论，其发展概况如下。

科学学之父约翰·德斯蒙德·贝尔纳（John Desmond Bernal）曾对公民科学素质做过广泛探讨。他提出：现代科学的艰深使科学在很大程度上高高在上地脱离了群众的觉悟，其结果对双方都是极为不利的。如果公民不能明白科学家所从事的活动，那么科学将被孤立[2]。因此，公民需要参与到科学中去，这样有助于公民理解科学，还能够对科学进行监督和制约，保障科学的正常发展，这就需要加大公民科学素质建设。虽然贝尔纳没有明确提出"科学素质"一词，但"公民科学素质"建设的理论雏形已经出现。

1952年，美国哈佛大学（Harvard University）校长詹姆斯·布莱恩特·科南特（James Bryant Conant）在其著作《科学中的普通教育》（General Education in Science）中首次使用了"科学素质"一词[3]。之后，美国威斯康星大学科学素质研究中心的米尔顿·佩勒（Milton O. Pella）等将"科学素质"拓展为六个方面，分别是科学和社会的相互关系、科学的伦理、科学的本质、概念性知识、科学和技术、人文中的科学[4]，从而形成科学素质理论的基本框架。20世纪70年，科学素质理论被进一步拓展。索瓦尔特（V. M. Showalter）提出了科学素质的七个维度：科学的本质、科学中的概念、科学过程、科学的价值、科学和社会、对科学的兴趣、与科学有关的技能[5]。莫里斯·夏莫斯（Morris H. Shamos）将科学素质划分为三个水平：文化的科学素质、功能的科学素质、"真实"的科学素质[6]。罗杰·拜比（Rodger W. Bybee）则将科学素养细分为五个水平：

---

[1] 龚雄. 2007. 论我国公民科学素质建设[D]. 厦门大学硕士学位论文.
[2] J. D. 贝尔纳. 1982. 科学的社会功能[M]. 陈体芳译. 北京：商务印书馆.
[3] James Bryant Conant. 1952. General Education in Science[M]. Cambridge: Harvard University Press.
[4] Pella M O, O'Hearn G T, Gale C W. 1966. Referents to scientific literacy[J]. Journal of Research in Science Teaching, 4(3): 199-208.
[5] Showalter V M. 1974. What is unified science education? Program objectives and scientific literacy[J]. Prism, 2(2): 1-6.
[6] Shamos M H. 1995. The Myth of Scientific Literacy[M]. New Brunswick: Rutgers University Press.

科学文盲、词语的科学素养、功能的科学素养、概念和过程的科学素养、多维的科学素养[1]。本杰明·沈从功能角度将科学素质划分为三个层次：公民科学素质、实用科学素质和文化科学素质[2][3]。

1983年，米勒将科学素质归结为三个维度：一是掌握足够的基本科学概念，足以阅读报纸和杂志上的科学文章；二是理解科学研究的过程和本质；三是理解科技对个人和社会的影响[4]。这个模式具有一定的实证数据作基础，加上它简洁明确，抓住了科学素质的核心，因而在学术界得到较为普遍的认同。米勒认为，"公众科学素养的高低有着非常重要的政治意义。在民主社会，公众科学素养的高低对科学政策的制定有着至关重要的影响。为了民主制度的健康发展，必须提高公众的科学素养"[5]。米勒的论述突出了公民科学素质对民主的作用。

至此，科学素质理论基本成型。通过梳理可以发现，对科学素质理论的建设，西方国家走在前列；我国在该理论的形成期的文献较少，但在公民科学素质建设上坚持不懈地探索，从调查理论和提升实践两个方面对我国公民科学素质的测度方法和效用水平进行了大量的基础性探讨。

1.1.3 公民科学素质的评估

在科学素质定义及其理论发展较为成熟后，如何测定公民的科学素质成为学界研究热点。米勒体系最大的成就在于将调查研究和定量分析的社会科学方法引入公民科学素质的研究，解决了学术界长期争论的关于公民科学素质标准的问题，并在世界范围内得到了广泛的应用。现实情况是，米勒关于公民科学素质的测度是基于民主社会的基本公民科学素质的测度。随着公民科学素质测评在世界范围内的推进，人们逐渐认识到科学素质测评的第三维度在不同环境下的表述存在差异，米勒体系的测评方法也不能很好地反映不同情形下公民科学素质水平的差异。为此，世界范围内的专家和学者们重新审视了公民科学素

---

[1] Bybee R W. 1997. Achieving Scientific Literacy: From Purposes to Practices[M]. Portsmouth: Heinemann.

[2] Shen B S P. 1975. Science literacy: Public understanding of science is becoming vitally needed in developing and industrialized countries alike[J]. American Scientist, 63: 265-268.

[3] Shen B S P. 1975. Science literacy and the public understanding of science[A]//Day S. Communication of Scientific Information[C]. Basel: S. Karger A.G.: 44-52.

[4] Miller J D. 1983. Scientific literacy: A conceptual and empirical review[J]. Daedalus, 112(2): 29-48.

[5] 张晓芳. 2003. 论Miller的PUS研究思路：热心公众理论——科学素养概念——公众科学素养测量[J]. 科学学与科学技术管理, 24(11): 57-60.

质测评方法,并根据本国的具体情况进行了理论探索和实践修正。英国学者约翰·杜兰特(John Durant)在"缺失模型"的基础上提出"民主模型",认为生活在复杂科学技术文明中的人们需要具备一定的科学知识水平,并认为有必要把公民理解科学与对增加公民积极参与科学技术问题的机会的调查相结合,强调公民在技术评估中的作用,向前推进了米勒提出的三维度理论[1]。"民主模型"强调通过解决实际问题来激发思维、培养科学精神。另有学者提出,科学知识仍然用对科学事实和科学方法的理解来测评,科学机构用12个题项测评,包括团队协作、同行评审、资金、威信、自主权等问题,并基于英国和保加利亚的数据检测了这种方法的可行性与有效性。此后,英国学者杜兰特和美国学者米勒进行合作,在米勒体系的基础上对指标体系和问卷进行修订,形成了一套较为成熟的公民科学素质测评体系,并被美国、中国、日本、韩国等30多个国家修订和采用,成为国际上公民科学素质评估的主流方法[2]。这套评估模型影响深远,俨然已成为标准化模板,至今仍被广泛应用,很多地方性评估都在该模型的基础上对其进行改造后应用于本地化的评估。

其后,OECD、IEA也相继实施了一系列的科学素质评估活动,形成了各具特色的科学素质测评体系。

过去几十年,大部分国家和地区用于判定公民科学素质水平的主要题目均来自1988年米勒和欧洲联盟(European Union,EU,简称欧盟)合作调查形成的科学知识量表。米勒利用各国或组织历次调查积累的数据,如美国(1988—2004年)、欧盟(2005年)和日本(2001年)建立的数据库,利用项目反应理论(item response theory,IRT)技术对参与比较的各国公民科学素质水平进行了可比判定。将该方法引入公民科学素质的测评和比较,较好地解决了不同国家和地区以及不同题目之间比较的难题[3]。然而,人们在推进科学传播运动的进程中逐步认识到科学素质测评的第三维度在不同语境下的表述具有差异性,不同国家和地区的公民对科学技术的态度是截然不同的。为此,公民科学素质测评方法又有了新的改进。其中,比较有代表性的是马丁(Martin W. Bauer)和舒克拉(R. Shukla)构建的科学文化指数(science culture index,SCI),其

---

[1] Durant J R. 1993. What is scientific literacy?[A]//Durant J R, Gregory J. Science and Culture in Europe[C]. London: Science Museum: 129-137.

[2] 汤书昆, 王孝炯, 徐晓飞. 2008. 中国公民科学素质测评指标体系研究[J]. 科学学研究, (1): 78-84.

[3] 张超, 任磊, 何薇. 2013. 中国公民科学素质测度解读[J]. 中国科技论坛, (7): 112-116, 128.

内容除了传统的科学知识数据，还包括科学态度、参与度和兴趣度等其他指标数据，并将非线性指标（科学态度、参与度、兴趣度）通过条件转换，纳入 SCI 指标计算模型[①]。该方法已经在部分发达国家和发展中国家得到应用，为不同社会语境下的公民科学素质的测度比较提供了一种可能的方式。

我国对公民科学素质的评估比西方发达国家要晚一些。以李大光教授为代表的中国科普研究所研究人员在 1992—1996 年分别进行了三次探索性的公民科学素质调查。之后，众多学者也从调查理论和提升实践两个方面对我国公民科学素质水平现状进行调查分析。党的十八大以来，在以习近平同志为核心的党中央坚强领导下，在国务院统筹部署下，各地区各部门不懈努力，全民科学素质行动取得显著成效，各项目标任务如期完成：公民科学素质水平大幅提升，科学教育与培训体系持续完善，科学教育纳入基础教育各阶段；大众传媒科技传播能力大幅提高，科普信息化水平显著提升；科普基础设施迅速发展，现代科技馆体系初步建成；科普人才队伍不断壮大；科学素质国际交流实现新突破；建立以《中华人民共和国科学技术普及法》为核心的政策法规体系；构建国家、省、市、县四级组织实施体系，探索出"党的领导、政府推动、全民参与、社会协同、开放合作"的建设模式，为创新发展营造了良好社会氛围，为确保达到创新型国家的基本要求作出了积极贡献。

1.2　公民科学素质建设投入的国内外经验

1.2.1　发达地区的公民科学素质建设投入的经验

从 20 世纪 80 年代开始，国际组织和世界各国在提高公民科学素质的建设实践方面均有尝试。

1.2.1.1　国际组织

2000 年，联合国教育、科学及文化组织（United Nations Educational,

---

① Shukla R, Bauer M W. 2010. The science culture index (SCI): Construction and validation[A]//Bauer M W, Shukla R, Allum N. The Culture of Science: How the Public Relates to Science Across the Globe[C]. New York: Routledge: 179-199.

Scientific and Cultural Organization，UNESCO）发表了全民教育计划（National Education Plan for All），在研究和总结世界各国实施全民教育计划的做法和经验时，建议各国在建立、实施全民教育计划过程中必须坚持如下原则：实施全民教育计划的机制应当是共同参与以及最大限度地建立在已有的基础之上。已有的基础包括：已经形成的共识，对已有的成就的认识，已有的机制和战略、资源等。政府应当承担领导者的角色，担负起协调、凝聚各方力量的责任，有义务保证目的和系列目标的实现以及计划的持续。实现全民教育是全社会的任务，受益者也是全社会。在层面上应当建立良好的合作或伙伴关系[①]。

为了实现在 2010 年成为世界上最具知识活力和最具竞争力的经济实体的目标，欧盟在 2003 年分别实施了"欧洲研究区"和"科学与社会"两大战略计划，其中"科学与社会"是一项促进科技进步、提高公民素质、推动科学与社会融洽的长远战略，内容包括科技、教育、公民参与欧洲科技政策的制定与实施、科技知识的应用等各个方面[②]。

2019 年，世界公众科学素质促进大会在北京举办。大会以"科学素质促进与可持续发展"为主题，由中国科学技术协会主办，UNESCO、国际科学理事会（International Council for Science，ICSU）和世界工程组织联合会（World Federation of Engineering Organizations，WFEO）共同支持。大会期间，来自 5 个国际组织、28 个国家、35 个国别科技组织的 600 多位中外嘉宾出席，围绕"科学素质促进与可持续发展"主题，以及科学教育与可持续发展、科学素质与社会责任、"一带一路"科普合作与交流 3 个议题，分享思想、深度交流。大会精彩纷呈的主旨报告、圆桌会议、高峰论坛以及 3 场专题论坛，充分展示了科技与人文交融交织的魅力，体现了科学家、教育家和科学传播工作者的情怀与担当。在与会代表的共同努力下，经过平等协商、充分讨论，会议原则通过《世界公众科学素质组织章程》，一致同意尽快成立世界公众科学素质组织。与会代表签署《圆桌会议备忘录》，形成后续推进成立世界公众科学素质组织的"北京行动路线图"，决定成立筹备工作组，启动后续各项工作，重点围绕青少年科技教育、科技馆建设运营、科学传播人才培养、科学素质评测及研究等领域，

[①] 吴焕泉. 2008. 我国公民科学素质建设模式研究[D]. 华南理工大学硕士学位论文.
[②] 龚雄. 2007. 论我国公民科学素质建设[D]. 厦门大学硕士学位论文.

开展一系列双边、多边务实合作[①]。

1.2.1.2 欧盟

欧盟把与公众交流研究成果作为申请欧盟框架计划项目的条件之一，鼓励的科学传播形式包括多媒体、展览、教学与教学材料、公众辩论、研讨会等。

欧盟自 1984 年开始实施的欧盟研究与技术开发框架计划是其现行科技政策的重要支柱，该计划每 4—5 年制定一次，确定下一阶段科技研究总体发展方向，包括研究目标、优先领域、项目安排、经费预算等。至今为止，欧盟共制定了 9 个框架计划，其中欧盟第九期研发框架计划——"地平线欧洲"计划（2021—2027 年）中明确将遵循"开放科学、开放创新和向世界开放"的总原则，通过"开放科学""全球性挑战与产业竞争力""开放创新"三大支柱执行，注重平衡、连贯和协同，并支持加强研发创新体系[②]。

作为欧盟最具雄心的研发创新资助方案，"地平线欧洲"计划的总体目标是通过研发创新投资产生科学、经济和社会影响，进而加强欧盟科技基础，在培育欧盟竞争力的同时，落实欧盟战略要务、应对全球性挑战。其具体目标有四个方面[③]：一是为创造和扩散高质量的新知识、新技能、新技术和新的全球性挑战解决方案提供支持；二是加强研发创新在制定和执行欧盟政策方面的影响，并加强创新成果在产业和社会中的应用，以应对全球性挑战；三是促进包括突破性创新在内的各类创新，强化创新成果市场化；四是优化框架计划的实施，强化欧洲研究区，提高欧洲研究区的影响力。

2020 年 9 月 30 日，欧盟委员会（European Commission）发布《数字教育行动计划（2021-2027）》[Digital Education Action Plan（2021-2027）]。《数字教育行动计划（2021-2027）》概述了如何通过合作进一步提高欧盟成员国教育体系的质量、包容性、数字化和绿色维度，以及成员国如何携手打造一个基

---

① 中国科学技术协会. 2019 年世界公众科学素质促进大会闭幕《世界公众科学素质组织章程》通过. https://baijiahao.baidu.com/s?id=1647659620511174500&wfr=spider&for=pc [2019-10-18].

② 刘润生. 2019. 欧盟第九期研发框架计划：演进与改革[J]. 全球科技经济瞭望, 34(3): 1-8.

③ European Commission. 2018. Proposal for a regulation of the European parliament and of the council establishing Horizon Europe—the Framework Programme for Research and Innovation, laying down its rules for participation and dissemination[EB/OL]. https://eur-lex.europa.eu/resource.html?uri=cellar:b8518ec6-6a2f-11e8-9483-01aa75ed71a1.0001.03/DOC_2&format=PDF [2018-12-20].

于学习者和教师，在整个欧洲大陆自由学习和工作以及欧洲和其他地区机构之间自由联系的欧洲教育区[①]。

1.2.1.3　美国

美国政府有专门的部门进行科学普及教育，而国会也非常支持、重视科学传播工作。美国国家科学基金会（National Science Foundation，NSF）在科学传播方面起的作用很大，专门设立了"教育与人力资源局"（Directorate for Education and Human Resources，EHR）开展科技传播与普及工作。为鼓励受其资助的研究人员进行相关的科普活动，NSF设立了"研究经费追加科普拨款"制度：凡是获得NSF研究经费的课题负责人，如有兴趣进行相关的科普工作，可向NSF的计划主管递交申请，再由NSF的计划主管将申请转交给非正规科学教育计划相应的计划主管。NSF每年可向30个项目提供这种追加拨款。科学普及，促使公众理解和欣赏科学、技术、工程和数学，在正式科学教育与非正式科学教育之间架起桥梁。NSF的管理机构——美国国家科学研究委员会（National Research Council，NRC）于1996年11月还设立了年度性的"公共服务奖"，奖励对公众理解科学与工程做出杰出贡献的项目与个人。

美国国家航空航天局（National Aeronautics and Space Administration，NASA）也利用其丰富的研究资源，积极开展科普工作。NASA官方网站内容极其丰富，有专门的科普主题，在全世界有很大的影响力。

1985年哈雷彗星飞临地球，美国科学促进会联合美国科学院、联邦教育部等12个机构启动"2061计划"，寓意为："应该为能活到下一次哈雷彗星光顾地球的孩子们提供良好的科学教育。""2061计划"是美国科学促进会联合美国科学院、联邦教育部等12个机构，于1985年启动的一项"面向21世纪人才培养、致力于中小学课程改革的跨世纪计划，它代表着未来美国基础教育课程和教学改革的趋势"。"'2061计划'在美国和西方发达国家的未来发展战略中具有极高的影响和地位，该计划认为：美国的下一代必将面临巨大的变革，而科学、数学和技术位居变革的核心，它们导致变革，塑造变革，并且对变革作出反应，它们对今日的儿童适应明日的世界十分重要。'2061计划'的主要

[①] 胡佳怡. 2020. 欧盟推动数字教育改革的战略及启示——以《数字教育行动计划》为例[J]. 中国电化教育, (10): 67-72, 105.

内容包括：①熟悉自然及其整体性；②了解数学、技术学和各门自然学相互依赖的一些重要方式；③理解一些重要的科学概念和原理；④具备科学思考的能力；⑤数学和技术学的人文性；⑥认识科学的长处和局限性；⑦能够把科学知识和科学思维方式应用于个人和社会需要的各个方面。"[①]

1.2.1.4 英国

20世纪80年代，英国科技界和政府认识到科技界与公众之间沟通和交流的重要性，在政府的鼓励下，英国的一些科学家团体和机构主动发起了一系列旨在加强科学家与公众之间联系的活动，以提高公民对科学研究的兴趣，并进一步促进公众支持政府加大在科研方面的经费投入。

RS和英国科学促进会（British Association of the Advancement of Science，BAAS）在1988年联合创建了公众理解科学委员会（Committee on the Public Understanding of Science，COPUS）。委员会由来自教育、科技、大众传媒和政府等机构的20多名成员组成，其任务是组织开展科普工作，推进迅速发展中的公民理解科学运动，每年在爱丁堡国际科技节和BAAS科学节期间分别举办一次科学技术传播者论坛。

英国并没有专门的法律要求在科技计划项目中必须增加科普任务，但是在英国政府为科学技术与创新发展所制定的各种计划中，却有关于科技传播的策略和方针。英国政府于2002年5月成立的英国研究理事会（Research Councils UK，RCUK）要求其各委员会增进科学界与公众之间的相互沟通和了解，要求在科研项目各个环节中嵌入科学传播目标和工作内容，在科研计划和项目中涉及立项、执行、验收及成果发布等的规章制度里都有对此明确的要求。粒子物理与天文学研究理事会（Particle Physics and Astronomy Research Council，PPARC）鼓励接受资助的机构和个人将资助资金的1%用于相关拓展工作。英国医学研究理事会（Medical Research Council，MRC）和英国自然环境研究理事会（Natural Environment Research Council，NERC）在它们关于资金授予的相关条款中明确提到了对大学研究人员参与科学传播的期望。英国生物技术与生物科学研究理事会（Biotechnology and Biological Sciences Research Council，BBSRC）在项目申报书中明确要求，受资助者应该促进其研究成果广泛传播，要求申报书中对

[①] 龚雄. 2007. 论我国公民科学素质建设[D]. 厦门大学硕士学位论文.

研究者投入科普活动的时间、活动内容和实施方案都有详细的设计。

历来重视科普教育的英国提出的科技发展战略是"一手抓培养诺贝尔奖获得者；一手抓科技普及"。英国著名的公众理解科学专家、曼城科学和工业展览馆副馆长杜兰特教授指出：国民应当关心公众理解科学这项事业的必要性。这些必要性包括：①科学被毫无争议地认为是人类文化中最显赫的成就，公众应当对其有所了解；②科学会对个人的生活产生影响，公众需要对其进行了解；③许多公共政策的决议都含有科学背景，只有当这些决议经过具备科学素质的公众的讨论后出台才能真正称得上是民主决策；④科学是公众支持的事业，这种支持是建立在公众最基本的科学知识基础之上的。在教育目标方向上，1988年英国把科学课程定为三大核心课程之一；1989年公布的科学课程包含17个目标；1991年公布的新科学课程大纲有科学调查、生命与生命过程、材料及其性质、物理过程4个科学教育目标。另外，英国也非常重视技术课程，以培养学生的科学调查能力，加强对科学方法的系统训练[①]。

1.2.1.5 法国

早在20世纪40年代，法国就出版了科普丛书"我知道什么？"。该丛书介绍了包括自然科学、技术科学、工程科学以及社会科学、人文科学、管理科学、哲学、边缘科学、交叉科学及新生科学的知识。可以说，法国教育历史中并不缺乏科普事业这一环节。1996年法国举行了一次题为"改善对学生的培养方法，从幼儿园起进行自然科学教育"的会议，并且在会上发起一场全国性的科学教育计划——"动手做"计划。学校进行了课改，从小学一年级开始设置"发现世界"课程，主要让一年级学生了解环境、物质、人体结构等知识。三年级起开始介绍生物、人体生理卫生、天文、地理、能源、材料等[②]。

1.2.1.6 日本

日本科学技术振兴机构（Japan Science and Technology Agency，JST）1995年发布的《科技白皮书》指出，第二次世界大战结束时，日本保存下来的最大资产就是国民经过努力和培养所具有的智慧。因此，日本非常重视这份日积月

---

① 龚雄. 2007. 论我国公民科学素质建设[D]. 厦门大学硕士学位论文.
② 龚雄. 2007. 论我国公民科学素质建设[D]. 厦门大学硕士学位论文.

累的智慧，因为它带来了经济飞跃和国力增强。2005年，日本借鉴美国的"2061计划"，发起了"科学技术的智慧"计划[1]，在对传统文化及宗教、习俗的自然观的综合感性认识中探索日本21世纪的智慧。其后两年进行了"关于日本人应该掌握的科学技术的基础素养的调查研究"[2]，经过分析和评估，勾勒出日本人应该掌握的科学素质的大体程度，全面启动"科学技术的智慧"计划。2010年，该计划的综合报告阐明了具有重要价值的科学内容，包括对人类科学的理解、信息处理革命、作为分子操作技术的纳米技术、生命科学与生物技术、对地球环境的科学理解等。该计划不仅着眼于国民现阶段对科学技术的理解程度，还从可持续发展的角度放眼于将来社会中所必需的科学技术相关基本知识储备。

1.2.2 我国公民科学素质建设投入的经验

"科学素质因为是可采集、可测量的，所以可以将它看作是一种财产，而不单单只是一种个人独立的思想。"[3]公民科学素质建设有利于提高公民自身的科学素养，同时也有利于提升国家自主创新能力。就我国国情而言，李静静等将中华人民共和国成立以来的公民科学素质建设历史划分为两大时期[4]：①1949—1994年，我国公民科学素质建设的传统期；②1995年至今，我国公民科学素质建设的新时期。

这两大时期还可以再细分为三个阶段：第一阶段，1949—1977年，革命化范式下的公民科学素质的本土化建设阶段；第二阶段，1978—1994年，现代化范式转型过程中的公民科学素质探索阶段；第三阶段，1995年至今，现代化范式下的公民科学素质建设全面展开的新阶段。

其中，一些关键性的决议和政策包括以下内容。

1985年，改革开放后的第一次全国教育工作会议召开。《中共中央关于教育体制改革的决定》颁布，第一次明确提出在全国有步骤地实行九年义务教育的任务，并开始探索公民科学素质建设的有效路径。

---

[1] 王蕾. 2012. 日本国民科学素养框架体系的构筑[J]. 科普研究, 7(3): 37-41, 87.
[2] 王蕾. 2012. 日本国民科学素养框架体系的构筑[J]. 科普研究, 7(3): 37-41, 87.
[3] Roth W M, Lee S. 2002. Scientific literacy as collective praxis[J]. Public Understanding of Science, 11(1): 33-56.
[4] 李静静, 田小飞, 王娜, 等. 2005. 建国以来我国公民科学素质建设的基本历史[J]. 科学学与科学技术管理, (3): 125-129.

20世纪80年代，我国正式提出"素质教育"概念。

1995年，中共中央、国务院颁布的《关于加速科学技术进步的决定》首次明确提出实施"科教兴国"战略。该决定要求全面落实科学技术是第一生产力的思想，要求大力推进农业和农村科技进步、依靠科技进步提高工业增长的质量和效益，"提高全民族科技文化素质"。

1999年，中国科学技术协会提出了一项为期50年的全民科学素质行动计划，即"2049计划"。

2002年，《中华人民共和国科学技术普及法》颁布，更有力地推进了全民科学素质建设与发展走向法制化。

2006年3月，国务院颁布《全民科学素质行动计划纲要（2006—2010—2020年）》，提出实施全民科学素质行动计划的方针是"政府推动，全民参与，提升素质，促进和谐"[①]。

[①] 人民出版社. 2006. 全民科学素质行动计划纲要（2006—2010—2020年）. 北京：人民出版社.

2 东北老工业基地公民科学素质建设的区域评价及比较分析

2.1 辽宁老工业基地公民科学素质建设区域评价的模型和方法

2.1.1 辽宁老工业基地公民科学素质建设区域评价指标体系的建立

根据辽宁老工业基地产业集群化评价理论模型和大量现有文献调研，我们从公民科学素质建设投入结构和建设效果两个方面出发，选取了人员投入、资金投入、科技教育建设、传媒建设、文化建设5个领域共15个指标，构成了辽宁老工业基地公民科学素质建设区域评价指标体系。具体如表2.1所示。

表 2.1 辽宁老工业基地公民科学素质建设区域评价指标体系

指标	分指标	变量标识
人员投入	R&D（research and development，研究与发展）人员数	$X1$
	普通高等学校专任教师数	$X2$
资金投入	科学技术支出	$X3$
	教育支出	$X4$
	文化与传媒支出	$X5$
	R&D 内部经费支出	$X6$
科技教育建设	专利申请授权量	$X7$
	普通高等学校数	$X8$
	普通高等学校学生数	$X9$

续表

指标	分指标	变量标识
传媒建设	邮政业务总量	X10
	移动电话年末用户数	X11
	3G 移动电话用户数	X12
	互联网宽带接入用户数	X13
文化建设	报刊期发数	X14
	公共图书馆图书总藏量	X15

2.1.2　辽宁老工业基地公民科学素质建设区域评价方法

由于辽宁老工业基地公民科学素质建设区域评价指标众多，反映的信息量较大，因此我们采用衡量指标间相异程度的信息熵法。它能够排除人为因素的干扰，评价结果的客观性强。

2.1.2.1　对原始数据进行标准化处理

由于各指标的计量单位不同，不能直接进行加权综合，所以需要对原始数据进行规格化处理。这里对原始数据矩阵按以下公式作标准化处理，为方便起见，将标准化后的评价矩阵仍记为 $X = (x_{ij})_{m \times n}$。

对于正指标，有

$$x_{ij} = \frac{x_{ij} - \min x_j}{\max x_j - \min x_j} \times 99 + 1, \quad i = 1, 2, \cdots, m; j = 1, 2, \cdots, n \quad (2.1)$$

对于负指标，有

$$x_{ij} = \frac{\max x_j - x_{ij}}{\max x_j - \min x_j} \times 99 + 1, \quad i = 1, 2, \cdots, m; j = 1, 2, \cdots, n \quad (2.2)$$

2.1.2.2　指标权重的确定

权重是各个指标在指标总体中重要程度的度量。因此，权重的确定是否科学、合理，直接影响着评价的准确性。当前评价指标体系权重的确定方法，大致可分为两类：一类是主观赋权法，即根据综合咨询评分的方法来确定权重向量；另一类是客观赋权法，即根据各指标之间的相关关系或指标值之间的差异来确定权重向量。这里我们采用体现客观赋权法的熵值法来确定指标的权重向量。设有 m 个评价对象，n 项评价指标，形成指标数据矩阵 $X=(x_{ij})_{m\times n}$。对于某项指标 x_j，指标值 x_{ij} 的差距越大，该指标提供的信息量越大，其在综合评价中所起的作用越大，相应的信息熵越小，权重越大；反之，该指标的权重越小；如果该项指标的指标值全部相等，则该指标在综合评价中不起作用。熵值法赋权的步骤如下。

（1）将 x_{ij} 转化为比重形式的 P_{ij}：

$$P_{ij}=\frac{x_{ij}}{\sum_{i=1}^{m}x_{ij}}, \quad i=1,2,\cdots,m; j=1,2,\cdots,n \qquad (2.3)$$

（2）定义第 j 个指标的熵为

$$H_j=-k\sum_{i=1}^{m}P_{ij}\ln P_{ij}, \quad j=1,2,\cdots,n \qquad (2.4)$$

其中，$k=\dfrac{1}{\ln m}$。

式（2.4）中加一项常数 k 是为了保证第 j 个指标的各比重 P_{ij} 都相等（$=1/m$）时，满足 $H_j=1$。这时该项指标不能提供任何信息，对综合评价不起任何作用。式（2.4）还假定，当 $P_{ij}=0$ 时，$P_{ij}\ln P_{ij}=0$，从而保证 $H_j\in[0,1]$。

（3）定义第 j 个指标的熵权 $w_{\sigma j}$ 为

$$w_{\sigma j}=\frac{1-H_j}{\sum_{j=1}^{n}(1-H_j)}=\frac{1-H_j}{n-\sum_{j=1}^{n}H_j}, \quad j=1,2,\cdots,n \qquad (2.5)$$

其中，$w_{\sigma j}\in[0,1]$，且 $\sum_{j=1}^{n}w_{\sigma j}=1$。

2.1.2.3 综合评价方法

本书采用应用广泛的线性加权评价法进行评价。用以下模型进行综合评价认定，即

$$Z_j^a = w_1 Y_{1j} + w_2 Y_{2j} + \cdots + w_m Y_{mj} = \sum_{i=1}^{m} w_i Y_{ij}, \quad i = 1, 2, \cdots, m; j = 1, 2, \cdots, n \quad （2.6）$$

其中，w_i 为权重，Y_{ij} 为评价因素集，Z_j^a 为综合评价。

2.1.3 辽宁老工业基地公民科学素质建设区域测度与比较

本研究使用的数据来源于 2014—2019 年的《辽宁统计年鉴》（由于每年统计年鉴中披露的为上一年的统计数据，故实际为 2013—2018 年的数据）。鉴于数据的一致性及可获得性，选取辽宁省各地区相应年份的统计数据作为研究对象。

2.1.3.1 对原始数据进行标准化处理

对原始指标进行标准化处理，得出标准化评价矩阵，如表 2.2 所示。

2.1.3.2 指标权重的确定

在评价辽宁老工业基地公民科学素质建设水平的过程中，首先将 x_{ij} 转化为比重形式的 P_{ij}，可以得到表 2.3。

最终可得到各指标相应权重，如表 2.4 所示。

2.1.3.3 综合评价

根据上述测度模型和计算方法，查阅相关统计资料，收集有关数据进行整理，对辽宁 2013—2018 年公民科学素质建设区域测度综合结果进行排序，见表 2.5。

2 东北老工业基地公民科学素质建设的区域评价及比较分析 | 19

表 2.2 辽宁老工业基地公民科学素质建设区域测度的标准化矩阵

年份	城市	X1	X2	X3	X4	X5	X6	X7	X8	X9	X10	X11	X12	X13	X14	X15
2013 年	沈阳	0.889	0.949	0.599	1.000	0.691	0.839	0.550	0.978	0.993	0.235	0.746	0.268	0.597	0.988	0.374
	大连	0.774	0.636	1.000	0.918	0.880	0.729	0.581	0.630	0.879	0.188	0.655	0.280	0.497	0.895	0.426
	鞍山	0.139	0.066	0.051	0.127	0.121	0.245	0.162	0.043	0.173	0.049	0.194	0.053	0.187	0.205	0.069
	抚顺	0.100	0.075	0.054	0.014	0.035	0.049	0.054	0.087	0.277	0.010	0.066	0.000	0.072	0.114	0.031
	本溪	0.068	0.041	0.058	0.079	0.107	0.173	0.022	0.043	0.131	0.000	0.016	0.018	0.051	0.059	0.029
	丹东	0.048	0.040	0.043	0.098	0.063	0.032	0.001	0.043	0.149	0.015	0.067	0.024	0.076	0.080	0.026
	锦州	0.090	0.160	0.051	0.076	0.085	0.083	0.047	0.174	0.473	0.032	0.128	0.048	0.150	0.096	0.039
	营口	0.089	0.025	0.078	0.118	0.086	0.103	0.050	0.043	0.062	0.020	0.095	0.033	0.086	0.088	0.038
	阜新	0.042	0.062	0.023	0.030	0.020	0.019	0.035	0.022	0.341	0.005	0.041	0.002	0.049	0.000	0.009
	辽阳	0.071	0.020	0.040	0.055	0.035	0.107	0.027	0.022	0.120	0.006	0.043	0.116	0.045	0.106	0.030
	盘锦	0.044	0.004	0.042	0.025	0.038	0.094	0.041	0.022	0.045	0.005	0.025	0.012	0.000	0.105	0.015
	铁岭	0.017	0.024	0.070	0.109	0.045	0.009	0.041	0.065	0.048	0.010	0.079	0.000	0.047	0.103	0.000
	朝阳	0.033	0.001	0.032	0.144	0.092	0.050	0.026	0.000	0.001	0.013	0.099	0.044	0.066	0.142	0.023
	葫芦岛	0.021	0.002	0.047	0.099	0.080	0.032	0.029	0.000	0.064	0.013	0.085	0.000	0.065	0.132	0.008
2014 年	沈阳	0.902	0.973	0.572	0.877	0.734	0.815	0.529	1.000	1.000	0.267	0.769	0.351	0.644	0.936	0.386
	大连	0.914	0.658	0.930	0.769	0.515	0.804	0.467	0.630	0.891	0.217	0.605	0.293	0.509	0.459	0.454
	鞍山	0.135	0.062	0.093	0.139	0.096	0.209	0.143	0.043	0.166	0.056	0.188	0.089	0.200	0.097	0.070
	抚顺	0.086	0.080	0.054	0.002	0.011	0.046	0.052	0.130	0.279	0.013	0.061	0.046	0.089	0.123	0.030
	本溪	0.090	0.069	0.061	0.044	0.108	0.164	0.013	0.152	0.137	0.002	0.035	0.033	0.059	0.058	0.030
	丹东	0.053	0.041	0.032	0.091	0.080	0.015	0.000	0.043	0.151	0.019	0.078	0.046	0.094	0.033	0.041
	锦州	0.094	0.165	0.052	0.070	0.113	0.076	0.054	0.174	0.479	0.029	0.120	0.052	0.162	0.200	0.059

续表

年份	城市	X1	X2	X3	X4	X5	X6	X7	X8	X9	X10	X11	X12	X13	X14	X15
2014年	营口	0.089	0.023	0.019	0.038	0.046	0.105	0.042	0.043	0.074	0.026	0.089	0.054	0.110	0.175	0.038
	阜新	0.048	0.067	0.005	0.035	0.050	0.028	0.027	0.022	0.332	0.005	0.036	0.027	0.062	0.033	0.012
	辽阳	0.047	0.025	0.043	0.006	0.022	0.058	0.029	0.043	0.112	0.009	0.046	0.038	0.093	0.097	0.022
	盘锦	0.045	0.002	0.039	0.000	0.054	0.115	0.055	0.022	0.053	0.008	0.021	0.026	0.012	0.136	0.016
	铁岭	0.015	0.027	0.057	0.091	0.042	0.010	0.000	0.087	0.057	0.014	0.084	0.042	0.059	0.123	0.018
	朝阳	0.029	0.002	0.033	0.132	0.097	0.042	0.024	0.000	0.001	0.019	0.104	0.051	0.083	0.110	0.023
	葫芦岛	0.018	0.002	0.046	0.080	0.040	0.011	0.030	0.000	0.066	0.018	0.093	0.044	0.083	0.110	0.008
2015年	沈阳	0.890	1.000	0.505	0.792	0.858	0.740	0.718	1.000	0.981	0.347	0.993	0.279	0.668	1.000	0.329
	大连	0.786	0.661	0.393	0.808	0.606	0.746	0.570	0.630	0.869	0.283	0.502	0.486	0.503	0.816	0.475
	鞍山	0.087	0.059	0.046	0.119	0.072	0.115	0.181	0.043	0.154	0.075	0.171	0.069	0.227	0.357	0.079
	抚顺	0.046	0.080	0.028	0.012	0.025	0.027	0.048	0.087	0.274	0.023	0.057	0.038	0.101	0.614	0.029
	本溪	0.057	0.078	0.022	0.027	0.083	0.107	0.021	0.130	0.130	0.010	0.000	0.016	0.079	0.055	0.038
	丹东	0.036	0.041	0.027	0.104	0.167	0.009	0.010	0.043	0.144	0.031	0.050	0.037	0.109	0.087	0.043
	锦州	0.063	0.169	0.015	0.116	0.112	0.058	0.090	0.174	0.468	0.041	0.111	0.041	0.176	0.222	0.040
	营口	0.061	0.022	0.014	0.036	0.053	0.096	0.051	0.043	0.085	0.040	0.061	0.040	0.118	0.092	0.039
	阜新	0.029	0.061	0.004	0.045	0.053	0.012	0.028	0.022	0.296	0.012	0.007	0.053	0.080	0.042	0.013
	辽阳	0.026	0.022	0.015	0.023	0.009	0.047	0.029	0.022	0.116	0.019	0.042	0.024	0.075	0.119	0.026
	盘锦	0.042	0.000	0.022	0.026	0.046	0.076	0.058	0.022	0.053	0.017	0.009	0.019	0.030	0.159	0.017
	铁岭	0.008	0.032	0.018	0.117	0.057	0.000	0.041	0.065	0.062	0.027	0.062	0.030	0.075	0.127	0.018
	朝阳	0.024	0.002	0.007	0.129	0.061	0.036	0.032	0.000	0.000	0.026	0.062	0.030	0.108	0.109	0.025
	葫芦岛	0.006	0.002	0.010	0.105	0.045	0.001	0.055	0.000	0.069	0.029	0.058	0.033	0.108	0.120	0.008

2 东北老工业基地公民科学素质建设的区域评价及比较分析 | 21

续表

年份	城市	X1	X2	X3	X4	X5	X6	X7	X8	X9	X10	X11	X12	X13	X14	X15
2016年	沈阳	0.881	0.985	0.482	0.857	0.603	0.822	0.757	1.000	0.975	0.559	0.923	0.542	0.859	0.969	0.419
	大连	0.815	0.672	0.442	0.807	0.528	0.785	0.539	0.630	0.861	0.441	0.592	0.574	0.590	0.704	0.558
	鞍山	0.067	0.060	0.021	0.134	0.072	0.090	0.151	0.043	0.145	0.125	0.166	0.186	0.271	0.188	0.082
	抚顺	0.056	0.074	0.005	0.020	0.009	0.041	0.053	0.130	0.265	0.045	0.053	0.093	0.143	0.136	0.032
	本溪	0.050	0.107	0.008	0.024	0.065	0.095	0.021	0.130	0.123	0.028	0.027	0.000	0.112	0.058	0.047
	丹东	0.043	0.041	0.020	0.122	0.084	0.019	0.010	0.043	0.140	0.062	0.061	0.105	0.156	0.175	0.038
	锦州	0.081	0.170	0.016	0.114	0.089	0.068	0.102	0.174	0.470	0.075	0.102	0.124	0.215	0.188	0.041
	营口	0.042	0.022	0.004	0.048	0.092	0.051	0.048	0.043	0.094	0.072	0.067	0.130	0.143	0.097	0.041
	阜新	0.019	0.062	0.002	0.061	0.028	0.005	0.033	0.022	0.270	0.034	0.016	0.076	0.110	0.020	0.013
	辽阳	0.030	0.020	0.009	0.022	0.003	0.040	0.039	0.022	0.112	0.038	0.030	0.070	0.120	0.110	0.026
	盘锦	0.062	0.002	0.023	0.015	0.293	0.079	0.049	0.022	0.051	0.040	0.010	0.070	0.062	0.136	0.018
	铁岭	0.009	0.032	0.014	0.125	0.045	0.004	0.034	0.065	0.066	0.047	0.056	0.096	0.121	0.123	0.020
	朝阳	0.016	0.002	0.003	0.144	0.062	0.024	0.033	0.000	0.001	0.058	0.072	0.111	0.148	0.097	0.025
	葫芦岛	0.011	0.019	0.001	0.123	0.052	0.006	0.058	0.022	0.068	0.056	0.060	0.094	0.152	0.136	0.027
2017年	沈阳	0.873	0.961	0.347	0.851	1.000	0.829	0.786	1.000	0.849	0.502	0.938	0.858	0.830	0.900	0.426
	大连	0.858	0.656	0.260	0.806	0.587	0.973	0.617	0.630	0.729	0.372	0.638	0.697	0.672	0.705	0.698
	鞍山	0.107	0.056	0.029	0.162	0.060	0.126	0.148	0.022	0.132	0.097	0.187	0.236	0.297	0.353	0.956
	抚顺	0.053	0.073	0.001	0.032	0.010	0.038	0.057	0.130	0.274	0.027	0.060	0.120	0.163	0.131	0.032
	本溪	0.050	0.106	0.006	0.025	0.063	0.072	0.031	0.130	0.096	0.014	0.017	0.079	0.103	0.038	0.046
	丹东	0.040	0.039	0.016	0.112	0.089	0.020	0.058	0.043	0.130	0.044	0.080	0.137	0.177	0.075	0.039
	锦州	0.078	0.166	0.048	0.130	0.101	0.071	0.100	0.174	0.470	0.061	0.123	0.164	0.243	0.290	0.043

续表

年份	城市	X1	X2	X3	X4	X5	X6	X7	X8	X9	X10	X11	X12	X13	X14	X15
2017年	营口	0.055	0.023	0.006	0.066	0.068	0.081	0.048	0.043	0.091	0.051	0.084	0.158	0.178	0.312	0.042
	阜新	0.023	0.053	0.002	0.033	0.024	0.010	0.036	0.022	0.276	0.024	0.028	0.101	0.129	0.018	0.013
	辽阳	0.032	0.020	0.006	0.024	0.005	0.054	0.041	0.022	0.102	0.028	0.040	0.095	0.111	0.108	0.033
	盘锦	0.070	0.002	0.015	0.023	0.037	0.130	0.051	0.022	0.042	0.033	0.020	0.092	0.065	0.097	0.015
	铁岭	0.010	0.060	0.013	0.127	0.041	0.002	0.032	0.065	0.074	0.036	0.075	0.131	0.153	0.155	0.023
	朝阳	0.012	0.002	0.004	0.185	0.064	0.028	0.032	0.000	0.004	0.048	0.091	0.149	0.182	0.138	0.026
	葫芦岛	0.030	0.001	0.002	0.138	0.093	0.035	0.000	0.000	0.075	0.049	0.080	0.130	0.171	0.104	0.028
2018年	沈阳	0.901	0.964	0.389	0.858	0.551	1.000	1.000	1.000	0.957	1.000	1.000	1.000	1.000	0.874	0.432
	大连	1.000	0.647	0.770	0.819	0.559	0.988	0.839	0.630	0.863	0.744	0.643	0.739	0.736	0.643	0.742
	鞍山	0.167	0.055	0.016	0.185	0.067	0.175	0.148	0.022	0.140	0.217	0.198	0.261	0.353	0.331	1.000
	抚顺	0.042	0.056	0.004	0.033	0.012	0.059	0.075	0.087	0.265	0.080	0.064	0.132	0.187	0.276	0.033
	本溪	0.028	0.104	0.002	0.000	0.063	0.041	0.031	0.022	0.110	0.057	0.022	0.037	0.098	0.101	0.042
	丹东	0.040	0.039	0.017	0.104	0.061	0.020	0.079	0.043	0.131	0.106	0.084	0.155	0.214	0.100	0.041
	锦州	0.087	0.159	0.027	0.140	0.095	0.067	0.113	0.174	0.518	0.150	0.131	0.200	0.262	0.553	0.043
	营口	0.062	0.022	0.005	0.088	0.070	0.107	0.048	0.043	0.102	0.138	0.088	0.171	0.217	0.294	0.043
	阜新	0.020	0.053	0.000	0.058	0.015	0.009	0.042	0.022	0.261	0.073	0.029	0.112	0.144	0.021	0.014
	辽阳	0.024	0.016	0.008	0.008	0.000	0.053	0.070	0.043	0.106	0.092	0.044	0.095	0.128	0.125	0.032
	盘锦	0.091	0.003	0.010	0.032	0.023	0.188	0.081	0.022	0.052	0.092	0.025	0.107	0.086	0.192	0.020
	铁岭	0.047	0.035	0.013	0.095	0.045	0.002	0.032	0.065	0.061	0.105	0.082	0.176	0.181	0.288	0.027
	朝阳	0.000	0.001	0.005	0.208	0.072	0.006	0.043	0.000	0.001	0.138	0.098	0.178	0.214	0.350	0.026
	葫芦岛	0.023	0.001	0.023	0.123	0.085	0.039	0.069	0.022	0.068	0.134	0.093	0.162	0.207	0.178	0.028

表 2.3 辽宁老工业基地公民科学素质建设区域测度的 P_{ij} 转化矩阵

年份	城市	X1	X2	X3	X4	X5	X6	X7	X8	X9	X10	X11	X12	X13	X14	X15
2013 年	沈阳	0.060	0.068	0.066	0.061	0.052	0.055	0.045	0.068	0.044	0.026	0.050	0.021	0.033	0.047	0.036
	大连	0.052	0.046	0.109	0.056	0.066	0.048	0.047	0.044	0.039	0.021	0.044	0.022	0.028	0.042	0.041
	鞍山	0.010	0.005	0.007	0.008	0.010	0.017	0.014	0.004	0.008	0.006	0.014	0.005	0.011	0.010	0.007
	抚顺	0.007	0.006	0.007	0.001	0.003	0.004	0.005	0.007	0.013	0.002	0.005	0.001	0.005	0.006	0.004
	本溪	0.005	0.004	0.007	0.005	0.009	0.012	0.003	0.004	0.006	0.001	0.005	0.002	0.003	0.003	0.004
	丹东	0.004	0.004	0.006	0.006	0.005	0.003	0.001	0.004	0.007	0.003	0.005	0.003	0.005	0.004	0.003
	锦州	0.007	0.012	0.007	0.005	0.007	0.006	0.005	0.013	0.021	0.005	0.009	0.004	0.009	0.005	0.005
	营口	0.007	0.002	0.009	0.008	0.007	0.007	0.005	0.004	0.003	0.003	0.007	0.003	0.005	0.005	0.004
	阜新	0.003	0.005	0.004	0.002	0.002	0.002	0.004	0.002	0.015	0.002	0.003	0.001	0.003	0.000	0.002
	辽阳	0.005	0.002	0.005	0.004	0.003	0.008	0.003	0.002	0.006	0.002	0.004	0.010	0.003	0.005	0.004
	盘锦	0.004	0.001	0.006	0.002	0.004	0.007	0.004	0.002	0.002	0.002	0.002	0.002	0.001	0.005	0.002
	铁岭	0.002	0.002	0.009	0.007	0.008	0.001	0.004	0.005	0.003	0.002	0.006	0.001	0.003	0.005	0.001
	朝阳	0.003	0.001	0.004	0.009	0.008	0.004	0.003	0.001	0.000	0.002	0.007	0.004	0.004	0.007	0.003
	葫芦岛	0.002	0.001	0.006	0.007	0.007	0.003	0.003	0.001	0.003	0.002	0.006	0.001	0.004	0.007	0.002
2014 年	沈阳	0.061	0.070	0.063	0.053	0.055	0.054	0.043	0.069	0.044	0.030	0.052	0.028	0.036	0.044	0.037
	大连	0.062	0.048	0.101	0.047	0.039	0.053	0.038	0.044	0.040	0.024	0.041	0.023	0.028	0.022	0.043
	鞍山	0.010	0.005	0.011	0.009	0.008	0.014	0.012	0.004	0.008	0.007	0.013	0.008	0.011	0.005	0.007
	抚顺	0.006	0.006	0.007	0.001	0.002	0.004	0.005	0.010	0.013	0.002	0.005	0.004	0.005	0.006	0.004
	本溪	0.007	0.006	0.008	0.003	0.009	0.011	0.002	0.011	0.006	0.001	0.003	0.003	0.004	0.003	0.004
	丹东	0.004	0.004	0.005	0.006	0.007	0.002	0.001	0.004	0.007	0.003	0.006	0.004	0.006	0.002	0.005
	锦州	0.007	0.012	0.007	0.005	0.009	0.006	0.005	0.013	0.022	0.004	0.009	0.005	0.009	0.010	0.006

续表

年份	城市	X1	X2	X3	X4	X5	X6	X7	X8	X9	X10	X11	X12	X13	X14	X15
2014年	营口	0.007	0.002	0.003	0.003	0.004	0.007	0.004	0.004	0.004	0.004	0.007	0.005	0.007	0.009	0.005
	阜新	0.004	0.006	0.002	0.003	0.004	0.002	0.003	0.002	0.015	0.002	0.003	0.003	0.004	0.002	0.002
	辽阳	0.004	0.002	0.006	0.001	0.002	0.004	0.003	0.004	0.005	0.002	0.004	0.004	0.006	0.005	0.003
	盘锦	0.004	0.001	0.005	0.001	0.005	0.008	0.005	0.002	0.003	0.002	0.002	0.003	0.001	0.007	0.002
	铁岭	0.002	0.003	0.007	0.006	0.004	0.001	0.001	0.007	0.003	0.003	0.006	0.004	0.004	0.006	0.003
	朝阳	0.003	0.001	0.005	0.009	0.008	0.003	0.003	0.001	0.000	0.003	0.008	0.005	0.005	0.006	0.003
	葫芦岛	0.002	0.001	0.006	0.005	0.004	0.001	0.003	0.001	0.003	0.003	0.007	0.004	0.005	0.006	0.002
2015年	沈阳	0.060	0.072	0.055	0.048	0.064	0.049	0.058	0.069	0.044	0.038	0.067	0.022	0.037	0.047	0.032
	大连	0.053	0.048	0.043	0.049	0.046	0.049	0.046	0.044	0.039	0.031	0.034	0.038	0.028	0.038	0.045
	鞍山	0.006	0.005	0.006	0.008	0.006	0.008	0.015	0.004	0.007	0.009	0.012	0.006	0.013	0.017	0.008
	抚顺	0.004	0.006	0.004	0.001	0.003	0.002	0.005	0.007	0.012	0.004	0.004	0.004	0.006	0.029	0.004
	本溪	0.004	0.006	0.003	0.002	0.007	0.008	0.002	0.010	0.006	0.002	0.001	0.002	0.005	0.003	0.005
	丹东	0.003	0.004	0.004	0.007	0.013	0.001	0.002	0.004	0.007	0.004	0.004	0.004	0.007	0.005	0.005
	锦州	0.005	0.013	0.003	0.008	0.009	0.004	0.008	0.013	0.021	0.006	0.008	0.004	0.010	0.011	0.005
	营口	0.005	0.002	0.003	0.003	0.005	0.007	0.005	0.004	0.004	0.005	0.005	0.004	0.007	0.005	0.005
	阜新	0.003	0.005	0.002	0.005	0.005	0.001	0.003	0.002	0.013	0.002	0.001	0.005	0.005	0.002	0.002
	辽阳	0.002	0.002	0.003	0.002	0.001	0.004	0.003	0.002	0.006	0.003	0.003	0.003	0.005	0.006	0.003
	盘锦	0.003	0.001	0.003	0.002	0.004	0.006	0.005	0.002	0.003	0.003	0.001	0.002	0.002	0.008	0.003
	铁岭	0.001	0.003	0.003	0.008	0.005	0.001	0.004	0.005	0.003	0.004	0.005	0.003	0.005	0.006	0.003
	朝阳	0.002	0.001	0.002	0.008	0.005	0.003	0.003	0.001	0.000	0.004	0.005	0.003	0.006	0.006	0.003
	葫芦岛	0.001	0.001	0.002	0.007	0.004	0.001	0.005	0.001	0.003	0.004	0.005	0.003	0.006	0.006	0.002

2 东北老工业基地公民科学素质建设的区域评价及比较分析 | 25

续表

年份	城市	X1	X2	X3	X4	X5	X6	X7	X8	X9	X10	X11	X12	X13	X14	X15
2016 年	沈阳	0.059	0.071	0.053	0.052	0.046	0.054	0.061	0.069	0.043	0.061	0.062	0.042	0.048	0.046	0.040
	大连	0.055	0.049	0.049	0.049	0.040	0.052	0.044	0.044	0.038	0.048	0.040	0.045	0.033	0.033	0.053
	鞍山	0.005	0.005	0.003	0.009	0.006	0.006	0.013	0.004	0.007	0.014	0.012	0.015	0.015	0.009	0.009
	抚顺	0.004	0.006	0.002	0.002	0.001	0.003	0.005	0.010	0.012	0.006	0.004	0.008	0.008	0.007	0.004
	本溪	0.004	0.008	0.002	0.002	0.006	0.007	0.002	0.010	0.006	0.004	0.002	0.001	0.007	0.003	0.005
	丹东	0.004	0.004	0.003	0.008	0.007	0.002	0.002	0.004	0.007	0.008	0.005	0.009	0.009	0.009	0.004
	锦州	0.006	0.013	0.003	0.007	0.007	0.005	0.009	0.013	0.021	0.009	0.007	0.010	0.012	0.009	0.005
	营口	0.003	0.002	0.001	0.003	0.008	0.004	0.005	0.004	0.005	0.009	0.005	0.011	0.008	0.005	0.002
	阜新	0.002	0.005	0.001	0.002	0.003	0.001	0.003	0.002	0.012	0.005	0.003	0.007	0.007	0.001	0.003
	辽阳	0.003	0.002	0.002	0.002	0.001	0.003	0.004	0.002	0.005	0.005	0.001	0.006	0.007	0.006	0.003
	盘锦	0.005	0.001	0.004	0.002	0.022	0.006	0.005	0.002	0.003	0.005	0.004	0.006	0.004	0.007	0.003
	铁岭	0.001	0.003	0.003	0.008	0.004	0.001	0.003	0.005	0.003	0.006	0.005	0.008	0.007	0.006	0.003
	朝阳	0.002	0.001	0.001	0.009	0.005	0.002	0.003	0.001	0.000	0.007	0.005	0.009	0.009	0.005	0.003
	葫芦岛	0.001	0.002	0.001	0.008	0.005	0.001	0.005	0.002	0.003	0.007	0.005	0.008	0.009	0.007	0.004
2017 年	沈阳	0.059	0.069	0.038	0.052	0.075	0.055	0.063	0.069	0.038	0.055	0.063	0.066	0.046	0.042	0.041
	大连	0.058	0.047	0.029	0.049	0.044	0.064	0.050	0.044	0.033	0.041	0.043	0.054	0.037	0.033	0.066
	鞍山	0.008	0.005	0.004	0.010	0.005	0.009	0.013	0.002	0.006	0.011	0.013	0.019	0.017	0.017	0.090
	抚顺	0.004	0.006	0.001	0.003	0.001	0.003	0.005	0.010	0.012	0.004	0.005	0.010	0.010	0.007	0.004
	本溪	0.004	0.008	0.002	0.002	0.005	0.005	0.003	0.010	0.005	0.003	0.002	0.007	0.006	0.002	0.005
	丹东	0.003	0.003	0.003	0.007	0.007	0.002	0.005	0.004	0.006	0.006	0.006	0.011	0.010	0.004	0.005
	锦州	0.006	0.013	0.006	0.008	0.008	0.005	0.009	0.013	0.021	0.008	0.009	0.013	0.014	0.014	0.005

续表

年份	城市	X1	X2	X3	X4	X5	X6	X7	X8	X9	X10	X11	X12	X13	X14	X15
2017年	营口	0.004	0.002	0.002	0.005	0.006	0.006	0.005	0.004	0.004	0.007	0.006	0.013	0.010	0.015	0.005
	阜新	0.002	0.004	0.001	0.003	0.003	0.001	0.004	0.002	0.013	0.004	0.003	0.008	0.008	0.001	0.002
	辽阳	0.003	0.002	0.002	0.002	0.001	0.004	0.004	0.002	0.005	0.004	0.003	0.008	0.007	0.005	0.004
	盘锦	0.005	0.001	0.003	0.002	0.003	0.009	0.005	0.002	0.002	0.005	0.002	0.008	0.004	0.005	0.002
	铁岭	0.001	0.005	0.002	0.008	0.004	0.001	0.003	0.005	0.004	0.005	0.006	0.011	0.009	0.008	0.003
	朝阳	0.001	0.001	0.002	0.012	0.006	0.002	0.003	0.001	0.001	0.006	0.007	0.012	0.011	0.007	0.003
	葫芦岛	0.003	0.001	0.001	0.009	0.008	0.003	0.001	0.001	0.004	0.006	0.006	0.011	0.010	0.005	0.004
2018年	沈阳	0.061	0.069	0.043	0.052	0.042	0.066	0.081	0.069	0.043	0.108	0.067	0.077	0.055	0.041	0.041
	大连	0.067	0.047	0.084	0.050	0.042	0.065	0.068	0.044	0.038	0.081	0.044	0.057	0.041	0.030	0.070
	鞍山	0.012	0.005	0.003	0.012	0.006	0.012	0.013	0.002	0.007	0.024	0.014	0.021	0.020	0.016	0.095
	抚顺	0.004	0.005	0.002	0.003	0.002	0.004	0.007	0.007	0.012	0.010	0.005	0.011	0.011	0.013	0.004
	本溪	0.003	0.008	0.001	0.001	0.005	0.003	0.003	0.002	0.005	0.007	0.002	0.004	0.006	0.005	0.005
	丹东	0.003	0.003	0.003	0.007	0.005	0.002	0.007	0.004	0.006	0.012	0.006	0.013	0.012	0.005	0.005
	锦州	0.006	0.012	0.004	0.009	0.008	0.005	0.010	0.013	0.023	0.017	0.009	0.016	0.015	0.026	0.005
	营口	0.005	0.002	0.002	0.006	0.006	0.008	0.005	0.004	0.005	0.016	0.007	0.014	0.012	0.014	0.005
	阜新	0.002	0.005	0.001	0.004	0.002	0.001	0.004	0.002	0.012	0.009	0.003	0.009	0.008	0.001	0.002
	辽阳	0.002	0.002	0.002	0.001	0.001	0.004	0.006	0.005	0.005	0.011	0.004	0.008	0.008	0.006	0.004
	盘锦	0.007	0.001	0.002	0.003	0.002	0.013	0.003	0.002	0.003	0.011	0.002	0.009	0.005	0.009	0.003
	铁岭	0.004	0.003	0.002	0.006	0.004	0.001	0.003	0.005	0.003	0.012	0.006	0.014	0.010	0.014	0.003
	朝阳	0.001	0.001	0.002	0.013	0.006	0.001	0.004	0.001	0.001	0.016	0.007	0.014	0.012	0.017	0.003
	葫芦岛	0.002	0.001	0.004	0.008	0.007	0.003	0.006	0.002	0.003	0.015	0.007	0.013	0.012	0.009	0.004

表2.4 辽宁老工业基地公民科学素质建设区域测度评价指标权重

指标	权重	分指标	权重
人员投入	0.362	R&D人员数	0.486
		普通高等学校专任教师数	0.514
资金投入	0.638	科学技术支出	0.318
		教育支出	0.215
		文化与传媒支出	0.211
		R&D内部经费支出	0.256
科技教育建设	0.376	专利申请授权量	0.356
		普通高等学校数	0.414
		普通高等学校学生数	0.231
传媒建设	0.394	邮政业务总量	0.303
		移动电话年末用户数	0.301
		3G移动电话用户数	0.234
		互联网宽带接入用户数	0.162
文化建设	0.230	报刊期发数	0.330
		公共图书馆图书总藏量	0.670

表2.5 辽宁老工业基地公民科学素质建设区域测度综合结果与排序

城市	2013年 得分	排序	2014年 得分	排序	2015年 得分	排序	2016年 得分	排序	2017年 得分	排序	2018年 得分	排序
沈阳	73.597	1	72.209	1	74.004	1	76.684	1	78.214	1	84.100	1
大连	67.728	2	63.437	2	60.605	2	63.460	2	65.551	2	76.526	2
鞍山	12.677	3	12.283	4	11.744	4	11.354	4	19.852	3	22.206	3
抚顺	7.430	6	7.748	6	8.761	5	7.610	5	7.788	6	8.568	6
本溪	6.879	7	8.133	5	6.586	6	6.805	7	6.646	8	5.478	14
丹东	5.846	9	5.936	8	6.499	7	7.202	6	7.224	7	7.897	7
锦州	11.582	4	12.381	3	12.117	3	12.850	3	14.042	4	16.061	4
营口	7.564	5	6.771	7	6.111	8	6.652	8	8.058	5	9.191	5
阜新	5.073	12	5.464	9	5.148	10	5.187	13	5.191	13	5.680	13
辽阳	6.112	8	5.093	12	4.458	13	4.741	14	4.962	14	5.687	12
盘锦	4.361	14	4.797	13	4.546	12	6.573	9	5.341	12	7.085	11
铁岭	5.219	11	5.421	11	5.330	9	5.820	10	6.548	9	7.727	10
朝阳	5.520	10	5.433	10	4.667	11	5.332	12	6.139	10	7.846	8
葫芦岛	4.925	13	4.643	14	4.428	14	5.773	11	6.002	11	7.818	9

2.1.3.4 结果分析

1. 综合测度比较

我们计算了辽宁老工业基地公民科学素质建设区域测度综合测度的领先指数并进行了区域内比较，结果如表 2.6 和图 2.1 所示。

表 2.6　辽宁老工业基地公民科学素质建设区域测度综合测度领先指数

年份	2013 年	2014 年	2015 年	2016 年	2017 年	2018 年
领先指数	73.597（沈阳）	72.209（沈阳）	74.004（沈阳）	76.684（沈阳）	78.214（沈阳）	84.100（沈阳）

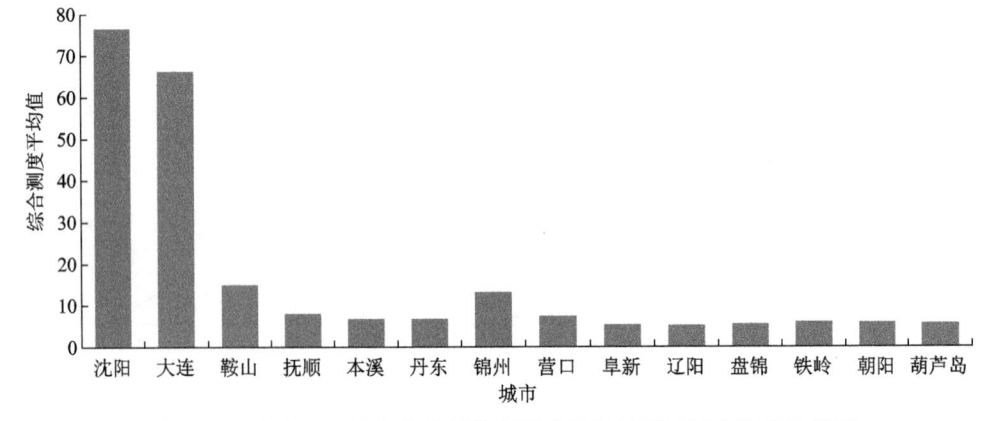

图 2.1　辽宁老工业基地公民科学素质建设区域测度综合测度比较图

2. 人员投入比较

我们计算了辽宁老工业基地公民科学素质建设区域测度人员投入的相关指数并进行了区域内比较，结果如表 2.7 和图 2.2 所示。

表 2.7　辽宁老工业基地公民科学素质建设区域测度人员投入评价相关指数计算结果

城市	2013 年 得分	排序	2014 年 得分	排序	2015 年 得分	排序	2016 年 得分	排序	2017 年 得分	排序	2018 年 得分	排序
沈阳	92.092	1	93.932	1	94.686	1	93.496	1	91.884	1	93.396	1
大连	70.641	2	78.505	2	72.468	2	74.411	2	75.667	2	82.054	2
鞍山	11.050	4	10.677	4	8.201	4	7.306	6	9.010	4	11.799	4
抚顺	9.615	5	9.197	5	7.278	5	7.418	5	7.270	6	5.906	6

续表

城市	2013年 得分	排序	2014年 得分	排序	2015年 得分	排序	2016年 得分	排序	2017年 得分	排序	2018年 得分	排序
本溪	6.332	7	8.822	6	7.669	6	8.871	4	8.784	5	7.618	5
丹东	5.327	10	5.668	9	4.814	9	5.151	7	4.903	7	4.904	10
锦州	13.439	3	13.901	3	12.594	3	13.534	3	13.236	3	13.257	3
营口	6.548	6	6.452	8	5.033	8	4.152	9	4.826	8	5.084	8
阜新	6.192	8	6.714	7	5.502	7	5.070	8	4.794	9	4.695	11
辽阳	5.463	9	4.537	10	3.384	10	3.495	11	3.543	12	3.004	12
盘锦	3.321	11	3.255	11	3.040	11	4.083	10	4.493	11	5.527	7
铁岭	3.044	12	3.067	12	3.032	12	3.078	12	4.546	10	5.020	9
朝阳	2.646	13	2.494	13	2.242	13	1.876	14	1.658	14	1.073	14
葫芦岛	2.136	14	1.990	14	1.405	14	2.501	13	2.528	13	2.123	13
领先指数	92.092（沈阳）		93.932（沈阳）		94.686（沈阳）		93.496（沈阳）		91.884（沈阳）		93.396（沈阳）	

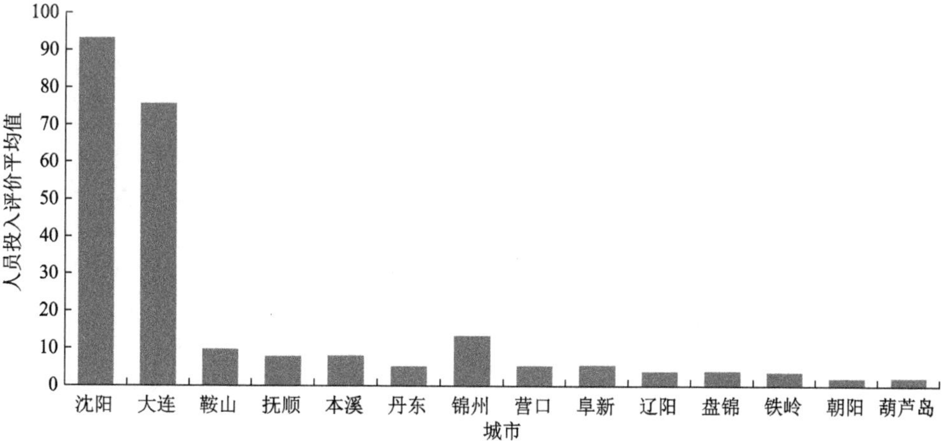

图 2.2 辽宁老工业基地公民科学素质建设区域测度人员投入比较图

3. 资金投入比较

我们计算了辽宁老工业基地公民科学素质建设区域测度资金投入的相关指数并进行了区域内比较，结果如表 2.8 和图 2.3 所示。

表 2.8　辽宁老工业基地公民科学素质建设区域测度资金投入评价相关指数计算结果

城市	2013年 得分	排序	2014年 得分	排序	2015年 得分	排序	2016年 得分	排序	2017年 得分	排序	2018年 得分	排序
沈阳	76.860	2	73.694	2	70.415	1	67.853	1	71.934	1	68.385	2
大连	88.894	1	77.768	1	62.119	2	63.034	2	63.283	2	79.393	1
鞍山	14.062	3	14.182	3	9.377	3	8.281	4	9.803	3	11.275	3
抚顺	4.976	13	4.131	13	3.369	13	2.803	14	2.886	13	3.566	11
本溪	11.154	4	10.284	4	6.727	6	5.530	8	4.879	11	3.395	12
丹东	6.550	11	5.996	9	7.780	4	6.464	6	6.241	7	5.516	9
锦州	8.124	7	8.398	5	7.752	5	7.492	5	9.165	4	8.521	4
营口	10.373	5	6.021	8	5.769	8	5.352	9	6.072	8	7.195	7
阜新	3.272	14	3.654	14	3.504	12	3.085	12	2.486	14	2.796	13
辽阳	6.874	9	4.409	12	3.365	14	2.819	13	3.178	12	2.743	14
盘锦	6.052	12	6.287	7	5.127	10	10.170	3	6.065	9	7.233	5
铁岭	6.697	10	5.876	10	5.263	9	5.133	10	5.026	10	4.421	10
朝阳	8.252	6	7.953	6	6.133	7	6.070	7	7.108	5	7.218	6
葫芦岛	7.078	8	5.257	11	4.515	11	4.899	11	6.838	6	7.097	8
领先指数	88.894（大连）		77.768（大连）		70.415（沈阳）		67.853（沈阳）		71.934（沈阳）		79.393（大连）	

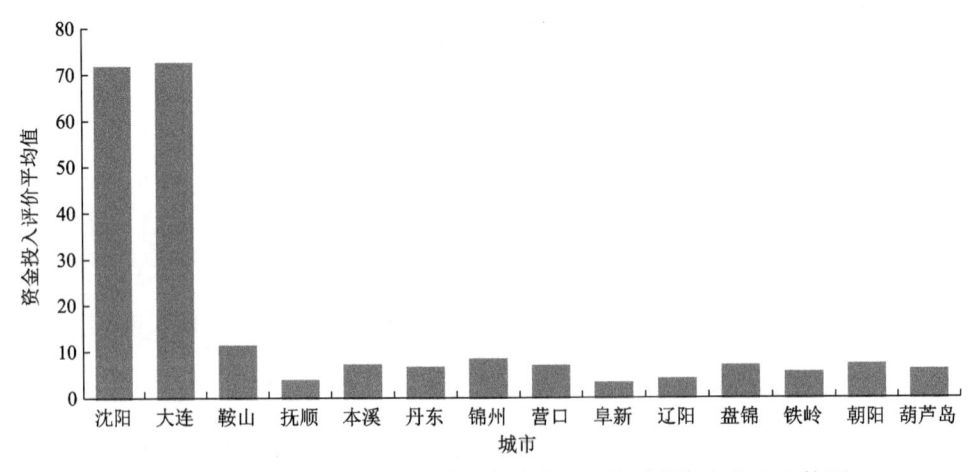

图 2.3　辽宁老工业基地公民科学素质建设区域测度资金投入比较图

4. 科技教育建设比较

我们计算了辽宁老工业基地公民科学素质建设区域测度科技教育建设的相关指数并进行了区域内比较，结果如表 2.9 和图 2.4 所示。

表 2.9　辽宁老工业基地公民科学素质建设区域测度科技教育建设评价相关指数计算结果

城市	2013年 得分	排序	2014年 得分	排序	2015年 得分	排序	2016年 得分	排序	2017年 得分	排序	2018年 得分	排序
沈阳	83.086	1	83.408	1	89.624	1	90.865	1	89.001	1	99.019	1
大连	67.343	2	63.609	2	66.729	2	65.468	2	65.179	2	76.060	2
鞍山	12.443	5	11.627	5	12.666	4	11.395	5	10.129	5	10.310	5
抚顺	12.800	4	14.567	4	12.485	5	14.253	4	14.592	4	13.247	4
本溪	6.549	7	10.822	6	10.048	6	9.895	6	9.605	6	5.480	13
丹东	6.194	9	6.229	9	6.408	10	6.313	10	7.792	8	8.558	7
锦州	20.568	3	20.946	3	21.971	3	22.425	3	22.369	3	23.917	3
营口	5.947	10	5.947	10	6.526	9	6.608	8	6.553	9	6.809	9
阜新	10.905	6	10.411	7	9.636	7	9.221	7	9.445	7	9.321	6
辽阳	5.574	11	6.342	8	5.569	11	5.810	11	5.660	11	7.667	8
盘锦	4.340	12	5.054	12	5.159	12	4.759	13	4.654	12	5.929	11
铁岭	6.202	8	5.852	11	6.535	8	6.348	9	6.487	10	6.186	10
朝阳	1.934	14	1.888	14	2.121	14	2.164	14	2.207	14	2.559	14
葫芦岛	3.484	13	3.557	13	4.491	13	5.484	12	2.731	13	5.855	12
领先指数	83.086（沈阳）		83.408（沈阳）		89.624（沈阳）		90.865（沈阳）		89.001（沈阳）		99.019（沈阳）	

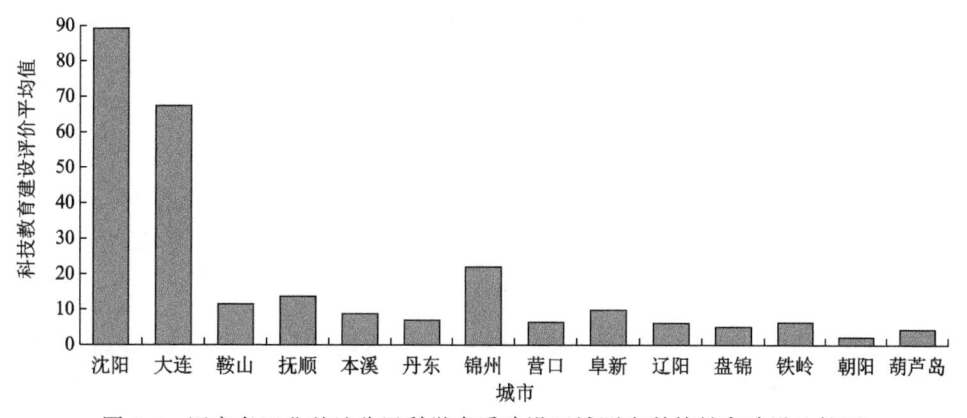

图 2.4　辽宁老工业基地公民科学素质建设区域测度科技教育建设比较图

5. 传媒建设比较

我们计算了辽宁老工业基地公民科学素质建设区域测度传媒建设的相关指数并进行了区域内比较，结果如表 2.10 和图 2.5 所示。

表 2.10　辽宁老工业基地公民科学素质建设区域测度传媒建设评价相关指数计算结果

城市	2013年 得分	排序	2014年 得分	排序	2015年 得分	排序	2016年 得分	排序	2017年 得分	排序	2018年 得分	排序
沈阳	46.059	1	50.376	1	58.174	1	71.609	1	77.184	1	100.000	1
大连	40.620	2	40.468	2	43.728	2	54.619	2	58.102	2	71.408	2
鞍山	12.459	3	13.533	3	13.590	3	18.326	3	19.691	3	25.122	3
抚顺	4.442	10	5.693	10	5.876	9	8.381	9	8.998	10	11.353	10
本溪	2.697	13	3.810	13	2.926	13	4.448	14	5.398	14	5.791	14
丹东	5.216	8	6.454	8	6.016	8	9.612	7	10.695	7	13.681	8
锦州	9.287	4	9.236	4	9.316	4	12.612	4	14.200	4	18.263	4
营口	6.592	5	7.447	5	6.824	5	10.463	5	11.548	5	15.208	6
阜新	3.209	12	3.849	12	4.078	12	6.033	12	6.934	12	8.966	12
辽阳	5.852	7	5.036	11	4.582	11	6.585	11	7.002	11	9.342	11
盘锦	2.166	14	2.661	14	2.713	14	5.109	13	5.764	13	8.367	13
铁岭	4.436	11	5.812	9	5.554	10	8.256	10	9.807	9	13.560	9
朝阳	6.415	6	7.185	6	6.082	7	9.830	6	11.512	6	15.631	5
葫芦岛	4.944	9	6.675	7	6.101	6	9.112	8	10.608	8	14.876	7
领先指数	46.059（沈阳）		50.376（沈阳）		58.174（沈阳）		71.609（沈阳）		77.184（沈阳）		100.000（沈阳）	

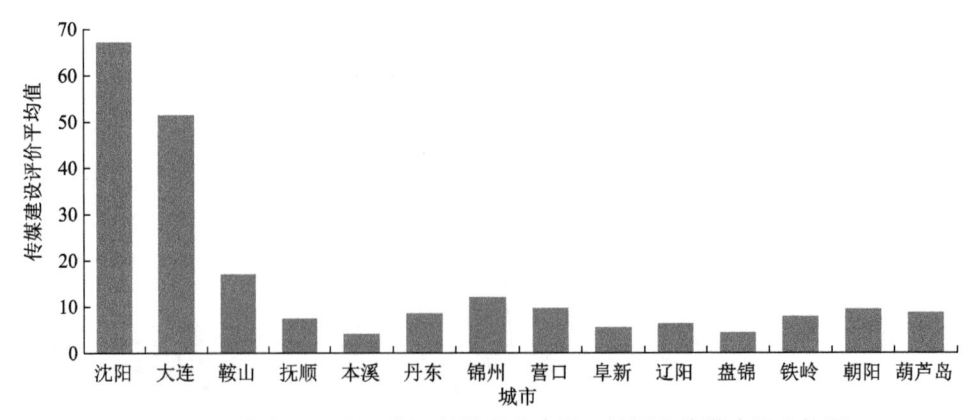

图 2.5　辽宁老工业基地公民科学素质建设区域测度传媒建设比较图

6. 文化建设比较

我们计算了辽宁老工业基地公民科学素质建设区域测度文化建设的相关指数并进行了区域内比较，结果如表 2.11 和图 2.6 所示。

表 2.11 辽宁老工业基地公民科学素质建设区域测度文化建设评价相关指数计算结果

城市	2013年 得分	排序	2014年 得分	排序	2015年 得分	排序	2016年 得分	排序	2017年 得分	排序	2018年 得分	排序
沈阳	71.319	1	57.231	1	55.496	2	60.449	2	58.706	3	58.238	3
大连	58.526	2	46.075	2	59.163	1	61.042	1	70.343	2	71.249	2
鞍山	12.301	3	8.785	5	17.870	4	12.591	3	75.933	1	78.135	1
抚顺	6.765	5	7.014	6	22.979	3	7.554	6	7.408	7	12.215	7
本溪	4.812	12	4.880	12	5.336	13	6.041	12	5.314	12	7.082	12
丹东	5.347	11	4.801	13	6.672	7	9.216	5	6.025	11	6.973	13
锦州	6.757	6	11.464	3	10.910	5	9.868	4	13.318	5	21.962	4
营口	6.370	8	9.253	4	6.565	9	6.902	8	13.960	4	13.442	6
阜新	1.611	14	2.858	14	3.211	14	2.497	14	2.480	14	2.598	14
辽阳	6.467	7	5.611	10	6.630	8	6.322	11	6.713	9	7.210	11
盘锦	5.444	10	6.520	7	7.358	6	6.663	9	5.144	13	8.589	10
铁岭	4.354	13	6.223	8	6.358	10	6.322	10	7.618	6	12.191	8
朝阳	7.131	4	6.131	9	6.182	11	5.821	13	7.246	8	14.180	5
葫芦岛	5.845	9	5.137	11	5.477	12	7.261	7	6.261	10	8.688	9
领先指数	71.319（沈阳）		57.231（沈阳）		59.163（大连）		61.042（大连）		75.933（鞍山）		78.135（鞍山）	

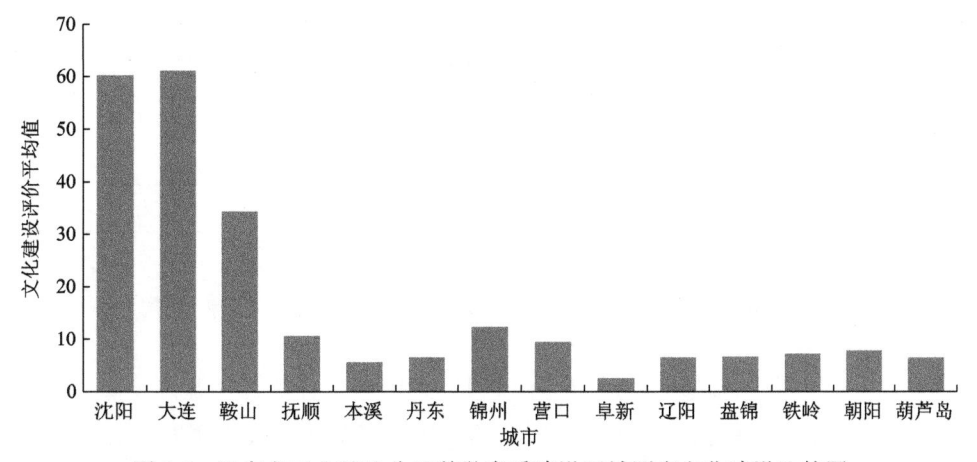

图 2.6 辽宁老工业基地公民科学素质建设区域测度文化建设比较图

2.2 吉林老工业基地公民科学素质建设区域评价的模型和方法

2.2.1 吉林老工业基地公民科学素质建设区域评价指标体系的建立

根据吉林老工业基地产业集群化评价理论模型和大量现有文献调研，我们从公民科学素质建设投入结构和建设效果两个方面出发，选取了人员投入、资金投入、科技教育建设、传媒建设、文化建设5个领域共13个指标，构成了吉林老工业基地公民科学素质建设区域评价指标体系。具体如表2.12所示。公民科学素质建设区域评价方法见2.1.2节，此处不再赘述。

表2.12 吉林老工业基地公民科学素质建设区域评价指标体系

指标	分指标	变量标识
人员投入	科学研究、技术服务业从业人员	$X1$
	教育业从业人员	$X2$
	普通高等学校专任教师数	$X3$
资金投入	科学技术支出	$X4$
	教育支出	$X5$
	文化与传媒支出	$X6$
科技教育建设	专利申请授权量	$X7$
	普通高等学校数	$X8$
	普通高等学校学生数	$X9$
传媒建设	邮政业务总量	$X10$
	移动电话年末用户数	$X11$
	互联网宽带接入用户数	$X12$
文化建设	公共图书馆图书总藏量	$X13$

2.2.2 吉林老工业基地公民科学素质建设区域测度与比较

本研究使用的数据来源于2015—2019年的《吉林统计年鉴》（由于每年统计年鉴中披露的为上一年的统计数据，故实际为2014—2018年的数据）。鉴于数据的一致性及可获得性，选取吉林省各地区相应年份的统计数据作为研究对象。

2.2.2.1 对原始数据进行标准化处理

对原始指标进行标准化处理，得出标准化评价矩阵，如表 2.13 所示。

表 2.13 吉林老工业基地公民科学素质建设区域测度的标准化矩阵

年份	城市	X1	X2	X3	X4	X5	X6	X7	X8	X9	X10	X11	X12	X13
2014 年	长春	0.899	0.975	0.939	0.508	0.629	0.879	0.424	0.923	0.927	0.411	0.560	0.655	0.834
	吉林	0.123	0.359	0.192	0.407	0.303	0.277	0.088	0.179	0.230	0.115	0.221	0.309	0.355
	四平	0.089	0.211	0.072	0.055	0.165	0.095	0.021	0.077	0.081	0.041	0.129	0.116	0.055
	辽源	0.000	0.002	0.003	0.042	0.000	0.022	0.001	0.000	0.011	0.004	0.000	0.000	0.000
	通化	0.059	0.103	0.020	0.348	0.126	0.151	0.017	0.000	0.025	0.060	0.061	0.091	0.065
	白山	0.014	0.039	0.000	0.094	0.050	0.019	0.000	0.000	0.000	0.031	0.004	0.018	0.071
	松原	0.036	0.164	0.010	0.004	0.124	0.039	0.000	0.000	0.004	0.032	0.096	0.056	0.066
	白城	0.216	0.175	0.031	0.048	0.103	0.071	0.004	0.051	0.041	0.019	0.048	0.063	0.025
2015 年	长春	0.945	0.979	0.959	0.656	0.817	0.843	0.579	0.923	0.953	0.508	0.704	0.496	0.832
	吉林	0.125	0.327	0.201	0.245	0.367	0.356	0.131	0.179	0.233	0.160	0.210	0.312	0.375
	四平	0.086	0.205	0.075	0.029	0.221	0.099	0.024	0.077	0.083	0.081	0.126	0.109	0.064
	辽源	0.002	0.002	0.003	0.044	0.021	0.023	0.000	0.000	0.010	0.012	0.006	0.007	0.007
	通化	0.055	0.102	0.020	0.336	0.176	0.261	0.019	0.000	0.026	0.077	0.055	0.100	0.101
	白山	0.014	0.033	0.000	0.045	0.050	0.071	0.002	0.000	0.001	0.042	0.002	0.022	0.093
	松原	0.036	0.161	0.010	0.001	0.156	0.102	0.012	0.000	0.004	0.040	0.112	0.072	0.079
	白城	0.098	0.176	0.031	0.056	0.123	0.122	0.008	0.051	0.042	0.028	0.049	0.057	0.030
2016 年	长春	0.990	0.989	0.986	0.696	0.825	1.000	0.685	0.949	0.971	0.712	1.000	0.463	0.886
	吉林	0.107	0.338	0.200	0.188	0.400	0.362	0.179	0.231	0.200	0.225	0.302	0.423	
	四平	0.093	0.207	0.077	0.015	0.249	0.131	0.018	0.077	0.085	0.108	0.128	0.147	0.072
	辽源	0.002	0.000	0.003	0.011	0.028	0.002	0.006	0.000	0.010	0.000	0.003	0.003	0.011
	通化	0.050	0.101	0.021	0.482	0.188	0.184	0.012	0.000	0.026	0.097	0.057	0.086	0.109
	白山	0.011	0.030	0.000	0.071	0.064	0.055	0.003	0.000	0.001	0.053	0.002	0.019	0.102
	松原	0.039	0.152	0.009	0.017	0.179	0.085	0.014	0.000	0.004	0.057	0.159	0.097	0.089
	白城	0.098	0.170	0.029	0.055	0.133	0.193	0.006	0.051	0.043	0.039	0.050	0.047	0.032

续表

年份	城市	X1	X2	X3	X4	X5	X6	X7	X8	X9	X10	X11	X12	X13
2017年	长春	1.000	0.997	0.990	1.000	0.933	0.744	0.796	1.000	0.979	0.839	0.658	0.895	0.948
	吉林	0.104	0.340	0.200	0.282	0.385	0.355	0.106	0.179	0.227	0.245	0.242	0.360	0.540
	四平	0.090	0.206	0.080	0.037	0.235	0.204	0.025	0.077	0.083	0.123	0.166	0.198	0.049
	辽源	0.001	0.002	0.003	0.013	0.023	0.043	0.008	0.000	0.009	0.035	0.005	0.016	0.012
	通化	0.045	0.090	0.023	0.431	0.176	0.290	0.018	0.000	0.027	0.115	0.069	0.124	0.149
	白山	0.011	0.025	0.000	0.043	0.058	0.111	0.005	0.000	0.001	0.069	0.006	0.039	0.108
	松原	0.048	0.161	0.004	0.005	0.193	0.127	0.018	0.000	0.004	0.066	0.142	0.121	0.099
	白城	0.104	0.159	0.029	0.044	0.138	0.100	0.010	0.051	0.043	0.047	0.061	0.074	0.035
2018年	长春	0.959	1.000	1.000	0.892	1.000	0.922	1.000	1.000	1.000	1.000	0.675	1.000	0.834
	吉林	0.096	0.351	0.200	0.135	0.427	0.385	0.114	0.179	0.232	0.276	0.258	0.470	0.355
	四平	0.057	0.211	0.081	0.024	0.197	0.098	0.056	0.077	0.083	0.148	0.154	0.236	0.055
	辽源	0.001	0.003	0.001	0.011	0.017	0.000	0.012	0.000	0.010	0.045	0.000	0.035	0.000
	通化	0.050	0.091	0.019	0.286	0.137	0.198	0.026	0.000	0.026	0.134	0.074	0.177	0.065
	白山	0.019	0.023	0.000	0.024	0.040	0.127	0.003	0.000	0.000	0.080	0.012	0.065	0.071
	松原	0.022	0.128	0.004	0.000	0.181	0.117	0.019	0.000	0.005	0.081	0.147	0.155	0.066
	白城	0.110	0.149	0.030	0.080	0.119	0.096	0.021	0.051	0.044	0.063	0.069	0.106	0.025

2.2.2.2 指标权重的确定

在评价吉林老工业基地公民科学素质建设区域测度水平的过程中，首先将 x_{ij} 转化为比重形式的 P_{ij}，可以得到表2.14。

表2.14 吉林老工业基地公民科学素质建设区域测度的 P_{ij} 转化矩阵

年份	城市	X1	X2	X3	X4	X5	X6	X7	X8	X9	X10	X11	X12	X13
2014年	长春	0.124	0.095	0.136	0.063	0.063	0.091	0.090	0.139	0.130	0.063	0.080	0.082	0.092
	吉林	0.018	0.036	0.029	0.051	0.031	0.029	0.020	0.028	0.033	0.019	0.032	0.039	0.040
	四平	0.014	0.021	0.012	0.008	0.017	0.011	0.006	0.013	0.013	0.008	0.019	0.016	0.007
	辽源	0.001	0.001	0.002	0.006	0.001	0.003	0.002	0.001	0.003	0.002	0.001	0.001	0.001
	通化	0.009	0.011	0.004	0.044	0.013	0.017	0.006	0.001	0.005	0.010	0.010	0.012	0.008
	白山	0.003	0.005	0.001	0.013	0.006	0.003	0.002	0.001	0.001	0.006	0.002	0.003	0.009
	松原	0.006	0.017	0.003	0.002	0.013	0.005	0.003	0.001	0.002	0.006	0.015	0.008	0.008
	白城	0.031	0.018	0.006	0.007	0.011	0.008	0.003	0.009	0.007	0.004	0.008	0.009	0.004

续表

年份	城市	X1	X2	X3	X4	X5	X6	X7	X8	X9	X10	X11	X12	X13
2015年	长春	0.131	0.096	0.139	0.082	0.081	0.087	0.122	0.139	0.133	0.077	0.100	0.062	0.092
	吉林	0.019	0.033	0.030	0.031	0.037	0.037	0.029	0.028	0.034	0.025	0.031	0.040	0.042
	四平	0.013	0.021	0.012	0.005	0.023	0.011	0.007	0.013	0.013	0.014	0.019	0.015	0.008
	辽源	0.002	0.001	0.002	0.007	0.003	0.003	0.003	0.001	0.003	0.003	0.002	0.002	0.002
	通化	0.009	0.011	0.004	0.042	0.018	0.028	0.006	0.001	0.005	0.013	0.009	0.014	0.012
	白山	0.003	0.004	0.001	0.007	0.006	0.008	0.003	0.001	0.002	0.008	0.002	0.004	0.011
	松原	0.006	0.017	0.003	0.001	0.016	0.011	0.005	0.001	0.002	0.008	0.017	0.010	0.010
	白城	0.015	0.018	0.006	0.008	0.013	0.014	0.004	0.009	0.007	0.006	0.008	0.008	0.004
2016年	长春	0.137	0.097	0.143	0.087	0.082	0.103	0.143	0.142	0.136	0.108	0.141	0.058	0.098
	吉林	0.016	0.034	0.030	0.024	0.040	0.038	0.027	0.028	0.033	0.031	0.033	0.038	0.047
	四平	0.014	0.021	0.013	0.003	0.025	0.014	0.006	0.013	0.013	0.018	0.019	0.019	0.009
	辽源	0.002	0.001	0.002	0.003	0.004	0.001	0.003	0.001	0.003	0.002	0.002	0.002	0.002
	通化	0.008	0.011	0.005	0.060	0.020	0.020	0.007	0.001	0.005	0.016	0.009	0.012	0.013
	白山	0.003	0.004	0.001	0.010	0.007	0.007	0.003	0.001	0.002	0.009	0.002	0.004	0.012
	松原	0.007	0.016	0.003	0.003	0.019	0.010	0.005	0.001	0.002	0.010	0.024	0.013	0.011
	白城	0.015	0.017	0.006	0.008	0.014	0.021	0.003	0.009	0.007	0.007	0.008	0.007	0.005
2017年	长春	0.138	0.097	0.144	0.124	0.093	0.077	0.166	0.150	0.137	0.127	0.093	0.111	0.105
	吉林	0.016	0.034	0.030	0.036	0.039	0.037	0.024	0.028	0.033	0.038	0.035	0.046	0.060
	四平	0.014	0.021	0.013	0.006	0.024	0.022	0.007	0.013	0.013	0.020	0.025	0.026	0.006
	辽源	0.002	0.001	0.002	0.003	0.003	0.005	0.004	0.001	0.003	0.007	0.002	0.003	0.002
	通化	0.008	0.010	0.005	0.054	0.018	0.031	0.006	0.001	0.005	0.019	0.011	0.016	0.017
	白山	0.003	0.003	0.001	0.007	0.007	0.012	0.003	0.001	0.001	0.012	0.002	0.006	0.013
	松原	0.008	0.017	0.002	0.002	0.020	0.014	0.006	0.001	0.002	0.011	0.021	0.016	0.012
	白城	0.016	0.016	0.006	0.015	0.011	0.011	0.004	0.009	0.007	0.009	0.010	0.010	0.005
2018年	长春	0.133	0.098	0.145	0.111	0.099	0.095	0.208	0.150	0.140	0.151	0.096	0.124	0.092
	吉林	0.015	0.035	0.030	0.018	0.043	0.040	0.026	0.028	0.034	0.043	0.038	0.059	0.040
	四平	0.009	0.021	0.013	0.004	0.020	0.011	0.014	0.013	0.013	0.024	0.023	0.030	0.007
	辽源	0.002	0.001	0.002	0.003	0.003	0.001	0.005	0.001	0.003	0.008	0.002	0.006	0.001
	通化	0.008	0.010	0.004	0.036	0.014	0.021	0.007	0.001	0.005	0.022	0.012	0.023	0.008
	白山	0.004	0.003	0.001	0.004	0.005	0.014	0.003	0.001	0.001	0.013	0.003	0.009	0.009
	松原	0.004	0.013	0.002	0.001	0.019	0.013	0.006	0.001	0.002	0.014	0.022	0.020	0.008
	白城	0.016	0.015	0.006	0.011	0.013	0.011	0.006	0.009	0.007	0.011	0.011	0.014	0.004

最终可得到各指标相应权重，如表 2.15 所示。

表 2.15　吉林老工业基地公民科学素质建设区域测度评价指标权重

指标	权重	分指标	权重
人员投入	0.618	科学研究、技术服务业从业人员	0.354
		教育业从业人员	0.213
		普通高等学校专任教师数	0.433
资金投入	0.382	科学技术支出	0.426
		教育支出	0.266
		文化与传媒支出	0.308
科技教育建设	0.578	专利申请授权量	0.343
		普通高等学校数	0.347
		普通高等学校学生数	0.310
传媒建设	0.307	邮政业务总量	0.350
		移动电话年末用户数	0.352
		互联网宽带接入用户数	0.298
文化建设	0.115	公共图书馆图书总藏量	1.000

2.2.2.3　综合评价

根据上述测度模型和计算方法，查阅相关统计资料，收集有关数据进行整理，对吉林 2014—2018 年公民科学素质建设区域测度综合结果进行排序，见表 2.16。

表 2.16　吉林老工业基地公民科学素质建设区域测度综合结果与排序

城市	2014 年		2015 年		2016 年		2017 年		2018 年	
	得分	排序	得分	排序	得分	排序	得分	排序	得分	排序
长春	75.251	1	80.224	1	87.049	1	91.773	1	96.490	1
吉林	23.072	2	23.453	2	23.621	2	25.365	2	25.911	2
四平	9.276	3	9.642	3	10.299	3	11.247	3	10.947	3
辽源	1.591	8	1.896	8	1.546	8	2.042	8	2.065	8
通化	8.043	4	9.047	4	9.726	4	10.467	4	9.222	4
白山	3.051	7	3.208	7	3.455	7	3.755	7	4.005	7
松原	4.694	6	5.494	6	6.206	6	6.657	6	6.461	6
白城	7.336	5	6.760	5	7.121	5	6.937	5	7.572	5

2.2.2.4 结果分析

1. 综合测度比较

我们计算了吉林老工业基地公民科学素质建设区域测度综合测度的领先指数并进行了区域内比较，结果如表 2.17 和图 2.7 所示。

表 2.17 吉林老工业基地公民科学素质建设区域测度综合测度领先指数

年份	2014 年	2015 年	2016 年	2017 年	2018 年
领先指数	75.251（长春）	80.224（长春）	87.049（长春）	91.773（长春）	96.490（长春）

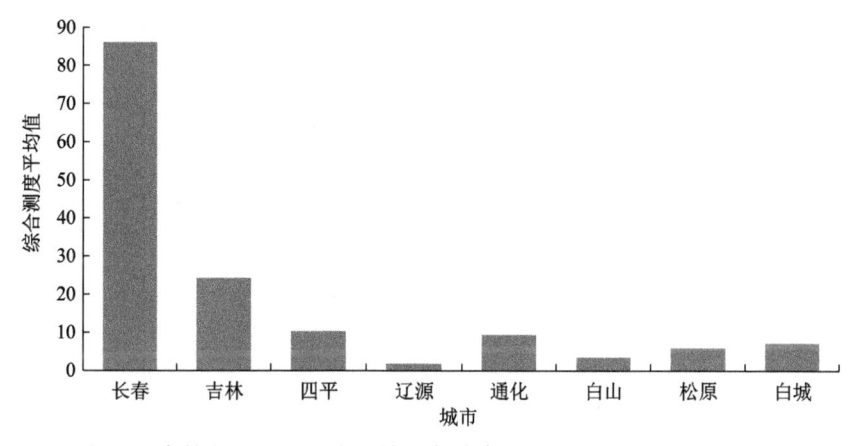

图 2.7 吉林老工业基地公民科学素质建设区域测度综合测度比较图

2. 人员投入比较

我们计算了吉林老工业基地公民科学素质建设区域测度人员投入的相关指数并进行了区域内比较，结果如表 2.18 和图 2.8 所示。

表 2.18 吉林老工业基地公民科学素质建设区域测度人员投入评价相关指数计算结果

城市	2014 年 得分	排序	2015 年 得分	排序	2016 年 得分	排序	2017 年 得分	排序	2018 年 得分	排序
长春	93.345	1	95.874	1	98.821	1	99.533	1	98.558	1
吉林	21.122	2	20.899	2	20.469	2	20.370	2	20.335	2
四平	11.649	4	11.556	3	11.942	3	11.920	3	10.939	3
辽源	1.169	8	1.255	8	1.210	8	1.217	8	1.247	8

续表

城市	2014年 得分	排序	2015年 得分	排序	2016年 得分	排序	2017年 得分	排序	2018年 得分	排序
通化	6.090	6	5.945	6	5.810	6	5.479	6	5.479	5
白山	2.308	7	2.193	7	2.030	7	1.935	7	2.165	7
松原	6.184	5	6.087	5	5.970	5	6.249	5	4.643	6
白城	13.598	3	9.467	4	9.272	4	9.256	4	9.287	4
领先指数	93.345（长春）		95.874（长春）		98.821（长春）		99.533（长春）		98.558（长春）	

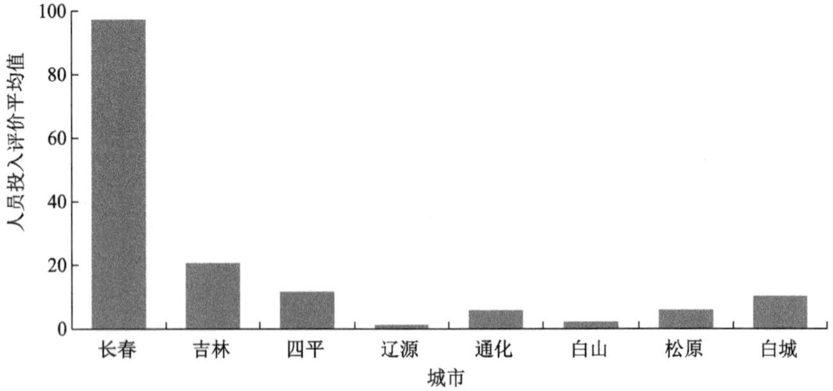

图2.8 吉林老工业基地公民科学素质建设区域测度人员投入比较图

3. 资金投入比较

我们计算了吉林老工业基地公民科学素质建设区域测度资金投入的相关指数并进行了区域内比较，结果如表2.19和图2.9所示。

表2.19 吉林老工业基地公民科学素质建设区域测度资金投入评价相关指数计算结果

城市	2014年 得分	排序	2015年 得分	排序	2016年 得分	排序	2017年 得分	排序	2018年 得分	排序
长春	65.743	1	75.892	1	82.569	1	90.430	1	93.075	1
吉林	34.597	2	31.831	2	30.503	3	33.851	2	29.680	2
四平	10.559	4	11.031	4	12.188	5	14.982	4	10.197	5
辽源	3.472	8	4.093	8	2.295	8	3.461	8	1.888	8
通化	23.612	3	27.756	3	31.915	2	32.665	3	22.726	3
白山	6.845	6	6.404	7	7.372	7	7.718	7	6.928	7

续表

城市	2014 年 得分	排序	2015 年 得分	排序	2016 年 得分	排序	2017 年 得分	排序	2018 年 得分	排序
松原	5.614	7	8.239	6	9.024	6	10.156	5	9.311	6
白城	7.914	5	10.312	5	12.699	4	9.563	6	10.438	4
领先指数	65.743（长春）		75.892（长春）		82.569（长春）		90.430（长春）		93.075（长春）	

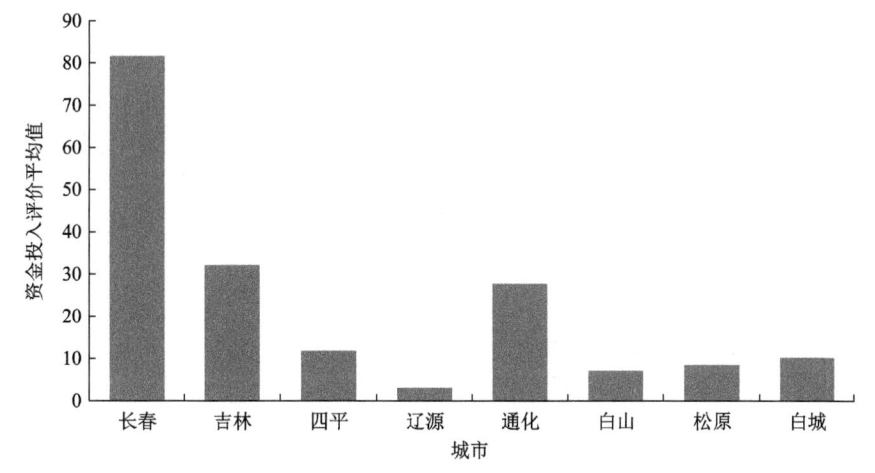

图 2.9 吉林老工业基地公民科学素质建设区域测度资金投入比较图

4. 科技教育建设比较

我们计算了吉林老工业基地公民科学素质建设区域测度科技教育建设的相关指数并进行了区域内比较，结果如表 2.20 和图 2.10 所示。

表 2.20 吉林老工业基地公民科学素质建设区域测度科技教育建设评价相关指数计算结果

城市	2014 年 得分	排序	2015 年 得分	排序	2016 年 得分	排序	2017 年 得分	排序	2018 年 得分	排序
长春	75.528	1	81.595	1	86.660	1	92.422	1	100.000	1
吉林	17.184	2	18.736	2	18.397	2	17.717	2	18.148	2
四平	6.826	3	7.023	3	6.859	3	7.039	3	8.090	3
辽源	1.379	6	1.429	7	1.529	7	1.552	7	1.733	7
通化	2.362	5	2.438	5	2.222	5	2.415	5	2.692	5
白山	1.000	8	1.109	8	1.156	8	1.177	8	1.121	8

续表

城市	2014 年 得分	排序	2015 年 得分	排序	2016 年 得分	排序	2017 年 得分	排序	2018 年 得分	排序
松原	1.271	7	1.524	6	1.595	6	1.741	6	1.804	6
白城	4.183	4	4.313	4	4.276	4	4.412	4	4.796	4
领先指数	75.528（长春）		81.595（长春）		86.660（长春）		92.422（长春）		100.000（长春）	

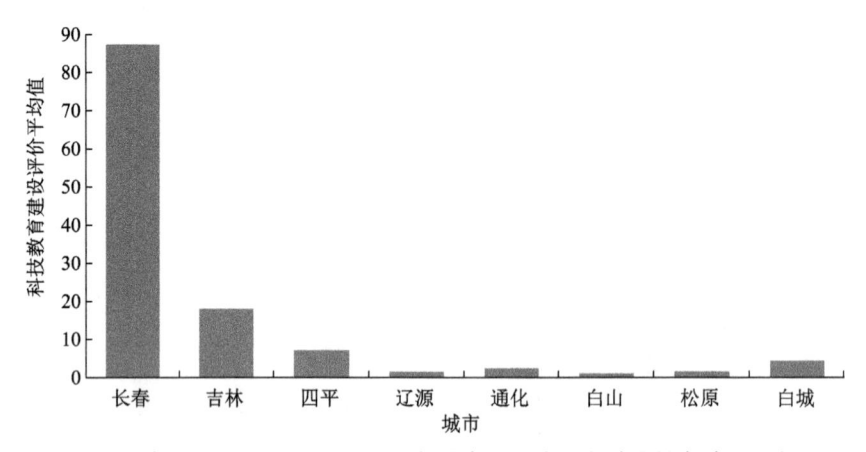

图 2.10　吉林老工业基地公民科学素质建设区域测度科技教育建设比较图

5. 传媒建设比较

我们计算了吉林老工业基地公民科学素质建设区域测度传媒建设的相关指数并进行了区域内比较，结果如表 2.21 和图 2.11 所示。

表 2.21　吉林老工业基地公民科学素质建设区域测度传媒建设评价相关指数计算结果

城市	2014 年 得分	排序	2015 年 得分	排序	2016 年 得分	排序	2017 年 得分	排序	2018 年 得分	排序
长春	54.040	1	57.771	1	74.189	1	79.411	1	88.648	1
吉林	21.784	2	23.040	2	24.651	2	28.505	2	33.433	2
四平	10.360	3	11.420	3	13.537	3	16.877	3	18.433	3
辽源	1.138	8	1.811	8	1.185	8	2.842	8	3.869	8
通化	7.878	4	8.539	4	8.901	5	11.010	5	13.450	5
白山	2.728	7	3.154	7	3.498	7	4.742	7	6.068	7
松原	7.116	5	8.414	5	11.366	4	11.819	4	13.494	4

续表

城市	2014年 得分	排序	2015年 得分	排序	2016年 得分	排序	2017年 得分	排序	2018年 得分	排序
白城	5.174	6	5.339	6	5.484	6	6.930	6	8.716	6
领先指数	54.040（长春）		57.771（长春）		74.189（长春）		79.411（长春）		88.648（长春）	

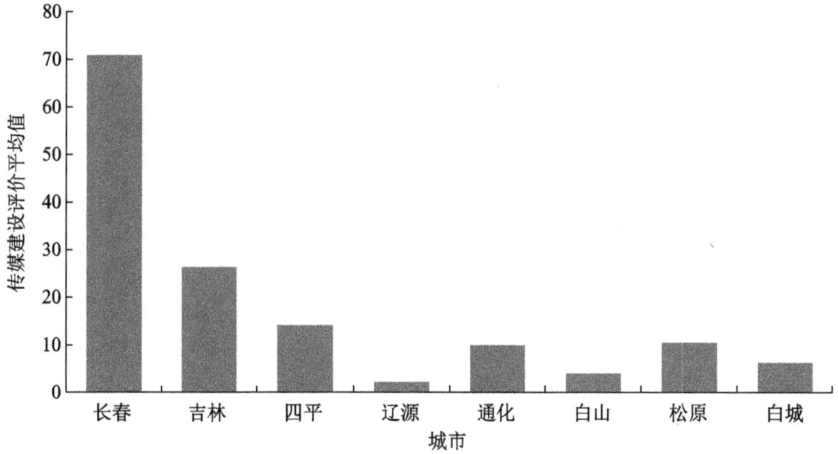

图 2.11　吉林老工业基地公民科学素质建设区域测度传媒建设比较图

6. 文化建设比较

我们计算了吉林老工业基地公民科学素质建设区域测度文化建设的相关指数并进行了区域内比较，结果如表 2.22 和图 2.12 所示。

表 2.22　吉林老工业基地公民科学素质建设区域测度文化建设评价相关指数计算结果

城市	2014年 得分	排序	2015年 得分	排序	2016年 得分	排序	2017年 得分	排序	2018年 得分	排序
长春	83.540	1	83.401	1	88.712	1	94.865	1	100.000	1
吉林	36.150	2	38.143	2	42.882	2	54.468	2	57.375	2
四平	6.491	6	7.366	6	8.091	6	5.841	6	7.107	6
辽源	1.000	8	1.701	8	2.113	8	2.154	8	2.490	8
通化	7.422	5	10.962	3	11.823	3	15.776	3	12.957	4
白山	8.044	3	10.208	4	11.059	4	11.658	4	13.117	3
松原	7.506	4	8.816	5	9.782	5	10.801	5	11.286	5
白城	3.450	7	3.944	7	4.206	7	4.447	7	5.021	7
领先指数	83.540（长春）		83.401（长春）		88.712（长春）		94.865（长春）		100.000（长春）	

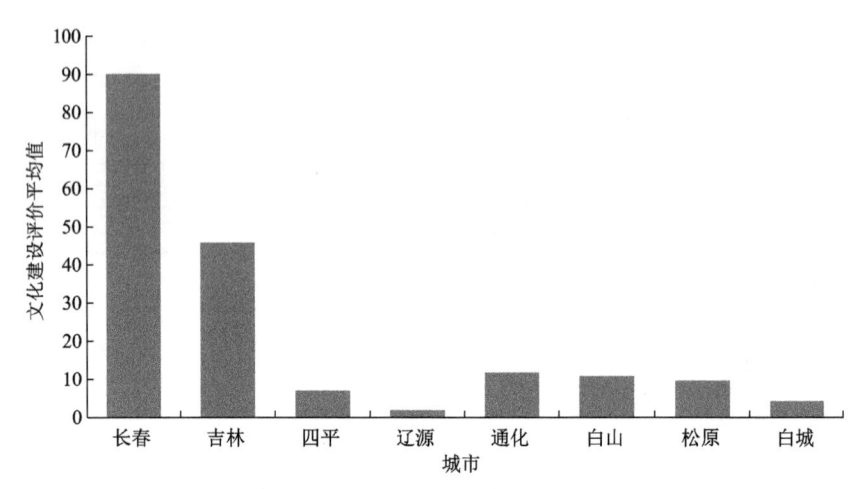

图 2.12　吉林老工业基地公民科学素质建设区域测度文化建设比较图

2.3　黑龙江老工业基地公民科学素质建设区域评价的模型和方法

2.3.1　黑龙江老工业基地公民科学素质建设区域评价指标体系的建立

根据黑龙江老工业基地产业集群化评价理论模型和大量现有文献调研，我们从公民科学素质建设投入结构和建设效果两个方面出发，选取了人员投入、资金投入、科技教育建设、传媒建设、文化建设 5 个领域共 11 个指标，构成了黑龙江老工业基地公民科学素质建设区域评价指标体系。具体如表 2.23 所示。公民科学素质建设区域评价方法见 2.1.2 节，此处不再赘述。

表 2.23　黑龙江老工业基地公民科学素质建设区域评价指标体系

指标	分指标	变量标识
人员投入	普通高等学校专任教师数	$X1$
资金投入	科学技术支出	$X2$
	教育支出	$X3$
	文化与传媒支出	$X4$
科技教育建设	普通高等学校数	$X5$
	普通高等学校学生数	$X6$

续表

指标	分指标	变量标识
传媒建设	邮政业务总量	X7
	移动电话年末用户数	X8
	3G 移动电话用户数	X9
	互联网宽带接入用户数	X10
文化建设	报刊期发数	X11

2.3.2 黑龙江老工业基地公民科学素质建设区域测度与比较

本研究使用的数据来源于 2014—2020 年的《黑龙江统计年鉴》（由于每年统计年鉴中披露的为上一年的统计数据，故实际为 2013—2019 年的数据）。鉴于数据的一致性及可获得性，选取黑龙江省各地区相应年份的统计数据作为研究对象。

2.3.2.1 对原始数据进行标准化处理

对原始指标进行标准化处理，得出标准化评价矩阵，如表 2.24 所示。

表 2.24 黑龙江老工业基地公民科学素质建设区域测度的标准化矩阵

年份	城市或地区	X1	X2	X3	X4	X5	X6	X7	X8	X9	X10	X11
2013 年	哈尔滨	0.979	0.761	0.891	0.772	0.980	0.942	0.221	0.751	0.754	0.577	1.000
	齐齐哈尔	0.095	0.120	0.388	0.246	0.100	0.096	0.062	0.227	0.209	0.170	0.282
	鸡西	0.012	0.052	0.124	0.060	0.000	0.015	0.028	0.092	0.089	0.056	0.163
	鹤岗	0.003	0.053	0.078	0.045	0.000	0.002	0.017	0.050	0.054	0.019	0.062
	双鸭山	0.002	0.034	0.119	0.053	0.000	0.002	0.022	0.069	0.070	0.046	0.080
	大庆	0.101	0.188	0.304	0.200	0.080	0.097	0.061	0.197	0.206	0.082	0.546
	伊春	0.003	0.030	0.059	0.143	0.000	0.001	0.017	0.039	0.055	0.029	0.055
	佳木斯	0.062	0.036	0.204	0.107	0.060	0.057	0.043	0.146	0.137	0.097	0.190
	七台河	0.000	0.005	0.038	0.000	0.000	0.000	0.013	0.028	0.051	0.013	0.018
	牡丹江	0.087	0.140	0.246	0.141	0.120	0.094	0.047	0.138	0.136	0.139	0.249
	黑河	0.012	0.069	0.128	0.115	0.000	0.017	0.023	0.068	0.073	0.045	0.142
	绥化	0.012	0.067	0.384	0.141	0.000	0.020	0.057	0.236	0.160	0.136	0.245
	大兴安岭地区	0.004	0.008	0.008	0.021	0.000	0.004	0.008	0.000	0.025	0.000	0.018

续表

年份	城市或地区	X1	X2	X3	X4	X5	X6	X7	X8	X9	X10	X11
2014年	哈尔滨	0.994	0.640	0.891	1.000	0.980	0.962	0.282	0.846	1.000	0.608	0.845
	齐齐哈尔	0.096	0.078	0.380	0.219	0.100	0.101	0.077	0.267	0.293	0.175	0.208
	鸡西	0.012	0.041	0.121	0.059	0.000	0.015	0.034	0.109	0.125	0.061	0.170
	鹤岗	0.003	0.028	0.070	0.064	0.000	0.002	0.021	0.065	0.082	0.023	0.058
	双鸭山	0.002	0.034	0.122	0.094	0.000	0.001	0.026	0.083	0.103	0.051	0.080
	大庆	0.103	0.073	0.307	0.213	0.080	0.097	0.075	0.226	0.280	0.094	0.523
	伊春	0.003	0.022	0.046	0.159	0.000	0.001	0.020	0.047	0.070	0.034	0.058
	佳木斯	0.064	0.017	0.193	0.100	0.060	0.057	0.050	0.173	0.190	0.104	0.160
	七台河	0.000	0.009	0.040	0.021	0.000	0.000	0.017	0.038	0.075	0.017	0.012
	牡丹江	0.087	0.085	0.226	0.142	0.120	0.095	0.054	0.165	0.189	0.144	0.332
	黑河	0.012	0.048	0.119	0.125	0.000	0.017	0.029	0.087	0.116	0.048	0.144
	绥化	0.012	0.049	0.362	0.193	0.000	0.020	0.065	0.280	0.212	0.150	0.259
	大兴安岭地区	0.004	0.003	0.004	0.031	0.000	0.004	0.010	0.004	0.035	0.003	0.017
2015年	哈尔滨	1.000	0.579	0.999	0.969	1.000	0.971	0.348	0.841	0.913	0.633	0.864
	齐齐哈尔	0.095	0.136	0.481	0.343	0.100	0.102	0.096	0.268	0.263	0.189	0.246
	鸡西	0.011	0.044	0.131	0.283	0.000	0.015	0.039	0.106	0.114	0.060	0.258
	鹤岗	0.002	0.020	0.078	0.068	0.000	0.002	0.024	0.061	0.073	0.027	0.146
	双鸭山	0.001	0.019	0.120	0.101	0.000	0.001	0.029	0.080	0.090	0.050	0.154
	大庆	0.099	0.070	0.331	0.206	0.080	0.096	0.088	0.218	0.249	0.102	0.041
	伊春	0.003	0.021	0.049	0.159	0.000	0.002	0.023	0.047	0.066	0.036	0.058
	佳木斯	0.064	0.057	0.176	0.124	0.060	0.056	0.058	0.173	0.176	0.116	0.418
	七台河	0.001	0.004	0.045	0.014	0.000	0.001	0.019	0.037	0.064	0.015	0.042
	牡丹江	0.084	0.076	0.232	0.183	0.120	0.096	0.060	0.167	0.178	0.146	0.007
	黑河	0.012	0.068	0.111	0.152	0.000	0.018	0.034	0.083	0.097	0.048	0.178
	绥化	0.012	0.125	0.437	0.250	0.000	0.020	0.071	0.284	0.203	0.160	0.122
	大兴安岭地区	0.004	0.005	0.001	0.053	0.000	0.004	0.010	0.004	0.030	0.001	0.009
2016年	哈尔滨	0.996	0.486	0.979	0.908	1.000	0.970	0.653	0.886	0.402	0.688	0.774
	齐齐哈尔	0.097	0.024	0.512	0.315	0.100	0.102	0.148	0.266	0.130	0.225	0.185
	鸡西	0.011	0.028	0.148	0.077	0.000	0.015	0.059	0.100	0.057	0.079	0.124
	鹤岗	0.003	0.017	0.084	0.115	0.000	0.003	0.036	0.056	0.034	0.036	0.035

续表

年份	城市或地区	X1	X2	X3	X4	X5	X6	X7	X8	X9	X10	X11
2016年	双鸭山	0.001	0.003	0.127	0.085	0.000	0.000	0.045	0.075	0.041	0.066	0.074
	大庆	0.098	0.073	0.329	0.290	0.080	0.096	0.152	0.225	0.119	0.141	0.372
	伊春	0.002	0.012	0.034	0.097	0.000	0.002	0.034	0.045	0.027	0.049	0.043
	佳木斯	0.067	0.030	0.188	0.247	0.060	0.056	0.097	0.172	0.077	0.151	0.145
	七台河	0.001	0.000	0.044	0.006	0.000	0.002	0.028	0.036	0.029	0.024	0.007
	牡丹江	0.084	0.035	0.260	0.189	0.120	0.096	0.100	0.163	0.086	0.166	0.266
	黑河	0.012	0.036	0.113	0.208	0.000	0.018	0.052	0.082	0.042	0.058	0.111
	绥化	0.012	0.034	0.447	0.235	0.000	0.021	0.107	0.273	0.096	0.182	0.163
	大兴安岭地区	0.004	0.000	0.002	0.048	0.000	0.005	0.015	0.002	0.015	0.012	0.010
2017年	哈尔滨	0.982	0.557	1.000	0.836	1.000	0.966	0.557	0.937	0.296	0.773	0.758
	齐齐哈尔	0.095	0.056	0.517	0.299	0.100	0.102	0.116	0.283	0.111	0.266	0.174
	鸡西	0.011	0.038	0.124	0.084	0.000	0.016	0.046	0.108	0.050	0.102	0.107
	鹤岗	0.003	0.011	0.084	0.085	0.000	0.003	0.028	0.061	0.032	0.046	0.033
	双鸭山	0.001	0.002	0.096	0.115	0.000	0.001	0.033	0.081	0.036	0.082	0.073
	大庆	0.098	0.027	0.335	0.310	0.080	0.096	0.125	0.255	0.095	0.179	0.336
	伊春	0.002	0.012	0.035	0.145	0.000	0.003	0.024	0.051	0.024	0.065	0.039
	佳木斯	0.068	0.006	0.180	0.159	0.060	0.056	0.080	0.184	0.065	0.182	0.146
	七台河	0.001	0.016	0.038	0.020	0.000	0.002	0.021	0.040	0.024	0.035	0.006
	牡丹江	0.083	0.057	0.222	0.212	0.120	0.095	0.079	0.175	0.078	0.199	0.208
	黑河	0.013	0.030	0.117	0.184	0.000	0.018	0.041	0.086	0.038	0.079	0.116
	绥化	0.013	0.030	0.481	0.280	0.000	0.021	0.091	0.285	0.090	0.210	0.146
	大兴安岭地区	0.004	0.009	0.000	0.041	0.000	0.005	0.010	0.005	0.012	0.021	0.009
2018年	哈尔滨	0.975	0.765	0.944	0.647	1.000	0.958	1.000	0.955	0.291	0.930	0.618
	齐齐哈尔	0.100	0.069	0.458	0.280	0.100	0.109	0.213	0.301	0.106	0.346	0.229
	鸡西	0.011	0.026	0.105	0.066	0.000	0.016	0.077	0.120	0.048	0.145	0.038
	鹤岗	0.002	0.018	0.094	0.107	0.000	0.003	0.056	0.072	0.031	0.063	0.024
	双鸭山	0.001	0.011	0.099	0.100	0.000	0.002	0.062	0.091	0.034	0.102	0.024
	大庆	0.097	0.041	0.340	0.291	0.080	0.097	0.242	0.276	0.092	0.252	0.139
	伊春	0.002	0.007	0.033	0.066	0.000	0.003	0.045	0.054	0.023	0.082	0.101
	佳木斯	0.069	0.012	0.189	0.173	0.060	0.056	0.143	0.207	0.064	0.228	0.081

续表

年份	城市或地区	X1	X2	X3	X4	X5	X6	X7	X8	X9	X10	X11
2018年	七台河	0.000	0.005	0.044	0.031	0.000	0.002	0.044	0.041	0.023	0.048	0.000
	牡丹江	0.079	0.064	0.182	0.168	0.120	0.091	0.138	0.182	0.073	0.238	0.099
	黑河	0.013	0.028	0.123	0.157	0.000	0.019	0.078	0.088	0.036	0.107	0.009
	绥化	0.012	0.022	0.471	0.263	0.000	0.021	0.169	0.298	0.085	0.261	0.143
	大兴安岭地区	0.003	0.001	0.000	0.057	0.000	0.004	0.019	0.006	0.011	0.025	0.016
2019年	哈尔滨	0.999	1.000	0.956	0.936	1.000	1.000	0.110	1.000	0.050	1.000	0.683
	齐齐哈尔	0.102	0.080	0.466	0.270	0.100	0.115	0.012	0.309	0.018	0.354	0.192
	鸡西	0.011	0.030	0.122	0.084	0.000	0.017	0.006	0.121	0.007	0.142	0.110
	鹤岗	0.002	0.027	0.091	0.145	0.000	0.005	0.002	0.073	0.007	0.071	0.048
	双鸭山	0.001	0.013	0.103	0.108	0.000	0.007	0.003	0.096	0.006	0.108	0.070
	大庆	0.100	0.212	0.342	0.401	0.080	0.100	0.011	0.263	0.020	0.260	0.336
	伊春	0.002	0.009	0.080	0.164	0.000	0.004	0.002	0.061	0.004	0.086	0.098
	佳木斯	0.072	0.026	0.203	0.183	0.060	0.070	0.009	0.199	0.013	0.241	0.157
	七台河	0.000	0.013	0.044	0.037	0.000	0.006	0.000	0.045	0.003	0.047	0.011
	牡丹江	0.085	0.017	0.219	0.189	0.120	0.101	0.017	0.181	0.013	0.249	0.181
	黑河	0.014	0.020	0.136	0.186	0.000	0.019	0.005	0.111	0.006	0.124	0.122
	绥化	0.013	0.027	0.451	0.229	0.000	0.022	0.012	0.292	0.181	0.274	0.170
	大兴安岭地区	0.003	0.002	0.001	0.121	0.000	0.004	0.000	0.017	0.000	0.023	0.018

2.3.2.2 指标权重的确定

在评价黑龙江老工业基地公民科学素质建设区域测度水平的过程中，首先将 x_{ij} 转化为比重形式的 P_{ij}，可以得到表2.25。

表2.25 黑龙江老工业基地公民科学素质建设区域测度的 P_{ij} 转化矩阵

年份	城市或地区	X1	X2	X3	X4	X5	X6	X7	X8	X9	X10	X11
2013年	哈尔滨	0.093	0.086	0.040	0.040	0.095	0.089	0.027	0.042	0.066	0.038	0.058
	齐齐哈尔	0.010	0.014	0.017	0.013	0.011	0.010	0.009	0.013	0.019	0.012	0.017
	鸡西	0.002	0.007	0.006	0.004	0.001	0.002	0.005	0.006	0.009	0.004	0.010
	鹤岗	0.001	0.007	0.004	0.003	0.001	0.001	0.003	0.003	0.006	0.002	0.004
	双鸭山	0.001	0.005	0.006	0.003	0.001	0.001	0.004	0.004	0.007	0.004	0.005

续表

年份	城市或地区	X1	X2	X3	X4	X5	X6	X7	X8	X9	X10	X11
2013年	大庆	0.010	0.022	0.014	0.011	0.009	0.010	0.008	0.011	0.019	0.006	0.032
	伊春	0.001	0.004	0.003	0.008	0.001	0.001	0.003	0.003	0.006	0.003	0.004
	佳木斯	0.007	0.005	0.009	0.006	0.007	0.006	0.006	0.009	0.013	0.007	0.011
	七台河	0.001	0.002	0.002	0.001	0.001	0.001	0.003	0.002	0.005	0.002	0.002
	牡丹江	0.009	0.017	0.011	0.008	0.013	0.010	0.007	0.008	0.013	0.010	0.015
	黑河	0.002	0.009	0.006	0.006	0.001	0.003	0.004	0.004	0.007	0.004	0.009
	绥化	0.002	0.009	0.017	0.008	0.001	0.003	0.008	0.014	0.015	0.010	0.015
	大兴安岭地区	0.001	0.002	0.001	0.002	0.001	0.001	0.002	0.001	0.003	0.001	0.002
2014年	哈尔滨	0.095	0.072	0.040	0.052	0.095	0.091	0.035	0.047	0.087	0.040	0.049
	齐齐哈尔	0.010	0.010	0.017	0.012	0.011	0.010	0.010	0.015	0.026	0.012	0.012
	鸡西	0.002	0.006	0.006	0.004	0.001	0.002	0.005	0.007	0.012	0.005	0.010
	鹤岗	0.001	0.004	0.004	0.004	0.001	0.001	0.004	0.004	0.008	0.002	0.004
	双鸭山	0.001	0.005	0.006	0.005	0.001	0.001	0.004	0.005	0.010	0.004	0.005
	大庆	0.011	0.009	0.014	0.012	0.009	0.010	0.007	0.013	0.025	0.007	0.030
	伊春	0.001	0.004	0.002	0.009	0.001	0.001	0.004	0.003	0.007	0.003	0.004
	佳木斯	0.007	0.003	0.009	0.006	0.007	0.006	0.007	0.010	0.017	0.007	0.010
	七台河	0.001	0.002	0.002	0.002	0.001	0.001	0.003	0.003	0.007	0.002	0.001
	牡丹江	0.009	0.011	0.010	0.008	0.013	0.010	0.008	0.010	0.017	0.010	0.020
	黑河	0.002	0.006	0.006	0.007	0.001	0.003	0.005	0.005	0.011	0.004	0.009
	绥化	0.002	0.007	0.016	0.010	0.001	0.003	0.009	0.016	0.019	0.010	0.015
	大兴安岭地区	0.001	0.001	0.001	0.002	0.001	0.001	0.002	0.001	0.004	0.001	0.002
2015年	哈尔滨	0.095	0.065	0.044	0.051	0.097	0.092	0.042	0.047	0.080	0.042	0.050
	齐齐哈尔	0.010	0.016	0.022	0.018	0.011	0.011	0.013	0.015	0.024	0.013	0.015
	鸡西	0.002	0.006	0.006	0.015	0.001	0.002	0.006	0.006	0.011	0.005	0.015
	鹤岗	0.001	0.003	0.004	0.004	0.001	0.001	0.004	0.004	0.007	0.002	0.009
	双鸭山	0.001	0.003	0.006	0.006	0.001	0.001	0.005	0.005	0.009	0.004	0.009
	大庆	0.010	0.009	0.015	0.011	0.009	0.010	0.012	0.013	0.022	0.007	0.003
	伊春	0.001	0.003	0.003	0.009	0.001	0.001	0.004	0.003	0.007	0.003	0.004
	佳木斯	0.007	0.007	0.008	0.007	0.007	0.006	0.008	0.010	0.016	0.008	0.024
	七台河	0.001	0.002	0.002	0.001	0.001	0.001	0.003	0.003	0.006	0.002	0.003

续表

年份	城市或地区	X1	X2	X3	X4	X5	X6	X7	X8	X9	X10	X11
2015年	牡丹江	0.009	0.010	0.011	0.010	0.013	0.010	0.008	0.010	0.016	0.010	0.001
	黑河	0.002	0.009	0.005	0.008	0.001	0.003	0.005	0.005	0.009	0.004	0.011
	绥化	0.002	0.015	0.020	0.013	0.001	0.003	0.010	0.016	0.018	0.011	0.008
	大兴安岭地区	0.001	0.002	0.000	0.003	0.001	0.001	0.002	0.001	0.003	0.001	0.001
2016年	哈尔滨	0.095	0.055	0.043	0.047	0.097	0.092	0.078	0.049	0.036	0.046	0.045
	齐齐哈尔	0.010	0.004	0.023	0.017	0.011	0.011	0.019	0.015	0.012	0.015	0.011
	鸡西	0.002	0.004	0.007	0.004	0.001	0.002	0.008	0.006	0.006	0.006	0.008
	鹤岗	0.001	0.003	0.004	0.006	0.001	0.001	0.005	0.004	0.004	0.003	0.003
	双鸭山	0.001	0.002	0.006	0.005	0.001	0.001	0.006	0.005	0.004	0.005	0.005
	大庆	0.010	0.009	0.015	0.016	0.009	0.010	0.019	0.013	0.011	0.010	0.022
	伊春	0.001	0.002	0.002	0.006	0.001	0.001	0.005	0.003	0.003	0.004	0.003
	佳木斯	0.007	0.004	0.009	0.013	0.007	0.006	0.013	0.010	0.008	0.010	0.009
	七台河	0.001	0.001	0.002	0.001	0.001	0.001	0.005	0.003	0.003	0.002	0.001
	牡丹江	0.009	0.005	0.012	0.010	0.013	0.010	0.013	0.010	0.008	0.011	0.016
	黑河	0.002	0.005	0.005	0.011	0.001	0.003	0.007	0.005	0.005	0.004	0.007
	绥化	0.002	0.005	0.020	0.013	0.001	0.003	0.014	0.016	0.009	0.013	0.010
	大兴安岭地区	0.001	0.001	0.001	0.003	0.001	0.001	0.003	0.001	0.002	0.001	0.001
2017年	哈尔滨	0.094	0.063	0.044	0.044	0.097	0.092	0.067	0.052	0.026	0.051	0.044
	齐齐哈尔	0.010	0.007	0.023	0.016	0.011	0.011	0.015	0.016	0.010	0.018	0.010
	鸡西	0.002	0.005	0.006	0.005	0.001	0.002	0.007	0.007	0.005	0.007	0.007
	鹤岗	0.001	0.002	0.004	0.005	0.001	0.001	0.005	0.004	0.004	0.004	0.002
	双鸭山	0.001	0.001	0.005	0.006	0.001	0.001	0.005	0.004	0.004	0.004	0.005
	大庆	0.010	0.004	0.015	0.017	0.009	0.010	0.016	0.015	0.009	0.012	0.020
	伊春	0.001	0.002	0.002	0.008	0.001	0.001	0.004	0.003	0.003	0.005	0.003
	佳木斯	0.007	0.002	0.008	0.009	0.007	0.006	0.011	0.011	0.007	0.013	0.009
	七台河	0.001	0.003	0.002	0.002	0.001	0.001	0.004	0.003	0.003	0.003	0.001
	牡丹江	0.009	0.007	0.010	0.012	0.013	0.010	0.011	0.010	0.008	0.014	0.012
	黑河	0.002	0.004	0.006	0.010	0.001	0.003	0.006	0.005	0.004	0.006	0.007
	绥化	0.002	0.004	0.022	0.015	0.001	0.003	0.012	0.016	0.009	0.014	0.009
	大兴安岭地区	0.001	0.002	0.000	0.003	0.001	0.001	0.002	0.001	0.002	0.002	0.001

续表

年份	城市或地区	X1	X2	X3	X4	X5	X6	X7	X8	X9	X10	X11
2018年	哈尔滨	0.093	0.086	0.042	0.034	0.097	0.091	0.120	0.053	0.026	0.061	0.036
	齐齐哈尔	0.010	0.009	0.021	0.015	0.011	0.011	0.026	0.017	0.010	0.023	0.014
	鸡西	0.002	0.004	0.005	0.004	0.001	0.002	0.010	0.007	0.005	0.010	0.003
	鹤岗	0.001	0.003	0.005	0.006	0.001	0.001	0.008	0.005	0.004	0.005	0.002
	双鸭山	0.001	0.002	0.005	0.006	0.001	0.001	0.009	0.006	0.004	0.007	0.002
	大庆	0.010	0.006	0.015	0.016	0.009	0.010	0.030	0.016	0.009	0.017	0.008
	伊春	0.001	0.002	0.002	0.004	0.001	0.001	0.007	0.004	0.003	0.006	0.006
	佳木斯	0.007	0.002	0.009	0.009	0.007	0.006	0.018	0.012	0.006	0.016	0.005
	七台河	0.001	0.002	0.002	0.002	0.001	0.001	0.006	0.003	0.003	0.004	0.001
	牡丹江	0.008	0.008	0.008	0.009	0.013	0.009	0.017	0.011	0.007	0.016	0.006
	黑河	0.002	0.004	0.006	0.009	0.001	0.003	0.010	0.005	0.004	0.008	0.001
	绥化	0.002	0.004	0.021	0.014	0.001	0.003	0.021	0.017	0.008	0.018	0.009
	大兴安岭地区	0.001	0.001	0.000	0.003	0.001	0.001	0.003	0.001	0.002	0.002	0.001
2019年	哈尔滨	0.095	0.112	0.042	0.049	0.097	0.095	0.014	0.056	0.005	0.066	0.040
	齐齐哈尔	0.011	0.010	0.021	0.014	0.011	0.012	0.003	0.018	0.002	0.024	0.012
	鸡西	0.002	0.004	0.006	0.005	0.001	0.002	0.002	0.007	0.001	0.010	0.007
	鹤岗	0.001	0.004	0.004	0.008	0.001	0.001	0.001	0.005	0.001	0.005	0.003
	双鸭山	0.001	0.003	0.005	0.006	0.001	0.002	0.002	0.006	0.001	0.008	0.005
	大庆	0.010	0.025	0.015	0.021	0.009	0.010	0.002	0.015	0.003	0.018	0.020
	伊春	0.001	0.002	0.004	0.009	0.001	0.001	0.001	0.004	0.001	0.006	0.006
	佳木斯	0.008	0.004	0.009	0.010	0.007	0.008	0.002	0.012	0.002	0.016	0.009
	七台河	0.001	0.003	0.002	0.002	0.001	0.001	0.001	0.003	0.001	0.004	0.001
	牡丹江	0.009	0.003	0.010	0.010	0.013	0.010	0.003	0.011	0.002	0.017	0.011
	黑河	0.002	0.003	0.006	0.010	0.001	0.003	0.002	0.007	0.001	0.009	0.008
	绥化	0.002	0.004	0.020	0.012	0.001	0.003	0.003	0.017	0.017	0.018	0.010
	大兴安岭地区	0.001	0.001	0.000	0.007	0.001	0.001	0.001	0.001	0.001	0.002	0.002

最终可得到各指标相应权重，如表 2.26 所示。

表 2.26　黑龙江老工业基地公民科学素质建设区域测度评价指标权重

指标	权重	分指标	权重
人员投入	0.425	普通高等学校专任教师数	1.000
资金投入	0.575	科学技术支出	0.514
		教育支出	0.256
		文化与传媒支出	0.230
科技教育建设	0.501	普通高等学校数	0.529
		普通高等学校学生数	0.471
传媒建设	0.406	邮政业务总量	0.305
		移动电话年末用户数	0.217
		3G 移动电话用户数	0.251
		互联网宽带接入用户数	0.227
文化建设	0.093	报刊期发数	1.000

2.3.2.3　综合评价

根据上述测度模型和计算方法，查阅相关统计资料，收集有关数据进行整理，对黑龙江 2013—2019 年公民科学素质建设区域测度综合结果进行排序，见表 2.27。

表 2.27　黑龙江老工业基地公民科学素质建设区域测度综合结果与排序

城市或地区	2013 年 得分	排序	2014 年 得分	排序	2015 年 得分	排序	2016 年 得分	排序	2017 年 得分	排序	2018 年 得分	排序	2019 年 得分	排序
哈尔滨	82.878	1	84.942	1	85.436	1	83.066	1	82.633	1	87.013	1	84.777	1
齐齐哈尔	15.766	3	15.701	3	17.716	2	15.929	2	16.112	2	17.593	2	15.644	3
鸡西	5.493	8	5.768	7	7.363	7	5.402	8	5.352	8	5.154	7	5.002	7
鹤岗	3.501	11	3.556	11	4.009	10	3.477	10	3.262	10	3.809	10	3.716	11
双鸭山	4.021	9	4.567	9	4.766	9	3.962	9	3.924	9	4.073	9	3.923	9
大庆	16.458	2	15.982	2	13.050	3	15.314	3	14.737	3	15.083	3	16.508	2
伊春	3.561	10	3.686	10	3.694	11	3.046	11	3.288	11	3.477	11	3.817	10
佳木斯	9.441	6	9.569	6	11.579	5	10.237	6	9.586	6	10.260	6	9.905	6
七台河	2.012	12	2.394	12	2.462	12	2.079	12	2.272	12	2.437	12	2.243	12
牡丹江	13.483	4	13.833	4	12.031	4	13.089	4	12.897	4	12.463	4	11.735	4

续表

城市或地区	2013年 得分	排序	2014年 得分	排序	2015年 得分	排序	2016年 得分	排序	2017年 得分	排序	2018年 得分	排序	2019年 得分	排序
黑河	5.505	7	5.728	8	6.148	8	5.528	7	5.437	7	5.143	8	5.430	8
绥化	9.889	5	10.597	5	11.396	6	10.287	5	10.600	5	11.295	5	10.700	5
大兴安岭地区	1.675	13	1.745	13	1.769	13	1.710	13	1.768	13	1.883	13	2.027	13

2.3.2.4 结果分析

1. 综合测度比较

我们计算了黑龙江老工业基地公民科学素质建设区域测度综合测度的领先指数并进行了区域内比较，结果如表2.28和图2.13所示。

表2.28 黑龙江老工业基地公民科学素质建设区域测度综合测度领先指数

年份	2013年	2014年	2015年	2016年	2017年	2018年	2019年
领先指数	82.878（哈尔滨）	84.942（哈尔滨）	85.436（哈尔滨）	83.066（哈尔滨）	82.633（哈尔滨）	87.013（哈尔滨）	84.777（哈尔滨）

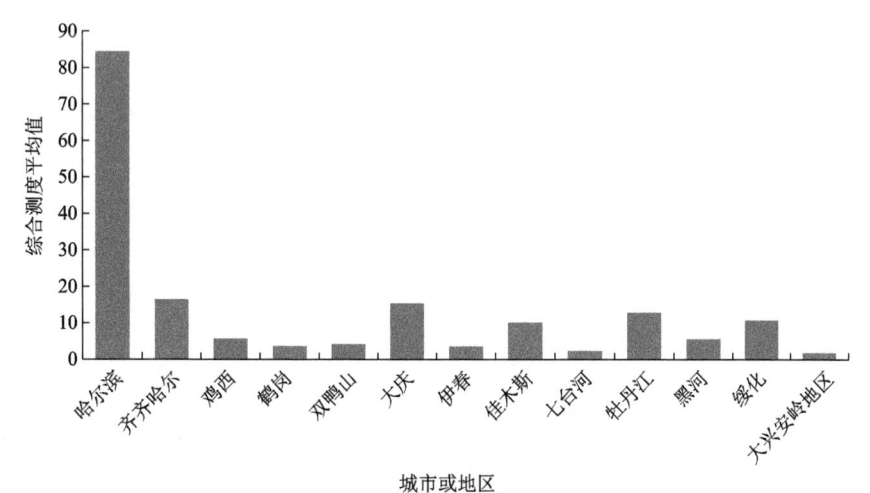

图2.13 黑龙江老工业基地公民科学素质建设区域测度综合测度比较图

2. 人员投入比较

我们计算了黑龙江老工业基地公民科学素质建设区域测度人员投入的相关指数并进行了区域内比较，结果如表2.29和图2.14所示。

表 2.29 黑龙江老工业基地公民科学素质建设区域测度人员投入评价相关指数计算结果

城市或地区	2013年 得分	排序	2014年 得分	排序	2015年 得分	排序	2016年 得分	排序	2017年 得分	排序	2018年 得分	排序	2019年 得分	排序
哈尔滨	97.944	1	99.413	1	100.000	1	99.650	1	98.227	1	97.570	1	99.878	1
齐齐哈尔	10.425	3	10.522	3	10.416	3	10.641	3	10.413	3	10.905	2	11.100	2
鸡西	2.229	6	2.147	8	2.137	8	2.131	8	2.110	8	2.098	8	2.049	8
鹤岗	1.283	10	1.265	11	1.246	11	1.283	10	1.268	10	1.246	10	1.222	10
双鸭山	1.158	12	1.155	12	1.131	12	1.131	12	1.070	12	1.070	12	1.076	12
大庆	10.972	2	11.219	2	10.781	2	10.690	2	10.690	2	10.623	3	10.878	3
伊春	1.268	11	1.286	10	1.255	10	1.237	11	1.228	11	1.198	11	1.186	11
佳木斯	7.159	5	7.314	5	7.344	5	7.670	5	7.761	5	7.831	5	8.123	5
七台河	1.000	13	1.009	13	1.070	13	1.070	13	1.070	13	1.021	13	1.040	13
牡丹江	9.625	4	9.659	4	9.333	4	9.297	4	9.224	4	8.801	4	9.403	4
黑河	2.162	7	2.207	6	2.229	6	2.229	7	2.265	7	2.305	6	2.408	6
绥化	2.159	8	2.207	7	2.223	7	2.235	6	2.268	6	2.223	7	2.238	7
大兴安岭地区	1.386	9	1.359	9	1.401	9	1.374	9	1.368	9	1.307	9	1.301	9
领先指数	97.944（哈尔滨）		99.413（哈尔滨）		100.000（哈尔滨）		99.650（哈尔滨）		98.227（哈尔滨）		97.570（哈尔滨）		99.878（哈尔滨）	

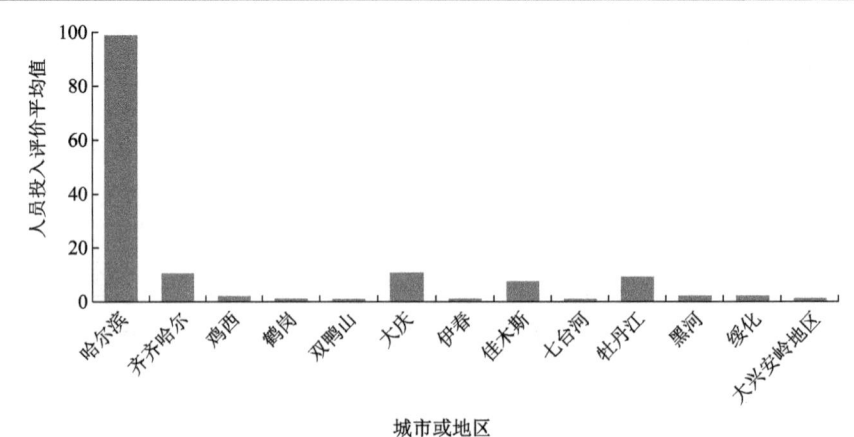

图 2.14 黑龙江老工业基地公民科学素质建设区域测度人员投入比较图

3. 资金投入比较

我们计算了黑龙江老工业基地公民科学素质建设区域测度资金投入的相关指数并进行了区域内比较，结果如表 2.30 和图 2.15 所示。

表 2.30 黑龙江老工业基地公民科学素质建设区域测度资金投入评价相关指数计算结果

城市或地区	2013年 得分	排序	2014年 得分	排序	2015年 得分	排序	2016年 得分	排序	2017年 得分	排序	2018年 得分	排序	2019年 得分	排序
哈尔滨	80.484	1	79.210	1	78.109	1	71.382	1	74.043	1	79.268	1	98.206	1
齐齐哈尔	22.550	3	19.596	2	27.964	2	22.257	2	23.677	2	22.446	2	23.000	3
鸡西	8.221	8	7.556	9	12.944	6	7.944	8	8.020	8	6.486	9	7.551	9
鹤岗	6.755	11	5.657	11	5.507	11	6.595	9	5.594	11	6.736	8	7.941	8
双鸭山	6.950	10	7.942	8	7.302	9	6.304	10	6.090	9	6.335	10	6.690	11
大庆	22.981	2	17.332	3	17.646	4	19.619	3	17.823	4	18.228	4	29.667	2
伊春	7.261	9	6.874	10	6.884	10	4.659	11	5.737	10	3.676	11	7.150	10
佳木斯	10.407	7	9.008	7	11.212	7	12.835	6	9.439	7	10.312	6	11.558	6
七台河	2.220	12	2.975	12	2.671	12	2.273	12	3.236	12	3.073	12	3.645	13
牡丹江	17.682	4	14.329	5	14.908	5	13.661	5	14.347	5	12.668	5	11.667	5
黑河	10.411	6	9.307	6	10.775	8	10.412	7	9.613	6	9.082	7	9.641	7
绥化	17.419	5	17.009	4	24.189	3	19.350	4	20.992	3	19.980	3	18.974	4
大兴安岭地区	2.120	13	1.975	13	2.455	13	2.144	13	2.397	13	2.360	13	3.807	12
领先指数	80.484（哈尔滨）		79.210（哈尔滨）		78.109（哈尔滨）		71.382（哈尔滨）		74.043（哈尔滨）		79.268（哈尔滨）		98.206（哈尔滨）	

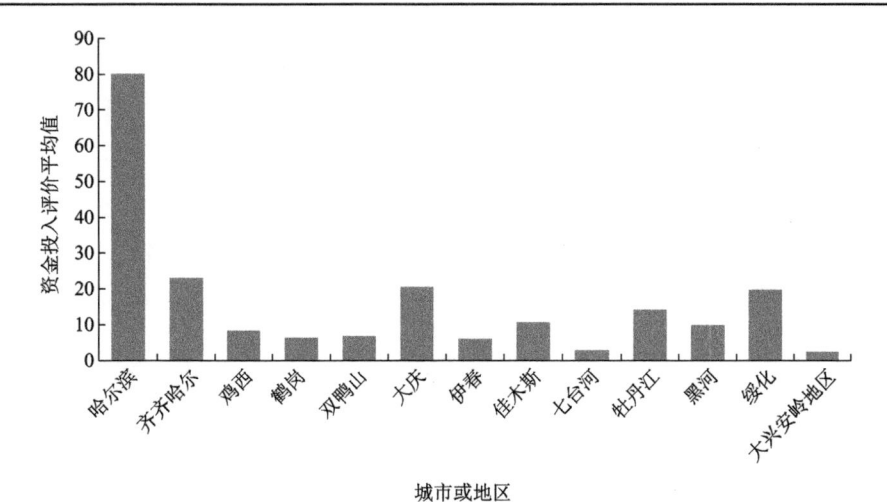

图 2.15 黑龙江老工业基地公民科学素质建设区域测度资金投入比较图

4. 科技教育建设比较

我们计算了黑龙江老工业基地公民科学素质建设区域测度科技教育建设

的相关指数并进行了区域内比较，结果如表 2.31 和图 2.16 所示。

表 2.31　黑龙江老工业基地公民科学素质建设区域测度科技教育建设评价相关指数计算结果

城市或地区	2013年 得分	排序	2014年 得分	排序	2015年 得分	排序	2016年 得分	排序	2017年 得分	排序	2018年 得分	排序	2019年 得分	排序
哈尔滨	96.489	1	97.425	1	98.869	1	98.814	1	98.635	1	98.279	1	100.000	1
齐齐哈尔	10.741	3	10.991	3	11.034	3	11.016	3	11.037	3	11.334	3	11.632	3
鸡西	1.718	8	1.686	8	1.690	8	1.721	8	1.754	8	1.751	8	1.772	8
鹤岗	1.087	10	1.087	10	1.115	10	1.141	10	1.159	10	1.158	10	1.219	11
双鸭山	1.087	11	1.055	12	1.036	13	1.020	13	1.060	13	1.112	12	1.323	9
大庆	9.720	4	9.734	4	9.691	4	9.692	4	9.674	4	9.734	4	9.877	4
伊春	1.057	12	1.061	11	1.074	11	1.105	11	1.122	11	1.123	11	1.174	13
佳木斯	6.810	5	6.797	5	6.775	5	6.779	5	6.777	5	6.768	5	7.435	5
七台河	1.002	13	1.020	13	1.068	12	1.101	12	1.107	12	1.097	13	1.260	10
牡丹江	11.716	2	11.728	2	11.799	2	11.805	2	11.723	2	11.551	2	12.018	2
黑河	1.778	7	1.803	7	1.819	7	1.831	7	1.855	7	1.870	7	1.907	7
绥化	1.929	6	1.939	6	1.947	6	1.973	6	1.976	6	1.993	6	2.013	6
大兴安岭地区	1.173	9	1.180	9	1.199	9	1.214	9	1.218	9	1.205	9	1.198	12
领先指数	96.489（哈尔滨）		97.425（哈尔滨）		98.869（哈尔滨）		98.814（哈尔滨）		98.635（哈尔滨）		98.279（哈尔滨）		100.000（哈尔滨）	

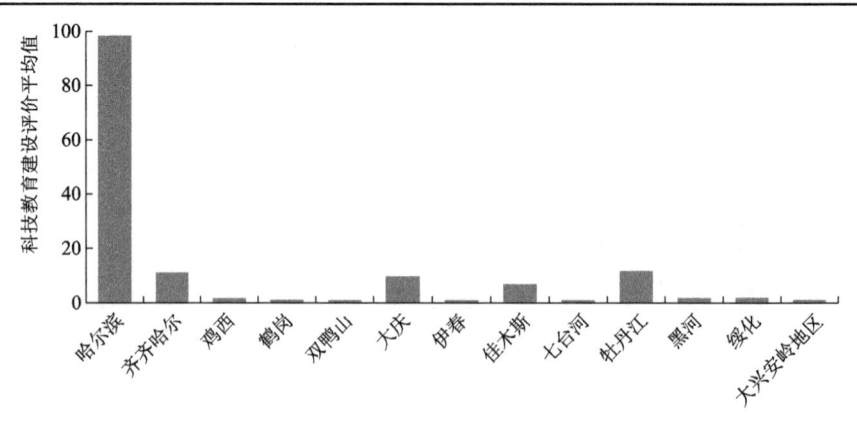

图 2.16　黑龙江老工业基地公民科学素质建设区域测度科技教育建设比较图

5. 传媒建设比较

我们计算了黑龙江老工业基地公民科学素质建设区域测度传媒建设的相

关指数并进行了区域内比较，结果如表2.32和图2.17所示。

表2.32 黑龙江老工业基地公民科学素质建设区域测度传媒建设评价相关指数计算结果

城市或地区	2013年 得分	排序	2014年 得分	排序	2015年 得分	排序	2016年 得分	排序	2017年 得分	排序	2018年 得分	排序	2019年 得分	排序
哈尔滨	54.946	1	65.503	1	65.768	1	64.400	1	61.955	1	78.742	1	49.152	1
齐齐哈尔	16.613	2	20.102	2	20.212	2	19.231	2	19.133	2	23.999	2	16.298	3
鸡西	7.231	7	8.777	7	8.556	7	8.037	7	8.148	7	10.201	7	7.111	7
鹤岗	4.328	11	5.536	10	5.409	10	4.903	10	4.927	10	6.341	10	4.371	10
双鸭山	5.853	9	7.211	9	6.858	9	6.386	9	6.427	9	7.865	9	5.674	9
大庆	13.882	4	17.046	4	16.638	4	16.366	4	16.432	4	21.900	3	13.220	4
伊春	4.344	10	5.065	11	5.091	11	4.718	11	4.834	11	5.871	11	4.357	11
佳木斯	10.898	6	13.144	6	13.310	6	12.766	6	12.944	6	16.286	5	11.163	6
七台河	3.517	12	4.493	12	4.245	12	3.836	12	3.812	12	4.762	12	3.069	12
牡丹江	11.765	5	13.956	5	13.963	5	13.230	5	13.397	5	16.036	6	11.220	5
黑河	5.915	8	7.596	8	7.219	8	6.597	8	6.727	8	8.417	8	6.403	8
绥化	14.692	3	17.440	3	17.726	3	16.421	3	16.659	3	20.256	4	18.139	2
大兴安岭地区	1.838	13	2.276	13	2.116	13	2.104	13	2.149	13	2.512	13	1.863	13
领先指数	54.946 (哈尔滨)		65.503 (哈尔滨)		65.768 (哈尔滨)		64.400 (哈尔滨)		61.955 (哈尔滨)		78.742 (哈尔滨)		49.152 (哈尔滨)	

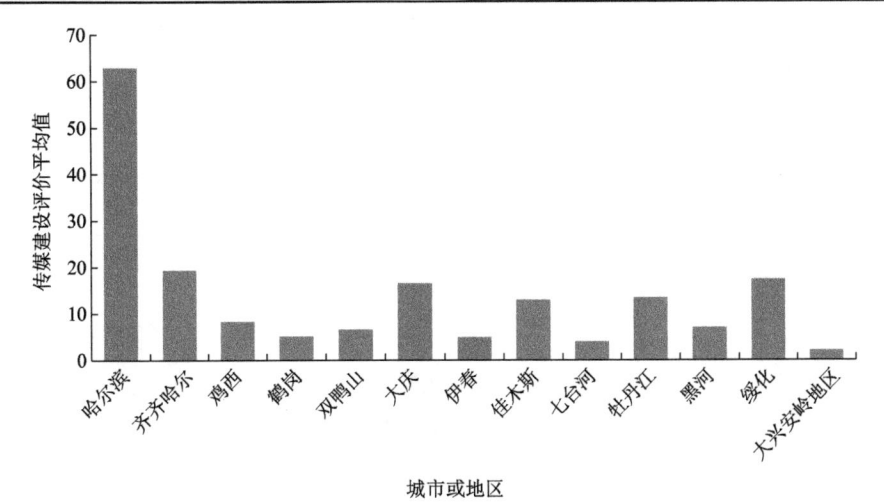

图2.17 黑龙江老工业基地公民科学素质建设区域测度传媒建设比较图

6. 文化建设比较

我们计算了黑龙江老工业基地公民科学素质建设区域测度文化建设的相关指数并进行了区域内比较，结果如表 2.33 和图 2.18 所示。

表 2.33　黑龙江老工业基地公民科学素质建设区域测度文化建设评价相关指数计算结果

城市或地区	2013年 得分	排序	2014年 得分	排序	2015年 得分	排序	2016年 得分	排序	2017年 得分	排序	2018年 得分	排序	2019年 得分	排序
哈尔滨	100.000	1	84.684	1	86.524	1	77.589	1	76.083	1	62.222	1	68.663	1
齐齐哈尔	28.949	3	21.629	5	25.398	4	19.303	4	18.228	4	23.691	2	20.056	3
鸡西	17.099	7	17.814	6	26.532	3	13.281	7	11.560	8	4.807	8	11.883	8
鹤岗	7.097	10	6.757	10	15.435	7	4.463	11	4.248	11	3.334	9	5.753	11
双鸭山	8.915	9	8.884	9	16.261	6	8.334	9	8.227	9	3.334	10	7.904	10
大庆	55.081	2	52.739	2	5.033	11	37.800	2	34.251	2	14.722	4	34.251	2
伊春	6.441	11	6.734	11	6.736	9	5.216	10	4.893	10	11.044	5	10.700	9
佳木斯	19.841	6	16.888	7	42.418	2	15.324	6	15.432	7	9.044	7	16.507	6
七台河	2.828	12	2.229	13	5.142	10	1.667	13	1.559	13	1.000	13	2.097	13
牡丹江	25.637	4	33.900	3	1.687	13	27.368	3	21.561	3	10.765	6	18.873	4
黑河	15.055	8	15.210	8	18.573	5	11.990	8	12.528	7	1.903	12	13.066	7
绥化	25.282	5	26.620	4	13.100	8	17.152	5	15.432	6	15.206	3	17.798	5
大兴安岭地区	2.828	13	2.672	12	1.845	12	1.989	12	1.882	12	2.602	11	2.742	12
领先指数	100.000（哈尔滨）		84.684（哈尔滨）		86.524（哈尔滨）		77.589（哈尔滨）		76.083（哈尔滨）		62.222（哈尔滨）		68.663（哈尔滨）	

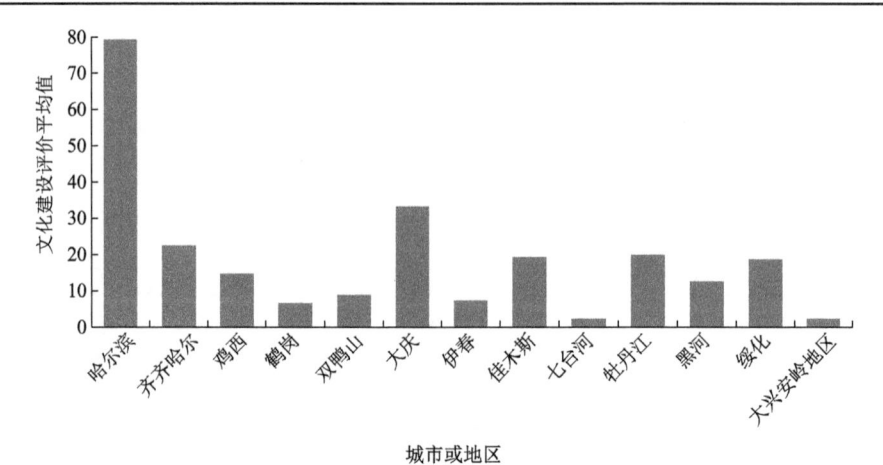

图 2.18　黑龙江老工业基地公民科学素质建设区域测度文化建设比较图

3 东北老工业基地公民科学素质建设投入与产出效率评价

3.1 东北老工业基地公民科学素质建设投入与产出效率评价的模型和方法

3.1.1 第一阶段 DEA 模型

该阶段使用投入产出数据进行一般数据包络分析（data envelopment analysis，DEA）。DEA 方法最早是由美国著名的运筹学家亚伯拉罕·查内斯（Abraham Charnes）、威廉·韦伯斯特·库珀（William Webster Cooper）和爱德华·罗兹（Edward Rhodes）[①]提出的一种效率测度法，以上述三位运筹学家姓氏缩写命名，称为 CCR 模型。它利用数学规划原理，根据多组投入产出数据求得效率，得出的总效率值为配置效率与技术效率之乘积。随后，拉吉夫·班克（Rajiv D. Banker）、查内斯和库珀提出了更为严谨的修正模型（同样以上述三位运筹学家姓氏缩写命名，称为 BCC 模型），把 CCR 模型中的固定规模报酬的假设改为可变规模报酬，从而将 CCR 模型中的技术效率分解为规模效率和纯技术效率，即综合技术效率 = 规模效率 × 纯技术效率，TE = PTE × SE（所谓技术效率，是指相同产出下生产单元理想的最小可能性投入与实际投入的比率），这样能更加准确地反映决策单元（decision making unit，DMU）的经营管理水平[②]。如此，BCC 模型就把造成技术无效率的两个原因，即未处于最佳规模和生产技术上的低效率分离开来，得到的纯技术效率比 CCR 模型下的技术效率更准确地反映了所考察对象的经营管理水平。

---

① Charnes A, Cooper W W, Rhodes E. 1978. Measuring the efficiency of decision making units[J]. European Journal of Operational Research, 2(6): 429-444.

② Banker R D, Charnes A, Cooper W W. 1984. Some models for estimating technical and scale inefficiencies in data envelopment analysis[J]. Management Science, 30(9): 1078-1092.

设有 n 个 DMU，每个 DMU 都有 m 个输入和 s 个输出，$x_{ik}(i=1,2,\cdots,m)$ 表示第 k 个 DMU 的第 i 个输入变量，$y_{jk}(j=1,2,\cdots,s)$ 表示第 k 个 DMU 的第 j 个输出变量，则第 p 个 DMU 的总效率的计算就转化成线性规划问题：

$$\min \theta \quad s.t. \begin{cases} \sum_{k=1}^{n} \lambda_k x_k + s^- = \theta X_t \\ \sum_{k=1}^{n} \lambda_k y_k - s^+ = Y_t \\ \sum_{k=1}^{n} \lambda_k = 1 \\ \lambda_k \geqslant 0, \quad k=1,2,\cdots,n \\ s^+ \geqslant 0; s^- \geqslant 0 \end{cases} \quad (3.1)$$

其中，$X_k = (x_{1k}, x_{2k}, \cdots, x_{mk})$、$Y_k = (y_{1k}, y_{2k}, \cdots, y_{sk})$，分别表示各 DUM 的投入和产出变量；$\lambda_k$ 为权重变量；s^+、s^- 分别为产出松弛变量和投入松弛变量（所谓的松弛变量是指理想投入量与实际投入量之间的差额，而差额的产生可归因于外部环境因素、随机误差以及内部管理因素等三个因素，此三个因素影响投入量或产出量，使得第一阶段所估计出的技术效率值与投入差额受到影响）。θ 表示被考察 DMU 的总效率值，即为 DMU_i 的效率指数，一般有 $0 \leqslant \theta \leqslant 1$。计算得出模型最优解 θ^*：①若 $\theta^* < 1$，则说明当前的 DMU 没有处在有效的生产前沿上，此时存在冗余投入，将投入要素的各个分量按既定的投入缩小比率减少，仍可保持产出不变。②若 $\theta^* = 1$ 而 $s^{*-}_r \neq 0$，$s^{*+}_u \neq 0$，则称该决策单元 DMU_{i0} 为 DEA 弱有效，说明由若干个 DMU 组成的系统中，对于投入 X_{i0} 可减少 s^- 仍保持原产出不变。③若 $\theta^* = 1$ 且 $s^{*-}_r = 0$，$s^{*+}_u = 0$，则称该决策单元 DMU_{i0} 为 DEA 有效，说明该 DMU 上对应的点位于有效生产前沿上，其投入与产出已达到最优组合。

第一阶段的 DEA 模型不能将外部环境因素、随机误差以及内部管理因素对技术效率值的影响效果分开，此时的技术效率值无法反映到底是内部管理因素造成了低效还是环境因素和随机误差导致了低效，于是需要进行第二阶段的分析。

3.1.2 第二阶段构造的相似 SFA 模型

由第一阶段分析出来的投入产出松弛变量受外部环境因素、随机误差和内部管理因素的影响。传统的 DEA 模型不能准确地反映出是内部管理还是外部环境因素和随机误差对效率值的影响，而将影响因素全部归结为内部管理。因此，查尔斯·皮特·蒂默（Charles Peter Timmer）[①]提出了随机前沿分析（stochastic frontier analysis，SFA），此模型考虑了外部环境因素对相对效率造成的影响。在第二阶段，将要估计环境变量对各 DMU 的技术效率值的影响，进行松弛变量的分析，将松弛变量分离成外部环境因素、随机误差以及内部管理因素等三个因素，并根据所得结果，调整投入值。因此，为分离此三因素对技术效率值与投入差额的影响，必须调整受到此三因素影响的投入量或产出量，分离出受到环境因素及随机误差影响的投入或产出，再以调整后的投入量或产出量重新对技术效率值进行估计，从而可求得不受环境因素和随机误差因素影响的技术效率值。在这一阶段使用 SFA 对环境变量进行回归分析，可得到随机误差项，去除第一阶段 DEA 模型为确定性模型的缺点，加入考虑随机误差项。根据哈罗德·弗雷德（Harold O. Fried）等[②]所使用的调整方法，对每一种投入松弛变量使用 SFA 进行分析，从而测算环境变量对不同投入差额的影响。

3.1.2.1 建立松弛变量

$$S_{ij} = x_{ij} - X_i \lambda \geqslant 0, \quad i = 1, 2, \cdots, m; j = 1, 2, \cdots, n \quad (3.2)$$

其中，S_{ij} 表示第一阶段第 j 个 DMU 在使用第 i 个投入变量的松弛变量（射线上的加上非射线上的）；X_i 表示 X 的第 i 行；λ 表示 x_{ij} 对应的产出向量在投入效率子集上的最优映射。

3.1.2.2 建立松弛变量与环境解释变量的回归方程

$$S_{ij} = f^i(z_j; \beta^i) + v_{ij} + u_{ij} \quad (3.3)$$

其中，z_j 表示第 j 个可观测的环境变量；$f^i(z_j; \beta^i)$ 表示确定可行的松弛前沿，参数向量 β^i 将被估计；$(v_{ij} + u_{ij})$ 表示混合误差项。v_{ij} 表示随机干扰，并假设

[①] Timmer C P. 1971. Using a probabilistic frontier production function to measure technical efficiency[J]. Journal of Political Economy, 79(4): 776-794.

[②] Fried H O, Lovell C A K, Schmidt S S, et al. 2002. Accounting for environmental effects and statistical noise in data envelopment analysis[J]. Journal of Productivity Analysis, 17(1-2): 157-174.

$v_{ij} \sim N(0, \sigma_{vi}^2)$；$u_{ij}$ 表示管理无效率，并假设 $u_{ij} \sim N^+(u_i, \sigma_{ui}^2)$。$v_{ij}$ 与 u_{ij} 独立不相关。

3.1.2.3 调整投入变量

为进行下一步的投入调整，首先必须从 SFA 模型的混合误差中把随机误差从管理无效率中分离出来。通过管理无效率的条件估计 $\hat{E}(v_{ij} | v_{ij} + u_{ij})$，可得到随机误差的估计：

$$\hat{E}(v_{ij} | v_{ij} + u_{ij}) = S_{ij} - z_j \hat{\beta}^n - \hat{E}(u_{ij} | v_{ij}), \quad i=1,2,\cdots,m; j=1,2,\cdots,n \quad （3.4）$$

利用 SFA 模型的回归结果调整各 DMU 的投入项，其原则是将所有 DMU 调整到相同的环境条件，同时考虑随机误差的影响，从而可以测算出纯粹反映各 DMU 的管理水平的技术效率值。调整的方式有两种：一种是对于那些所处环境较好的 DMU，增加其投入；另一种是对于那些所处环境较差的 DMU，减少其投入。前者在现实中更为合理，因为在某些极端情况下，对于所处环境很差的 DMU，减少其投入可能会导致调整后的投入项为负值。本书采用前一种方法。基于最有效率的 DMU，以其投入量为基准，对其他各 DMU 的投入量调整如下：

$$x_{ij}^A = x_{ij} + \left(\max_j (z_j \hat{\beta}^i) - z_j \hat{\beta}^i \right) + \left(\max_j (\hat{v}_{ik}) - \hat{v}_{ik} \right) \quad （3.5）$$

其中，x_{ij}^A 和 x_{ij} 分别表示调整后和所观察到的投入量。式（3.5）等号右边的第一步调整使所有 DMU 处于共同的外部环境，即样本中所观测的最差的环境。第二步调整使所有 DMU 处于共同的初始状态，使每个 DMU 均面临相同的外部环境和机遇。具有相对不利生产环境和相对较差机遇的生产者把投入向上调整较少的数量，而具有相对有利生产环境和相对较好机遇的生产者把投入向上调整较多的数量。

3.1.3 第三阶段调整后的 DEA 模型

用第二阶段调整后的各投入数据 x_{ij}^A 代替原始投入数据 x_{ij}，再次运用 BCC

模型进行计算，这时所得到的即为排除了外部环境因素和随机误差影响后的技术效率值。

3.2 东北老工业基地公民科学素质建设投入与产出效率评价的变量选取与数据说明

3.2.1 公民科学素质建设投入与产出效率评价的投入产出变量选取

一般来说，公民科学素质建设投入指标包括科普活动经费投入、科普活动人员投入、互联网基本投入等指标，产出指标包括科普图书、科普期刊、科普展览、科普网站情况等指标。

为保证数据的一致性和可获得性，本书统一采用 2012—2018 年科普活动经费投入、科普活动人员投入和互联网基本投入三个指标作为投入变量[①②]，采用科普图书、科普期刊、科普展览、科普网站情况四个指标作为产出变量。

3.2.2 公民科学素质建设投入与产出效率评价的环境变量选取

考虑到对公民科学素质建设产生影响的因素，本书采用经济发展水平、科普支持力度、教育支持力度作为环境变量。

第二阶段需剔除的环境因素也称为外部影响因素，指的是那些影响公民科学素质建设效率但不在样本主观控制范围之内的因素，包括国家宏观经济环境、科普支持力度、教育支持力度等总体环境和特征因素。因此，本书主要选择以下几个指标作为环境变量：反映经济发展水平的人均国内生产总值，反映科普支持力度的科普经费投入，反映教育支持力度的教育经费投入。这三个变量不受 DMU 管理控制的约束，并可满足利奥波德·西马（Léopold Simar）和保罗·威尔逊（Paul W. Wilson）[③]提出的分离假设。

---

① Griliches Z. 1980. R&D and productivity slowdown[J]. American Economic Review, 70(2): 343-348.

② Goto A, Suzuki K. 1989. R&D capital rate of return on R&D investment and spillovers of R&D in Japanese manufacturing industries[J]. Review of Economies and Statistics, 71(4): 555-564.

③ Simar L, Wilson P W. 2007. Estimation and inference in two-stage semi-parametric models of production processes[J]. Journal of Econometrics, 136(1): 31-64.

3.2.3 公民科学素质建设投入与产出效率评价的数据说明

鉴于数据的可获得性和完整性，本书选取 2012—2018 年中国 30 个省（自治区、直辖市）的数据进行实证分析（因西藏数据不全，分析中暂不予考虑；不含港澳台数据）。本书中所使用的基础数据均来源于《中国统计年鉴》。基础数据均不为零，保证了在建立生产函数时可以作对数处理。此外，为了研究的需要，我们沿袭中国传统的东部、中部、西部的区域划分，对三大地区的公民科学素质建设投入产出效率状况进行比较。其中，东部地区包括北京、天津、河北、辽宁、上海、江苏、浙江、福建、山东、广东、海南；中部地区包括山西、吉林、黑龙江、安徽、江西、河南、湖北、湖南；西部地区包括内蒙古、广西、重庆、四川、贵州、云南、陕西、甘肃、青海、宁夏、新疆，如表 3.1 所示。

表 3.1　中国三大区域划分及各区域省（自治区、直辖市）构成

区域	区域划分
东部地区	北京、天津、河北、辽宁、上海、江苏、浙江、福建、山东、广东、海南
中部地区	山西、吉林、黑龙江、安徽、江西、河南、湖北、湖南
西部地区	内蒙古、广西、重庆、四川、贵州、云南、陕西、甘肃、青海、宁夏、新疆

3.3　东北老工业基地公民科学素质建设投入与产出效率评价的测算结果及比较分析

3.3.1　公民科学素质建设投入与产出效率的测算结果

3.3.1.1　第一阶段传统 DEA 实证结果

第一阶段运用投入导向的 BCC 模型，运用 DEAP2.1 软件分别得到 2012—2018 年中国 30 个省（自治区、直辖市）公民科学素质建设投入产出的技术效率。计算结果见表 3.2 和表 3.3。另外，还会得到投入变量的理想值与实际值的差值即投入变量的松弛量，此数据将被运用于第二阶段的计算中。

表 3.2　第一阶段公民科学素质建设效率评价各省（自治区、直辖市）综合测度结果

地区	2012 年	2013 年	2014 年	2015 年	2016 年	2017 年	2018 年
北京	1.000	1.000	1.000	1.000	1.000	1.000	1.000
天津	1.000	1.000	1.000	1.000	1.000	1.000	1.000
河北	0.579	0.394	0.408	0.340	0.373	0.432	0.311
山西	0.523	0.565	0.335	0.407	0.842	0.615	0.407
内蒙古	0.577	0.335	0.447	0.916	1.000	0.535	0.891
辽宁	0.476	0.441	0.377	0.833	0.446	0.940	0.837
吉林	0.571	0.424	0.624	1.000	0.954	1.000	1.000
黑龙江	0.857	0.356	0.438	0.949	1.000	0.848	0.949
上海	1.000	0.927	1.000	1.000	0.863	0.962	1.000
江苏	0.332	0.308	0.182	0.378	0.313	0.403	0.378
浙江	0.281	0.269	0.250	0.281	0.750	0.314	0.294
安徽	0.422	0.424	0.445	0.407	0.437	0.574	0.359
福建	0.375	0.380	0.126	0.461	0.300	0.271	0.447
江西	0.663	0.724	0.338	0.922	0.663	0.898	0.908
山东	0.343	0.308	0.488	0.339	0.321	0.369	0.339
河南	0.638	0.399	0.249	0.728	0.506	0.460	0.728
湖北	0.431	0.515	0.454	0.487	0.373	0.391	0.498
湖南	0.452	0.316	0.185	0.458	0.207	0.536	0.415
广东	0.563	0.418	0.341	0.645	0.631	0.592	0.645
广西	0.352	0.258	0.167	0.406	0.363	0.403	0.388
海南	1.000	0.889	1.000	0.742	1.000	1.000	0.740
重庆	0.764	1.000	0.769	0.825	0.930	0.851	0.800
四川	0.482	0.409	0.277	0.471	0.308	0.395	0.424
贵州	0.204	0.302	0.149	0.502	0.280	0.333	0.481
云南	0.385	0.343	0.202	0.525	0.354	0.532	0.490
陕西	0.515	1.000	0.493	0.656	0.507	0.677	0.660
甘肃	1.000	0.586	0.560	0.838	1.000	1.000	0.770
青海	0.896	0.831	0.564	1.000	1.000	1.000	1.000
宁夏	1.000	0.753	0.508	0.993	0.925	1.000	0.928
新疆	0.585	1.000	0.315	0.261	0.474	0.382	0.256

表 3.3 第一阶段公民科学素质建设效率评价三大地区综合测度结果

地区	2012 年	2013 年	2014 年	2015 年	2016 年	2017 年	2018 年
东部地区	0.632	0.576	0.561	0.638	0.636	0.662	0.636
中部地区	0.570	0.465	0.384	0.670	0.623	0.665	0.658
西部地区	0.615	0.620	0.405	0.672	0.649	0.646	0.644
全国平均	0.609	0.562	0.456	0.659	0.637	0.657	0.645

从表 3.3 中可以看出，计算结果显示在不考虑外部环境因素和随机误差的影响下，中国各省（自治区、直辖市）的平均技术效率在 2018 年达到 0.645。其中有 5 个省（直辖市）的技术效率值在 2018 年达到了 1 即处于技术前沿面上，它们分别是北京、天津、吉林、上海、青海；而其他省（自治区、直辖市）均不同程度地处于效率缺失状态，其技术效率均需要提高（表 3.2）。

在不考虑外部环境因素和随机误差影响时，2012—2018 年中国公民科学素质建设投入产出的技术效率整体上呈上升趋势，从 2012 年的 0.609 升至 2018 年的 0.645，但整体水平有待进一步提高。

3.3.1.2 第二阶段 SFA 回归结果

将第一阶段分析出来的各投入变量的松弛量作为因变量，将环境变量人均国内生产总值、政府科普经费投入、教育经费投入作为自变量。这是为了分析外部环境因素是否会对理想与实际投入变量差额产生显著的影响。如果通过分析发现环境因素对投入变量差额产生影响，那么就要通过式（3.2）—式（3.5）将这些外部影响因素剔除，得到剔除外部环境因素后的投入变量,利用 Stata16.0 软件进行回归分析，结果见表 3.4。

表 3.4 第二阶段公民科学素质建设效率评价综合测度结果

项目	科普活动人员投入松弛变量 系数值	科普活动人员投入松弛变量 t 值	科普活动经费投入松弛变量 系数值	科普活动经费投入松弛变量 t 值	互联网基本投入松弛变量 系数值	互联网基本投入松弛变量 t 值
常数项	-2.52×10^4	-1.27×10^{3}***	-1.62×10^4	-25.056***	-6.52×10^2	-6.52×10^{2}***
人均国内生产总值	0.103	1.493	0.081	1.643	0.002	1.969**
政府科普经费投入比例	47.442	7.771***	22.915	7.392***	1.162	16.214***

续表

项目	科普活动人员投入松弛变量		科普活动经费投入松弛变量		互联网基本投入松弛变量	
	系数值	t 值	系数值	t 值	系数值	t 值
教育经费投入比例	−117.125	−5.709***	−61.599	−5.189***	−1.796	−5.771***
σ^2	1.01×10^9	1.01×10^{9}***	4.21×10^8	4.21×10^{8}***	1.71×10^5	1.71×10^5
γ	0.690	21.321***	0.809	40.531***	0.495	9.685
对数似然函数		−2379.607		−2244.285		1511.595
单边误差的似然比（likelihood ratio，LR）检验		74.004***		130.707***		26.659***

注：***代表通过显著性水平为1%的检验，**代表通过显著性水平为5%的检验。

由于环境变量是对投入松弛变量进行的回归，所以当回归系数为正时，表示环境变量与投入松弛变量呈同方向变动，增加环境变量会使得投入松弛变量增长，反之则反。

1. 人均国内生产总值

人均国内生产总值的增加对科技人员、科技资本存量和互联网基本投入来讲属不利因素，会增加其投入浪费或增加负产出。这可能是随着地区生产总值的增加，会加大对科普活动经费的投入和科普活动人员的吸引，因此科普活动经费投入、科普活动人员投入以及互联网基本投入也会相应增加，但是在一定程度上的盲目投入会造成资源浪费，投入产出的边际效益下降。

2. 政府科普经费投入

政府科普经费投入的增加也不利于科普活动经费投入、科普活动人员投入和互联网基本投入松弛变量的减少，这可能是由于近年来政府对科普的重视程度加大，政府经费投入比重增加，带来科普活动经费投入、科普活动人员投入和互联网基本投入的浪费或负产出。

3. 教育经费投入

教育经费比重的增加有利于科普活动经费投入、科普活动人员投入和互联网基本投入松弛变量的减少，这可能是由于近年来政府对教育的重视程度加大，教育经费投入增加，带来科普活动经费投入、科普活动人员投入和互联网基本投入的浪费或负产出。

投入松弛变量是指通过改善经营管理水平可能减少的投入量。因此，如果环境变量与投入松弛变量成正相关，说明环境变量投入增多将不利于公民科学素质建设投入产出效率的提高；反之，则会提高公民科学素质建设投入产出效率。从表3.4中可以看出，政府科普经费投入、教育经费投入对科普活动人员投入松弛变量、科普活动经费投入松弛变量和互联网基本投入松弛变量通过了显著性水平为1%的检验，人均国内生产总值对互联网基本投入松弛变量通过了显著性水平为5%的检验。这说明环境因素对投入冗余存在显著影响。因此，需要利用式（3.4）将外部环境因素和随机误差剔除，最后使得各个地区面临相同的外部环境特征，只有这样才能在第三阶段的研究中得到准确的结果。

3.3.1.3 第三阶段调整投入后 DEA 实证结果

对 2012—2018 年我国 30 个省（自治区、直辖市）的公民科学素质建设投入产出效率的投入变量进行调整后，运用 DEAP2.1 软件，将调整后的投入变量（此投入变量是在剔除外部环境因素和随机误差之后的数值）和原始产出变量再次代入第一阶段的 BCC 模型求解，可以得到剔除了外部环境因素和随机误差的技术效率。结果如表3.5和表3.6所示，同时图3.1以图片形式更直观地展示了三大地区公民科学素质建设投入产出效率。

表 3.5 第三阶段公民科学素质建设效率评价综合测度结果

地区	2012年	2013年	2014年	2015年	2016年	2017年	2018年
北京	1.000	1.000	1.000	1.000	1.000	1.000	1.000
天津	1.000	1.000	1.000	1.000	1.000	1.000	1.000
河北	0.772	0.476	0.486	0.719	0.619	0.740	0.779
山西	0.494	0.449	0.289	0.423	0.394	0.472	0.440
内蒙古	0.715	0.402	0.406	0.732	1.000	0.533	0.731
辽宁	0.751	0.695	0.522	0.990	0.771	1.000	0.988
吉林	0.500	0.459	0.142	0.771	0.180	0.308	0.797
黑龙江	0.496	0.294	0.262	0.687	0.718	0.607	0.690
上海	1.000	0.928	1.000	1.000	0.938	1.000	1.000

续表

地区	2012年	2013年	2014年	2015年	2016年	2017年	2018年
江苏	0.868	0.824	0.658	0.883	0.623	0.874	0.891
浙江	0.682	0.585	0.572	0.723	0.933	0.719	0.737
安徽	0.662	0.644	0.649	0.663	0.618	0.757	0.674
福建	0.733	0.540	0.215	0.806	0.517	0.481	0.844
江西	0.741	0.609	0.328	0.700	0.821	0.906	0.702
山东	0.763	0.843	0.899	0.724	0.681	0.718	0.768
河南	1.000	0.770	0.426	1.000	0.901	0.856	1.000
湖北	0.815	0.824	0.852	0.841	0.635	0.682	0.850
湖南	0.841	0.632	0.263	0.787	0.434	0.908	0.825
广东	1.000	0.748	0.655	1.000	0.884	0.984	1.000
广西	0.573	0.317	0.184	0.636	0.512	0.602	0.679
海南	0.521	0.288	0.294	0.252	0.323	0.440	0.266
重庆	0.783	1.000	0.727	0.958	1.000	1.000	0.964
四川	0.953	0.866	0.604	0.973	0.626	0.840	0.975
贵州	0.254	0.282	0.182	0.568	0.354	0.381	0.611
云南	0.672	0.587	0.358	0.740	0.632	0.751	0.800
陕西	0.843	1.000	0.623	0.892	0.820	0.912	0.925
甘肃	0.744	0.485	0.402	0.747	1.000	0.936	0.759
青海	0.284	0.306	0.115	0.350	0.750	0.503	0.343
宁夏	0.416	0.240	0.164	0.348	0.296	0.591	0.345
新疆	0.699	0.843	0.285	0.285	0.481	0.500	0.295

注：以上技术效率值是运用BCC模型计算得到的去除规模效率后的纯技术效率值。

表3.6 第三阶段公民科学素质建设效率评价三大地区综合测度结果

地区	2012年	2013年	2014年	2015年	2016年	2017年	2018年
东部地区	0.826	0.721	0.664	0.827	0.754	0.814	0.843
中部地区	0.694	0.585	0.401	0.734	0.588	0.687	0.747
西部地区	0.631	0.575	0.368	0.657	0.679	0.686	0.675
全国平均	0.719	0.631	0.485	0.740	0.682	0.733	0.756

注：以上技术效率值是运用BCC模型计算得到的去除规模效率后的纯技术效率值。

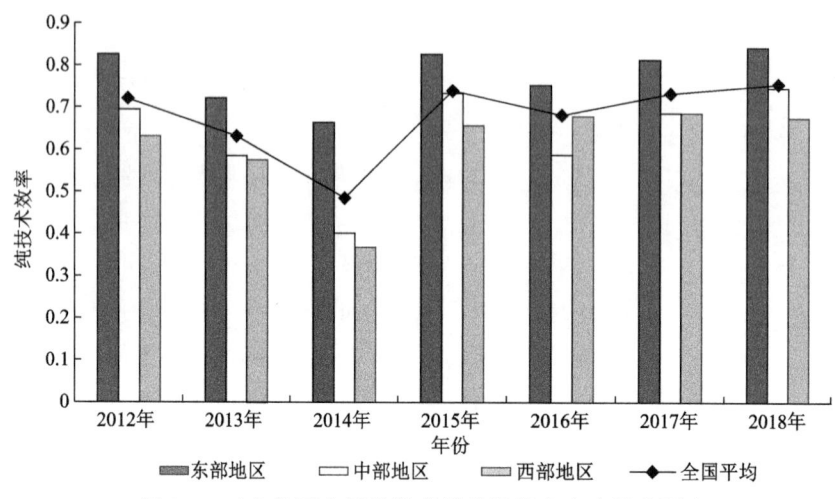

图 3.1 三大地区公民科学素质建设投入产出效率测度

对比第一阶段的结果可以看出，调整前后公民科学素质建设投入产出效率值有一定的变化。东部、中部和西部效率水平差异明显，且各省（自治区、直辖市）的公民科学素质建设投入产出效率有一定的上升，2012年全国平均水平由之前的0.609上升到0.719，2018年全国平均水平由之前的0.645上升到0.756。进一步研究发现，剔除外部环境因素和随机误差后，各地区的规模效率都呈现大规模上升的趋势，这说明技术效率值被低估。

3.3.2 公民科学素质建设投入与产出效率的比较分析

第三阶段的分析剔除了外部环境因素和随机误差的影响，能够更加真实地反映公民科学素质建设的实际状况。因此，结合第三阶段的分析结果，本书将对公民科学素质建设投入产出效率作进一步深入分析。

（1）总体分析：从第三阶段的分析结果中可以看到，2018年纯技术效率值为 0.756，比之前的技术效率值有很大的提高，这说明大多数地区在公民科学素质建设方面的管理水平是比较成熟的。

（2）区域分析：鉴于我国东部、中部、西部经济发展不平衡，本书也将对这三大区域进行公民科学素质建设效率方面的分析比较，以便提出合理的对策，促进中部和西部的经济发展。本书对第一阶段和第三阶段中东部和西部的效率平均值分别进行统计，从统计数据可以看出，不管是调整前还是调整后，东部地区的技术效率总是最高，中部地区次之，西部地区最低。第三阶段计算出来的效率值更为准确,因此以第三阶段的数据为基础来分析区域效率差距。

由表3.5可以看出,2012—2018年我国公民科学素质建设投入产出效率平均值最高的省(直辖市)为北京、天津、上海、重庆和广东,显示出一定的优势,其中北京和天津在七年间均达到了前沿面。从总体区域分布来看,2018年,东部地区的公民科学素质建设效率值最高,其平均值达到0.778(表3.6),最为接近前沿水平(1.000);其次为中部地区,均值达到0.634(表3.6);最后为西部地区,均值为0.610(表3.6),但与本地区2012年公民科学素质建设效率相比仍有一定落差,效率值在七年间先下降后上升,说明我国需进一步探索符合我国国情的公民科学素质建设道路。以上数据表明,中部、东部、西部要加强合作,将差距缩小。东部地区的效率值比较高说明依靠其自身经济发展的有力支撑,凭借一些有力政策的扶持,以及高级人才的涌入,其在公众教育和科学理解方面都要强于内陆地区。因此,中部、西部地区要学习东部地区的先进管理经验和技术,引进新的思想方法,提高公民科学素质建设效率,最终使得各区域公民科学素质建设协调发展。

在表3.5的基础上我们对前沿面地区进行了归纳,这里仅列出了偶数年份的结果,如表3.7所示。在前沿面省(自治区、直辖市)里,七年中北京和天津一直处于前沿面上,上海、河南、广东和重庆也有多次处于前沿面(表3.5)。这说明,尽管这些地区分别处于东部、中部和西部地区,且经济发展程度和资源分配高低不一,但这几个地区比较稳定地处于相对效率位置上。内蒙古、辽宁、陕西和甘肃仅在前沿面出现一次,说明可以通过完善教育机制和调整科技传播模式来达到相对较高的效率水平。

表3.7　我国部分年份公民科学素质建设效率前沿面省(自治区、直辖市)

年份	前沿面省(自治区、直辖市)
2012年	北京、天津、上海、河南、广东
2014年	北京、天津、上海
2016年	北京、天津、内蒙古、重庆、甘肃
2018年	北京、天津、上海、河南、广东

4 东北三省公民科学素质建设投入与产出效率评价

4.1 东北三省公民科学素质建设投入与产出效率评价的模型和方法

4.1.1 基于传统 DEA-BCC 模型

DEA 采用线性规划模型来评价 DMU 的相对有效性，CCR 及 BCC 模型是最常用的传统 DEA 模型。CCR 模型是基于 DMU 在规模报酬不变条件下的综合技术效率（technical efficiency，TE），BCC 模型则基于规模报酬可变（variable return to scale，VRS）的假设利用线性规划模型计算 DMU 的相对效率，即当投入量以等比例增加时，产出不一定等比例增加，有可能是规模递增或规模递减，并且 BCC 模型可将综合技术效率 TE 分解为纯技术效率（pure technical efficiency，PTE）及规模效率（scale efficiency，SE），即 TE = PTE × SE。而通常 CCR 模型的生产可能集必须满足锥性公理，即如果以原投入的 m 倍投资进行公民科学素质建设，其公民科学素质产出也以原产出的 m 倍增加，这与实际不符。BCC 模型更符合所研究的公民科学素质建设投入的实际情况，故本书采用 BCC 模型进行评价。

4.1.2 基于 Malmquist 指数模型

Malmquist 指数由瑞典经济学家斯通·马尔姆奎斯特（Sten Malmquist）于 1953 年提出[1]，该指数是用距离函数的比率计算投入产出效率。后有学者将 DEA 模型与 Malmquist 指数相结合建立了模型，其模型被广泛应用于生产率研究。

---

[1] Malmquist S. 1953. Index numbers and indifference surfaces[J]. Trabajos de estadística, 4(2): 209-242.

Malmquist 指数构造的基础是距离函数（distance function），它测度了在时期 t 的技术条件下从时期 t 到 $t+1$ 的生产率的变化，以及在时期 $t+1$ 的技术条件下从时期 t 到 $t+1$ 的生产率的变化。Malmquist 指数由于具有良好的性质而在投入产出分析中被广泛运用：在构造 Malmquist 指数时并不需要投入与产出的价格变量；不必事先对研究主体的行为模式进行假设（如成本最小化或利润最大化的假设）；Malmquist 指数更多地倾向于反映 DMU 的动态变化，通过"追赶效应"和"前沿面移动效应"对有效性进行动态考察，并进一步被表示为几个有意义的指数的乘积，从而能得到更为细致的动态分析结果。

在效率研究中，CCR 和 BCC 模型能够对各个 DMU 的同期效率水平进行测算，无法反映一段时期内效率水平的动态变化情况，因此一般在运用 CCR 和 BCC 模型测算静态效率后，再利用 Malmquist 指数讨论不同时期技术效率的变化情况，使分析更加完整。基于此，本章在运用 DEA-BCC 模型对东北三省的公民科学素质建设进行静态效率测算的同时，利用 DEA-Malmquist 指数辅以动态效率分析，从静态和动态两方面更加完整地对东北三省公民科学素质建设效率进行分析。

4.2 辽宁省公民科学素质建设投入与产出效率评价

4.2.1 辽宁省公民科学素质建设区域评价指标的描述性统计与比较分析

本书 2.1 节建立了辽宁老工业基地公民科学素质建设区域评价指标体系，从公民科学素质建设投入结构和建设效果两个方面出发，选取了人员投入、资金投入、科技教育建设、传媒建设、文化建设 5 个领域共 15 个指标，构成了辽宁老工业基地公民科学素质建设区域评价指标体系。本节将对辽宁省公民科学素质建设效率进行计算和评价分析。

4.2.1.1 辽宁省公民科学素质建设区域评价指标的描述性统计

在对辽宁省各地级市的公民科学素质建设效率进行测算分析之前，首先对指标体系中各指标的原始数据进行描述性统计分析（表 4.1），并初步对各地区的投入和产出评价指标进行比较。

表 4.1 辽宁省公民科学素质建设区域评价指标描述性统计

一级指标	二级指标	均值	标准差	最小值	最大值
人员投入	R&D 人员数/人	10 744.9	17 326.4	750	60 064
	普通高等学校专任教师数/人	4 688.0	7 576.1	438	27 537
资金投入	科学技术支出/万元	48 285.7	95 194.2	2 007	462 566
	教育支出/万元	379 045.8	318 340.4	161 804	1 316 194
	文化与传媒支出/万元	42 994.2	43 313.4	14 340	205 077
	R&D 内部经费支出/万元	300 532.6	470 173.8	11 475	1 687 755
科技教育建设	专利申请授权量/项	1 765.3	2 832.6	16	12 582
	普通高等学校数/所	8.5	12.9	1	47
	普通高等学校学生数/人	72 871.5	113 416.8	4 952	404 032
传媒建设	邮政业务总量/万元	724 722.7	890 628.8	182 833	5 553 073
	移动电话年末用户数/万户	331.1	297.5	131	1 318
	3G 移动电话用户数/万户	183.9	197.0	31	1 058
	互联网宽带接入用户数/万户	66.8	45.5	22	238
文化建设	报刊期发数/万份	27.5	20.6	8	86
	公共图书馆图书总藏量/千册	4 030.5	7 202.3	64	33 940

4.2.1.2 辽宁省公民科学素质建设区域评价指标的空间分析

我们对辽宁省公民科学素质建设区域评价的一级指标进行描述性统计分析后，分别对省内各地区进行横向比较，利用莫兰指数（Moran's I）考察辽宁省公民科学素质建设在空间上是否存在相关性。通常，莫兰指数介于-1.0 和 1.0 之间：莫兰指数大于 0，表明空间正相关，随着空间分布位置（距离）的聚集，相关性越显著；莫兰指数小于 0，表明空间负相关，随着空间分布位置的离散，相关性越显著；莫兰指数越接近 0，正负相关性越弱。若莫兰指数散点图的拟合线位于一、三象限且具有显著性，则表明公民科学素质建设在空间上具有正相关性。

图 4.1—图 4.5 是辽宁省公民科学素质建设各一级指标的莫兰指数散点图。

4 东北三省公民科学素质建设投入与产出效率评价 | 75

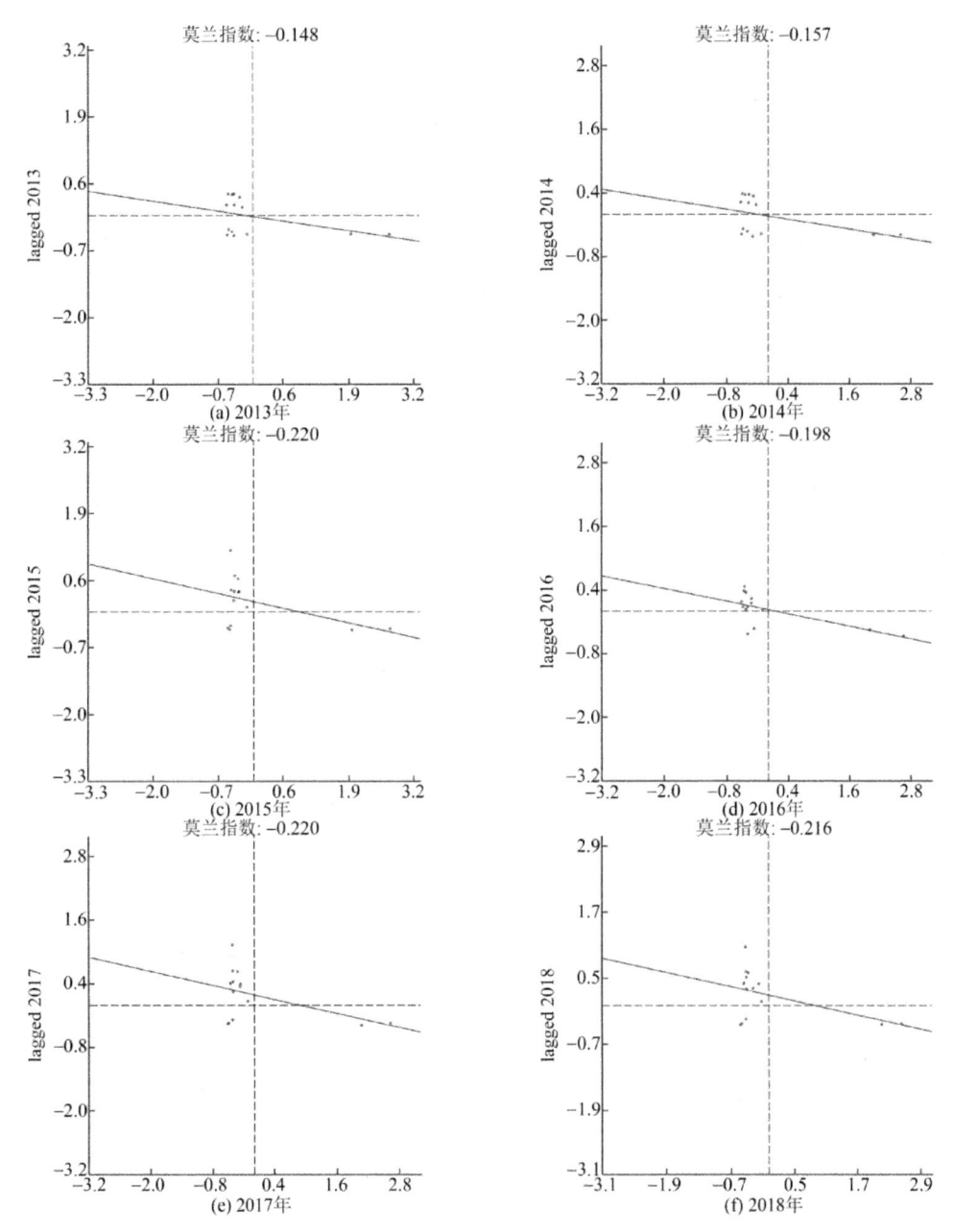

图 4.1 辽宁省人员投入莫兰指数散点图

注：lagged 表示滞后，按惯例保留英文，余同

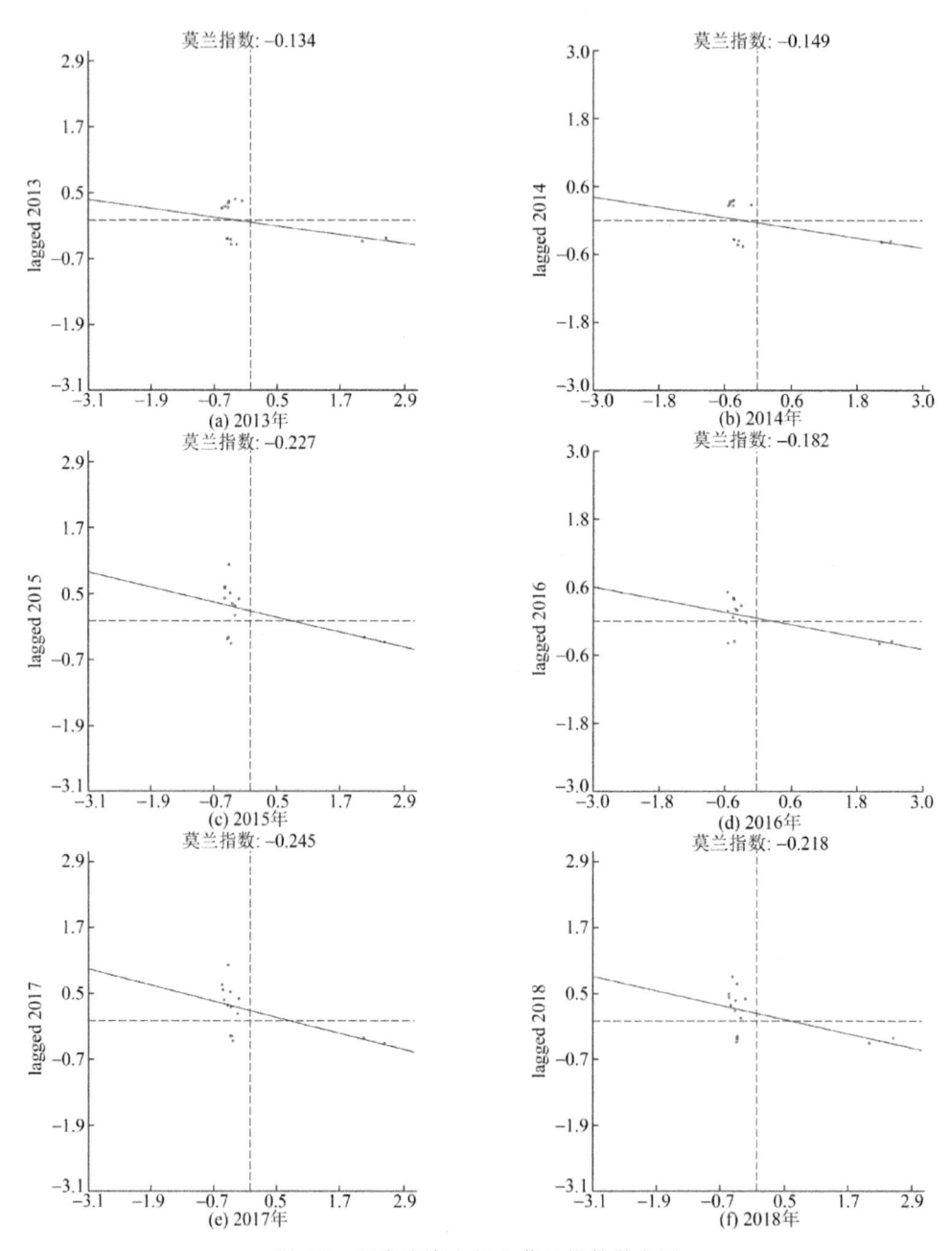

图 4.2　辽宁省资金投入莫兰指数散点图

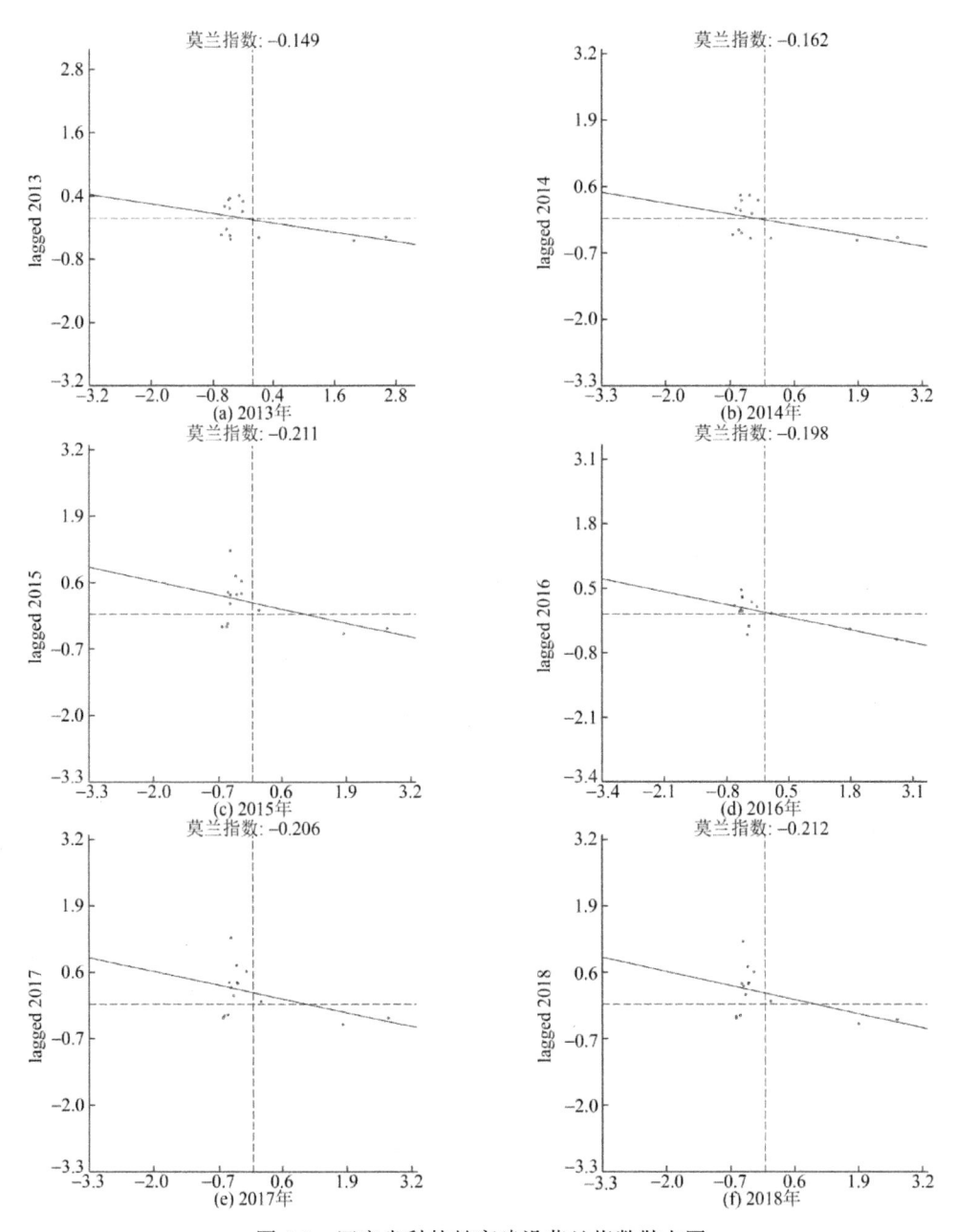

图 4.3 辽宁省科技教育建设莫兰指数散点图

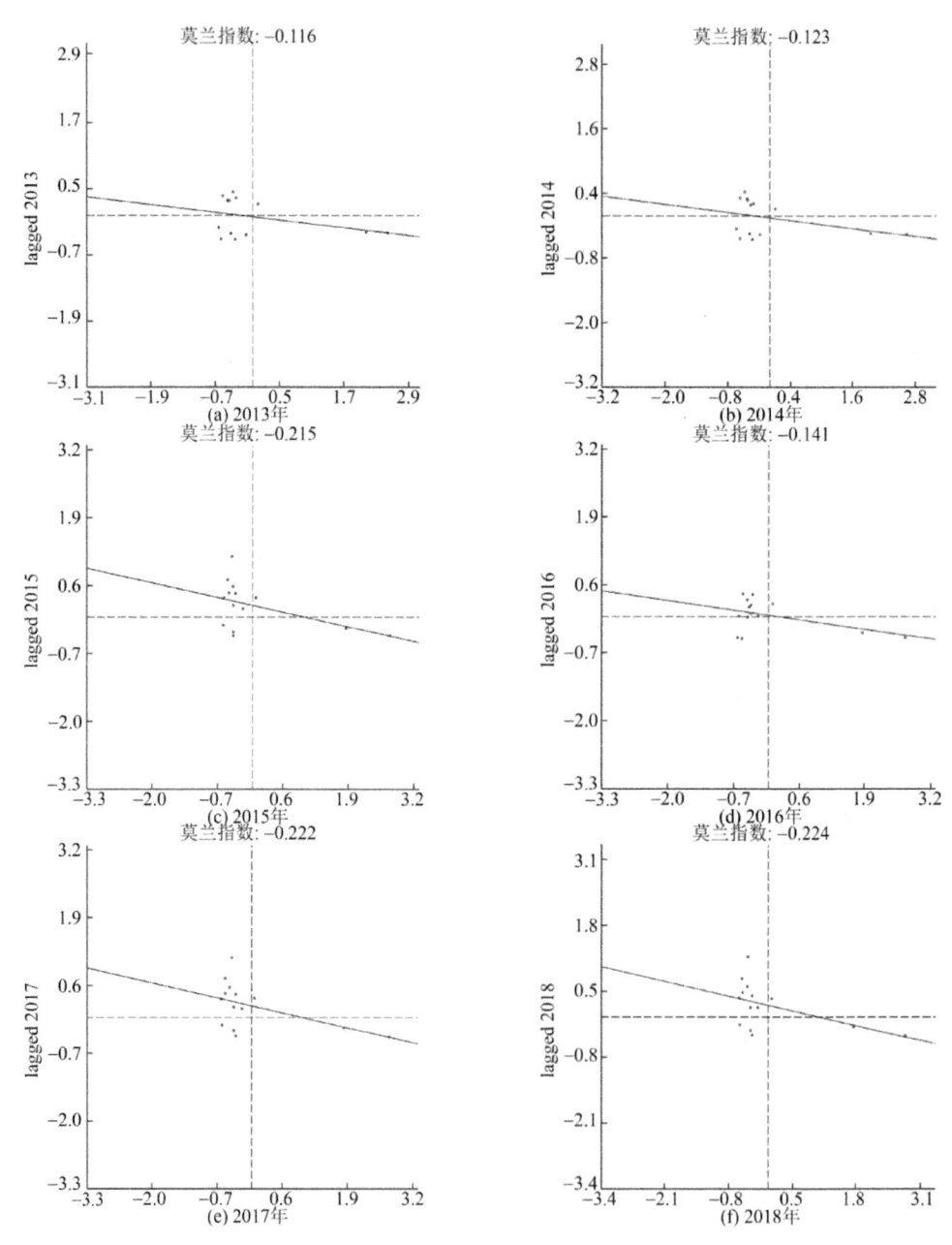

图 4.4　辽宁省传媒建设莫兰指数散点图

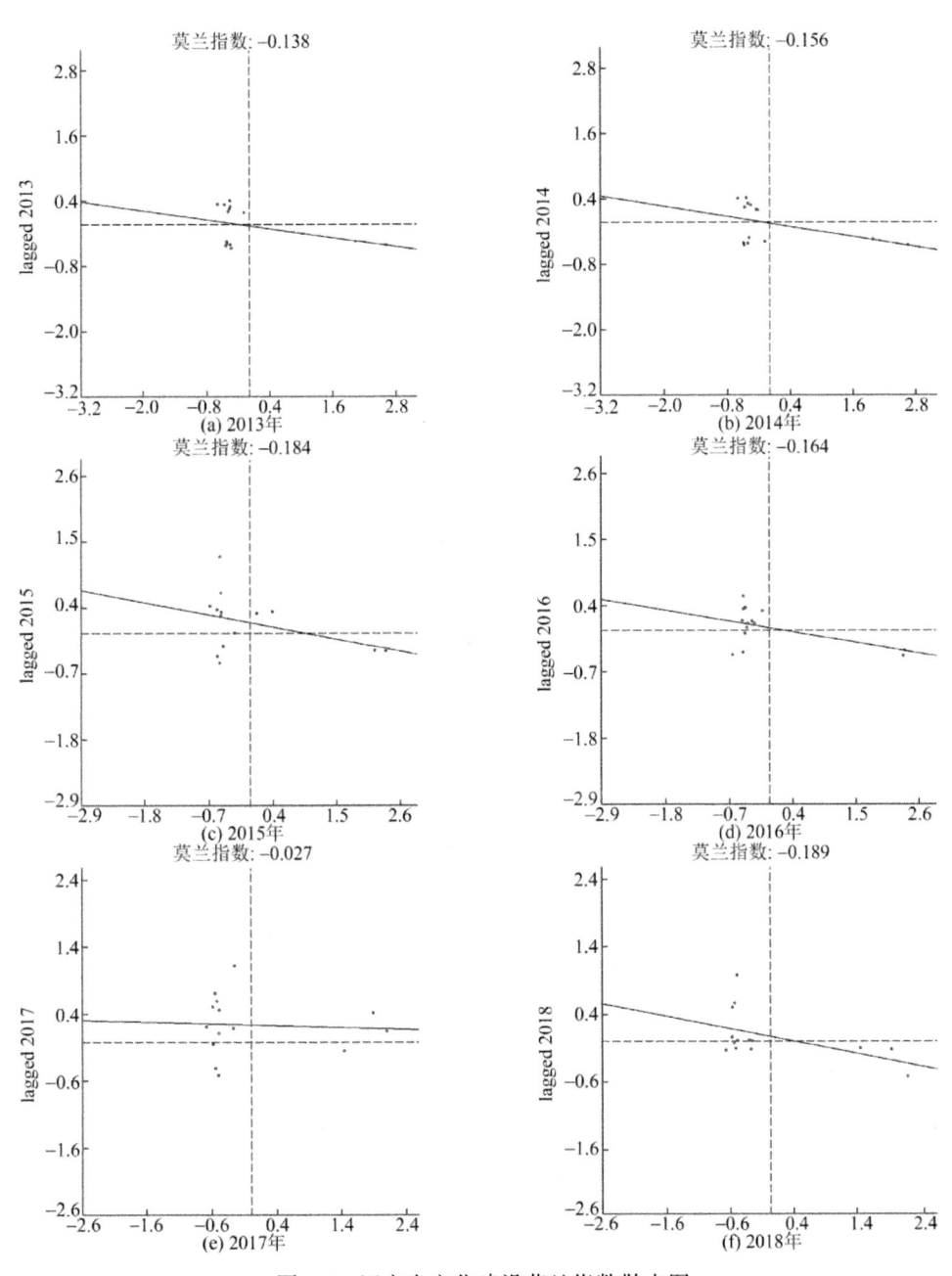

图 4.5　辽宁省文化建设莫兰指数散点图

4.2.2 辽宁省公民科学素质建设投入与产出效率评价的投入产出变量选取

4.2.2.1 辽宁省公民科学素质建设投入与产出效率评价的投入产出变量及环境变量选取

公民科学素质建设投入一般包括科普活动经费投入、科普活动人员投入和互联网基本投入指标，产出指标包括科普图书、科普期刊、科普展览、科普网站情况等指标。鉴于辽宁省各市数据的可获得性，结合本书 2.1 节建立的辽宁老工业基地公民科学素质建设区域评价指标体系，本研究选择了 2013—2018 年辽宁省各市的邮政业务总量和公共图书馆图书总藏量作为产出变量，选择教育支出和 R&D 人员数作为投入变量。

由于 DEA 模型要求投入增加时产出不得减少，即投入产出指标须符合"正相关性"假设，本书采用 Stata16.0 软件对选取的投入产出指标进行皮尔逊相关性检验（Pearson correlation test），结果如表 4.2 所示。检验结果显示，选取的投入、产出指标的相关系数均为正，且能在 1%的显著性水平上通过双尾检验，说明指标选取具有合理性。

表 4.2 皮尔逊相关性检验

投入变量	产出变量	
	邮政业务总量	公共图书馆图书总藏量
教育支出	0.811***（0.000）	0.714***（0.000）
R&D 人员数	0.832***（0.000）	0.729***（0.000）

注：***代表通过显著性水平为 1%的检验，括号内的数据为 p 值。

下面我们再对投入和产出指标进行简单分析，初步讨论公民科学素质建设投入与产出在不同时间的变化情况以及各区域之间的差异性。我们将 2013 年和 2018 年辽宁省各市的邮政业务总量、公共图书馆图书总藏量、教育支出和 R&D 人员数的情况汇总如图 4.6—图 4.9 所示。

从图 4.6—图 4.9 中可以看出，辽宁省沈阳市和大连市的投入远大于其他 12 个地级市，特别是 R&D 人员数，呈现出沈阳市和大连市"两家独大"的态势，表明辽宁省 R&D 人员投入是极不平衡的，整体的公民科学素质建设投入也存在较大差异性，导致产出的不平衡。从不同时期来看，各市的产出均有一定程度的提升。

4 东北三省公民科学素质建设投入与产出效率评价 | 81

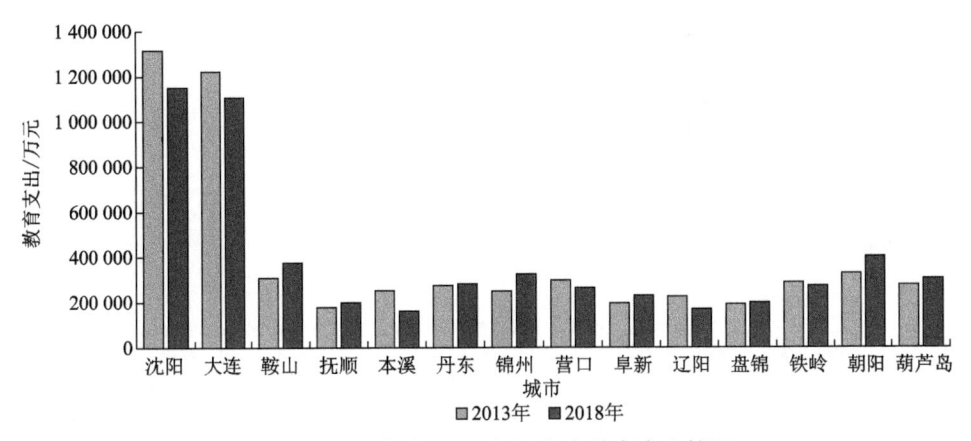

图 4.6 2013 年和 2018 年辽宁省教育支出情况

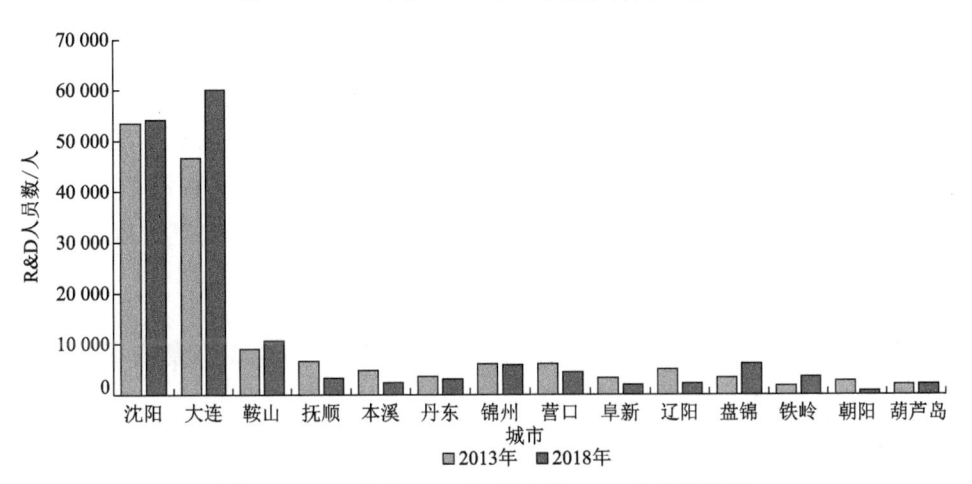

图 4.7 2013 年和 2018 年辽宁省 R&D 人员数情况

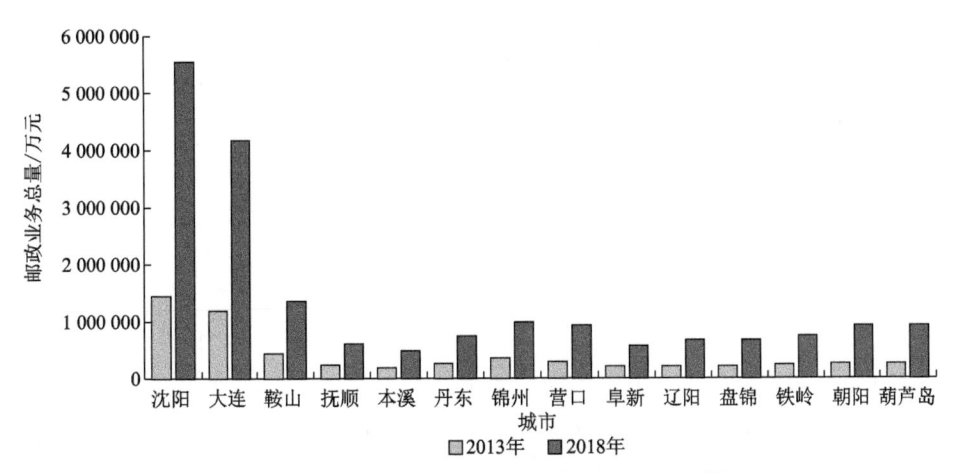

图 4.8 2013 年和 2018 年辽宁省邮政业务总量情况

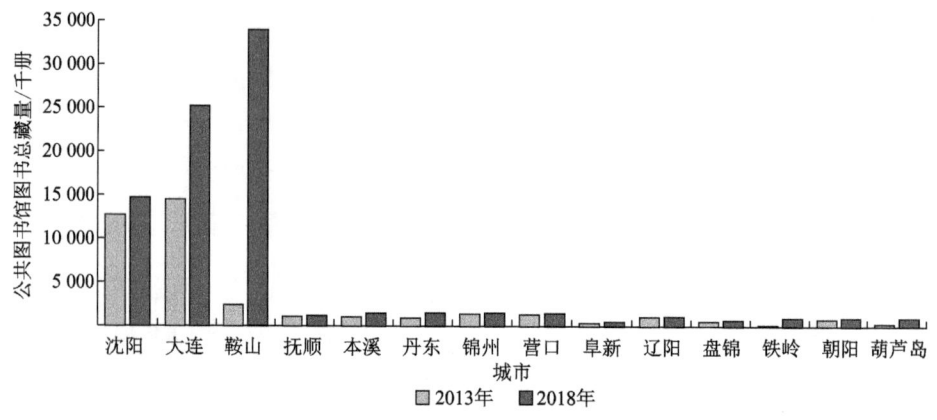

图 4.9　2013 年和 2018 年辽宁省公共图书馆图书总藏量情况

4.2.2.2　辽宁省公民科学素质建设投入与产出效率的数据说明

鉴于数据的可获得性和完整性，本研究选取了 2013—2018 年辽宁省 14 个地级市的数据。由于鞍山市 2018 年 R&D 人员数缺失，本研究使用统计学方法对其进行了插补。本研究中所使用的基础数据均来源于《辽宁统计年鉴》（2014—2019 年）。

4.2.3　辽宁省公民科学素质建设投入与产出效率测算结果

4.2.3.1　基于传统 DEA-BCC 模型效率测算结果

运用投入导向的 BCC 模型，采用 DEAP2.1 软件分别得到 2013—2018 年辽宁省 14 个地级市公民科学素质建设投入产出的技术效率以及全省公民科学素质建设投入产出的技术效率平均值，计算结果见表 4.3 和表 4.4。此外，基于表 4.3 列出了辽宁省公民科学素质建设效率达到前沿面的地级市，如表 4.5 所示。

表 4.3　辽宁省各地级市公民科学素质建设效率评价综合测度结果

城市	2013 年	2014 年	2015 年	2016 年	2017 年	2018 年
沈阳	0.944	0.981	1.000	1.000	1.000	1.000
大连	1.000	1.000	1.000	1.000	0.821	0.823
鞍山	1.000	1.000	1.000	1.000	1.000	1.000
抚顺	0.929	0.983	0.883	0.849	0.825	0.755
本溪	0.738	0.621	0.741	0.853	0.682	0.760

续表

城市	2013 年	2014 年	2015 年	2016 年	2017 年	2018 年
丹东	0.991	1.000	1.000	0.754	0.908	0.727
锦州	1.000	1.000	0.788	0.738	0.844	0.746
营口	0.829	1.000	0.991	0.971	1.000	0.860
阜新	0.899	0.783	0.740	0.803	0.987	0.754
辽阳	0.793	0.993	0.943	0.812	1.000	1.000
盘锦	0.902	1.000	0.782	0.816	0.894	0.772
铁岭	1.000	1.000	1.000	0.961	1.000	0.689
朝阳	1.000	0.898	0.829	0.908	1.000	1.000
葫芦岛	1.000	1.000	1.000	1.000	0.976	0.968

表 4.4 辽宁省公民科学素质建设效率评价综合测度平均结果

效率值	2013 年	2014 年	2015 年	2016 年	2017 年	2018 年
TE	0.930	0.947	0.907	0.890	0.924	0.847
PTE	0.987	0.977	0.964	0.963	0.979	0.919
SE	0.942	0.966	0.940	0.925	0.945	0.922

表 4.5 辽宁省公民科学素质建设效率前沿面地级市

年份	前沿面地级市
2013 年	大连、鞍山、锦州、铁岭、朝阳、葫芦岛
2014 年	大连、鞍山、丹东、锦州、营口、盘锦、铁岭、葫芦岛
2015 年	沈阳、大连、鞍山、丹东、铁岭、葫芦岛
2016 年	沈阳、大连、鞍山、葫芦岛
2017 年	沈阳、鞍山、营口、辽阳、铁岭、朝阳
2018 年	沈阳、鞍山、辽阳、朝阳

技术效率是以考察当期所确立的生产前沿为参照，经过计算而得的，所以此值是当年既定生产技术条件下的技术效率水平。如果效率值等于 1，说明在当年的技术水平下，投入产出效率达到最优。如果效率值小于 1，则说明当期的有效产出仍可扩大一定比例或者投入要素仍可缩减一定比例。由表 4.4 中的测度结果可知，辽宁省公民科学素质建设效率在六年间有所下降，综合技术效率

从 2013 年的 0.930 降至 2018 年的 0.847，同时纯技术效率和规模效率在 2013—2018 年也呈下降趋势。2013 年纯技术效率对辽宁省公民科学素质建设效率的提升起主要作用，而 2018 年公民科学素质建设的规模效率略高于纯技术效率，主导公民科学素质建设综合技术效率的提升。规模效率是受到规模因素影响的生产效率，能够体现出辽宁省公民科学素质建设投入是否处于最优规模。从辽宁省整体结果来看，六年间的公民科学素质建设规模效率较为平稳且数值均在 0.920 以上，处于较优水平，辽宁省可进一步优化对公民科学素质建设投入的资源配置，提高资源利用效率并充分发挥规模效应，以达到最佳的建设规模。辽宁省公民科学素质建设的纯技术效率在六年间下降了近 0.07 个百分点，说明管理和技术水平是制约辽宁省公民科学素质建设效率的主要因素，辽宁省在公民科学素质建设中应当更加注重管理和技术水平的提升。

此外，根据辽宁省 14 个地级市公民科学素质建设效率结果，2013—2018 年，鞍山市、葫芦岛市、沈阳市和营口市的综合技术效率值处于较高水平，其中鞍山市在六年间均达到了生产前沿面，公民科学素质建设综合技术效率最高。而本溪市和阜新市在 2013—2018 年的公民科学素质建设平均效率较公民科学素质建设有待进一步提升。此外，除沈阳市、鞍山市、本溪市、营口市、辽阳市和朝阳市外，其他各地级市的公民科学素质建设综合技术效率均有所下降。丹东市和锦州市等虽然在建设中达到过生产前沿面，但是发展不平稳，特别是在 2016 年，其公民科学建设效率达到了最低值。基于上述分析，本研究认为辽宁省公民科学素质建设水平呈下降态势，且地区发展有差异性，要通过制定合理的政策，优化基础设施的投入规模，努力提高基础设施的投入规模效率，从而改善综合效率，提升公民科学素质建设的资源配置能力、资源使用效率等多方面的综合能力。

4.2.3.2 基于 Malmquist 指数模型的动态效率评价

由于不同年份的效率值不具有可比性，不能简单地以每年的效率结果进行时序对比分析。传统的 DEA-BCC 模型只能反映 DMU 的静态效率情况，无法反映不同时期效率值的变化情况。因此，为更深入地了解不同时期辽宁省公民科学素质建设效率的变化及其原因，本研究还采用了基于面板数据的 Malmquist 指数方法对公民科学素质建设全要素生产率进行分解，并对 2013—2018 年辽宁省 14 个地级市公民科学素质建设效率变动进行分析，结果如表 4.6 和表 4.7 所示。

表 4.6 2013—2018 年辽宁省公民科学素质建设效率 Malmquist 指数分解结果

时间	技术效率	技术进步	纯技术效率	规模效率	全要素生产率
2013—2014 年	0.979	1.472	0.979	1.000	1.442
2014—2015 年	0.992	1.126	0.992	1.000	1.117
2015—2016 年	1.005	0.845	1.006	0.999	0.849
2016—2017 年	0.979	1.370	0.979	1.000	1.341
2017—2018 年	0.974	0.655	0.983	0.990	0.638
均值	0.986	1.094	0.988	0.998	1.077

从 2013—2018 年辽宁省公民科学素质建设的动态效率评价来看，2013—2018 年评价单元全要素生产率均值大于 1，为 1.077，说明在研究期间从整体来讲辽宁省各地级市的公民科学素质建设效率呈现不断上升的趋势，年均建设效率提高了 7.7%，其中技术进步对每年效率的提升起主导作用。从全要素生产率的分解来看，技术效率先上升后下降，同时技术进步变化并不平稳，甚至在 2017—2018 年降到了 0.655，直接导致 2017—2018 年辽宁省公民科学素质建设全要素生产率的大幅下降，这也说明公民科学素质建设的技术进步驱动对综合效率的提升起主要作用，公民科学素质建设效率的变动受技术进步的主导，二者变化趋势趋同。

表 4.7 2013—2018 年辽宁省各地级市公民科学素质建设效率 Malmquist 指数分解结果

城市	技术效率	技术进步	纯技术效率	规模效率	全要素生产率
沈阳	0.935	1.183	0.935	1.000	1.106
大连	0.947	1.177	0.947	1.000	1.114
鞍山	0.974	1.168	0.974	1.000	1.137
抚顺	1.018	1.181	1.018	1.000	1.202
本溪	1.000	1.157	1.000	1.000	1.157
丹东	0.989	1.141	0.989	1.000	1.128
锦州	1.001	1.113	1.001	1.000	1.114
营口	0.975	1.063	0.975	1.000	1.037
阜新	1.000	1.103	1.000	1.000	1.103
辽阳	0.990	0.961	0.990	1.000	0.951
盘锦	1.000	0.965	1.000	1.000	0.965
铁岭	0.999	0.791	1.000	0.999	0.790

续表

城市	技术效率	技术进步	纯技术效率	规模效率	全要素生产率
朝阳	0.985	0.895	1.005	0.980	0.882
葫芦岛	0.991	0.876	1.000	0.991	0.868
全省平均	0.986	1.055	0.988	0.998	1.040

从辽宁省14个地级市的公民科学素质建设效率Malmquist指数的分解情况来看，沈阳市、大连市、鞍山市、抚顺市、本溪市、丹东市、锦州市、营口市和阜新市的公民科学素质建设在2013—2018年呈不断上升态势，其中抚顺市公民科学素质建设效率增长达到20.2%，本溪市达到15.7%。而辽阳市、盘锦市、铁岭市、朝阳市和葫芦岛市公民科学素质建设效率呈下降态势，铁岭市更是下降了21.0%。从增长动因和细分指数来看，技术进步是导致公民科学素质建设效率提升的主要驱动因素，而管理水平、规模效率水平的不稳定导致公民科学素质建设效率的波动发展：沈阳市、鞍山市、本溪市等六年间公民科学素质建设呈上升态势的地区技术进步变化指数同样呈现正增长，同时盘锦市、铁岭市和葫芦岛市的技术进步变化指数同样与公民科学素质建设全要素生产率呈现负增长。各地级市公民科学素质建设投入的技术效率在六年间呈现了上下波动的变化态势，这种变动主要是由规模效率和纯技术效率的共同变化引起的，除抚顺市、本溪市、锦州市、阜新市和盘锦市外，其他各市的技术效率指数均不足1，说明公民科学素质基础设施管理方法和管理效率还有待改善，有必要优化投入要素的配置结构，实现基础设施配置的最优规模，提高规模效率。

4.2.4 辽宁省公民科学素质建设投入与产出效率空间分析

基于2013—2018年辽宁省公民科学素质建设效率值进行了空间自相关性探索。莫兰指数能反映效率的空间相关性，以及是否存在"高趋近于高""低趋近于低"的同向集聚趋势。莫兰指数散点图四个象限分别对应于区域单元与其邻居之间四种类型的局部空间联系形式：第一象限代表了高观测值的区域单元被同是高值的区域所包围的空间联系形式；第二象限代表了低观测值的区域单元被高值的区域所包围的空间联系形式；第三象限代表了低观测值的区域单元被同是低值的区域所包围的空间联系形式；第四象限代表了高观测值的区域单元被低值的区域所包围的空间联系形式。若拟合线处于一、三象限，则代表观测因素在空间上具有正相关关系。由图 4.10 可知，辽宁省公民科学素质建设效率在空间上基本不具有正相关性。

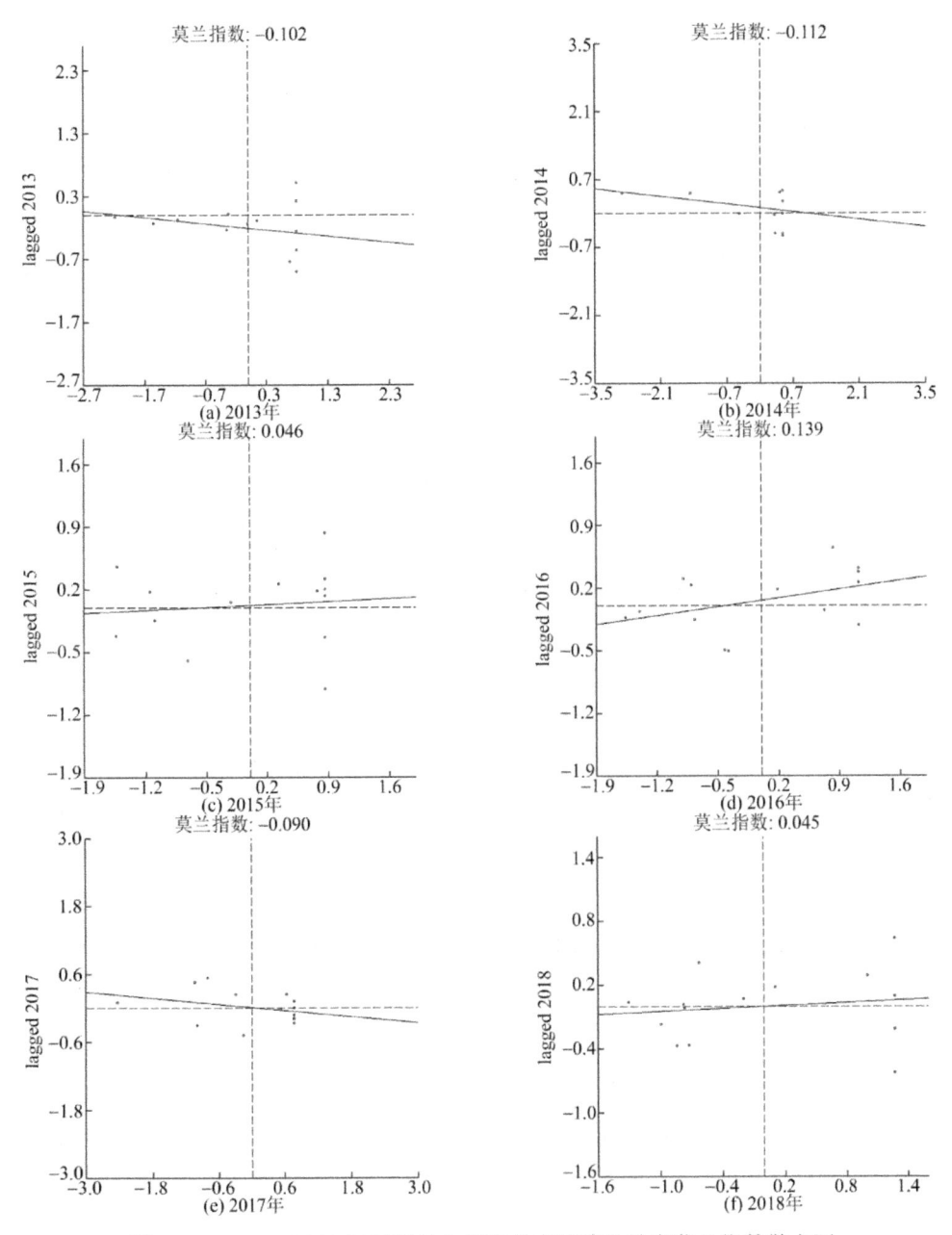

图 4.10　2013—2018 年辽宁省公民科学素质建设效率莫兰指数散点图

4.2.5 辽宁省公民科学素质建设现状及政策分析

根据 2020 年《辽宁统计年鉴》，辽宁省 2019 年财政支出中教育支出 702.4 亿元，科学技术支出 74.0 亿元，文化与传媒支出 86.0 亿元，其中教育支出和文化与传媒支出较 2018 年分别增长 7.42%和 20.09%，科学技术支出较 2018 年下降 1.35%。此外，在 R&D 投入产出方面，2019 年 R&D 折合全时人员为 10 万人年，R&D 经费支出 508.5 亿元，专利申请 69 732 件，其中发明专利 22 592 件。公民科学素质基础设施建设方面，2019 年共有公共图书馆 130 个，文化馆、艺术馆 124 个，博物馆 65 个，出版图书 5412 册。教育建设方面，2019 年普通高等学校在校学生数 1 041 144 人，较 2018 年增长 8.09%。

辽宁省政府颁布了相关的政策文件致力于提升全省公民科学素质。为了进一步落实《辽宁省全民科学素质行动计划纲要》，2011 年辽宁省政府在全国率先颁布实施了《辽宁省科学技术普及办法》[①]。这是辽宁第一部同时涵盖社会科学和自然科学普及工作的省政府规章，内容包括科普工作基本原则、工作机制、社会责任、科普队伍建设、场馆设施建设和保障以及科普事业激励机制等多方面面，通过大力推进科普服务体系建设、加快完善科普基础设施、广泛开展科普活动等举措，致力于提高全省公民科学素质。《辽宁省科学技术普及办法》第十条明确规定："辽宁省内个人撰写的科普著作、科普论文、科普读物等科普成果、指导科普实践活动所取得的业绩（以下统称科普成果）在专业技术职称评审、评比考核、学术奖励等方面，与其他学术成果享有同等待遇。"第二十四条要求："科普成果应当纳入省科学技术和哲学社会科学成果奖励评选范围。"第十一条规定："教育行政部门应当将科普作为素质教育的重要内容，支持建立科普教育基地，鼓励学校、幼儿园开设科普课程。各类学校应当结合教学活动和学生特点，每学期安排一定的教学时数，组织学生开展科技教育、科技发明、科普讲座、参观考察等多种形式的科普活动。"在科普基础设施建设方面，《辽宁省科学技术普及办法》第十三条要求："政府举办的科技馆、图书馆、博物馆、文化馆、青少年宫等文化场馆，应当向公众开放，每天开放时间不少于八小时，国家法定节假日和学校寒暑假期间，应当适当延长开放时间；科普周（日）、国家法定节假日期间，应当免费向公众开放。"第九

---

① 辽宁省科学技术厅. 2011. 辽宁省科学技术普及办法[J]. 辽宁省人民政府公报, (19): 6-9.

条规定:"每年5月第三周为全省科普周,9月17日为全省科普日。"

此外,为提升公民科学素质整体水平,辽宁省全省重点推动五大行动,即农民增收、职工增效、居民增寿、学生增智和干部增力。行动首先从未成年人的科学素质培养开始。具体来说,要全面普及学前三年教育,重视发展婴幼儿教育,学前三年毛入园率要达到90%;对职工而言,基本科学素质纳入职业标准考核鉴定。

同时,辽宁省政府还制定并实施《辽宁省全民科学素质行动计划纲要(2006—2010—2020年)》[①],旨在:①促进科学发展观在全社会的树立和落实;②以重点人群科学素质行动带动全民科学素质的整体提高;③科学教育与培训、科普资源开发与共享、大众传媒科技传播能力、科普基础设施等公民科学素质建设的基础得到加强,公民提高自身科学素质的机会与途径明显增多。

可见,辽宁省政府将公民科学素质建设放在了重要位置,政府机构在全国范围内较早关注公民科学素质的建设,颁布实施了一系列政策提高公民科学素质,这有利于增强公民获取和运用科技知识的能力、改善生活质量、实现全面发展,对提高辽宁省自主创新能力、振兴辽宁老工业基地具有重要意义。

4.3 吉林省公民科学素质建设投入与产出效率评价

4.3.1 吉林省公民科学素质建设区域评价指标的描述性统计与比较分析

本书2.2节建立了吉林老工业基地公民科学素质建设区域评价指标体系,从公民科学素质建设投入结构和建设效果两个方面出发,选取了人员投入、资金投入、科技教育建设、传媒建设、文化建设5个领域共13个指标,构成了吉林老工业基地公民科学素质建设区域评价指标体系。本节将对吉林省公民科学素质建设效率进行计算和评价分析。。

4.3.1.1 吉林省公民科学素质建设区域评价指标的描述性统计

在对吉林省各地级市的公民科学素质建设效率进行测算分析之前,首先对

---

① 辽宁省人民政府. 2006. 辽宁省人民政府关于印发辽宁省全民科学素质行动计划纲要(2006-2010-2020)的通知[J]. 辽宁省人民政府公报, (20): 2-14.

指标体系中各指标的原始数据进行描述性统计分析（表 4.8），并初步对各地区的投入和产出评价指标进行比较。

表 4.8　吉林省公民科学素质建设区域评价指标描述性统计

一级指标	二级指标	均值	标准差	最小值	最大值
人员投入	科学研究、技术服务业从业人员/万人	0.9	1.3	0.14	4.53
	教育业从业人员/万人	4.1	3.4	1.32	12.69
	普通高等学校专任教师数/人	4 712.9	8 631.2	244	27 488
资金投入	科学技术支出/万元	28 007.8	34 663.0	1 966	136 176
	教育支出/万元	424 277.6	286 886.5	150 643	1 272 697
	文化与传媒支出/万元	48 634.2	38 978.4	14 638	159 943
科技教育建设	专利申请授权量/项	1 211.5	2 418.4	80	10 268
	普通高等学校数/所	7.2	12.2	1	40
	普通高等学校学生数/人	77 129.3	139 608.5	1 150	447 156
传媒建设	邮政业务总量/万元	59 138.6	69 638.6	10 950	317 327
	移动电话年末用户数/万户	341.8	316.6	109	1 489
	互联网宽带接入用户数/万户	51.3	42.3	17	197
文化建设	公共图书馆图书总藏量/千册	998.3	1 650.7	43	8 638

4.3.1.2　吉林省公民科学素质建设区域评价指标的空间分析

我们对吉林省公民科学素质建设区域评价的一级指标进行描述性统计分析后，分别对省内各地区进行横向比较，利用莫兰指数考察吉林省公民科学素质建设在空间是否存在相关性。图 4.11—图 4.15 是吉林省公民科学素质建设各一级指标的莫兰指数散点图。

4.3.2　吉林省公民科学素质建设投入与产出效率评价的投入产出变量选取

4.3.2.1　吉林省公民科学素质建设投入与产出效率评价的投入产出变量及环境变量选取

公民科学素质建设投入一般包括科普活动经费投入、科普活动人员投入和

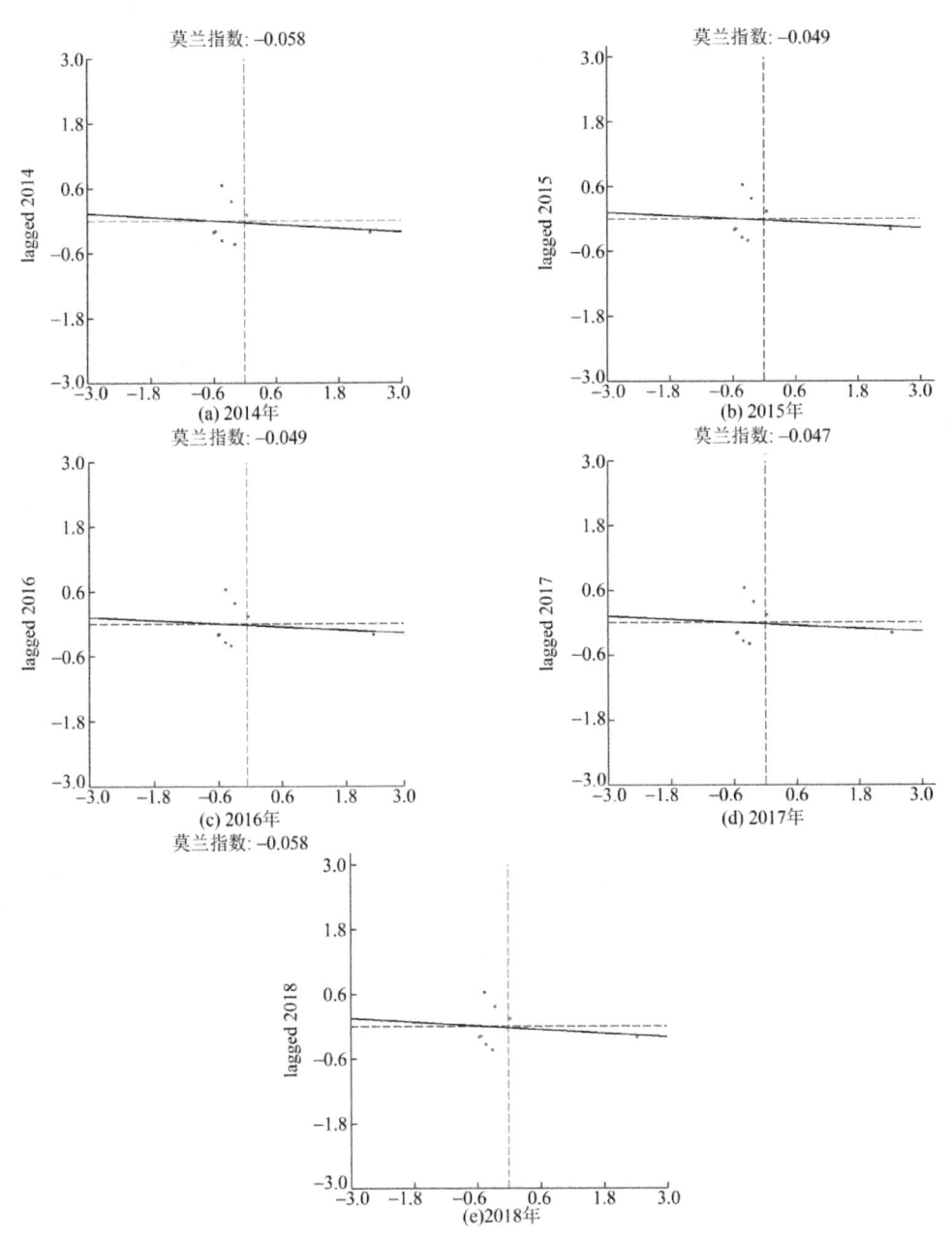

图 4.11　吉林省人员投入莫兰指数散点图

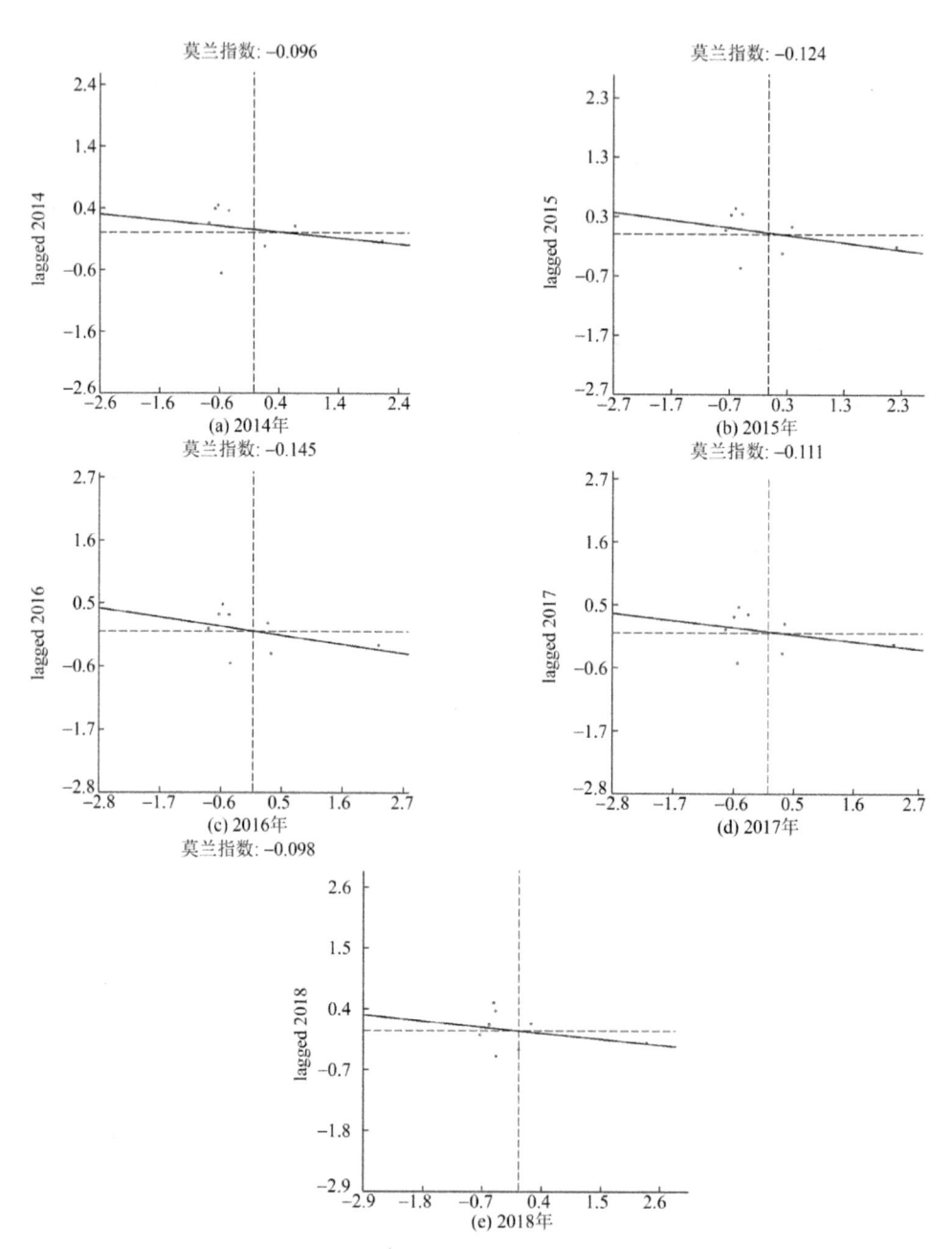

图 4.12　吉林省资金投入莫兰指数散点图

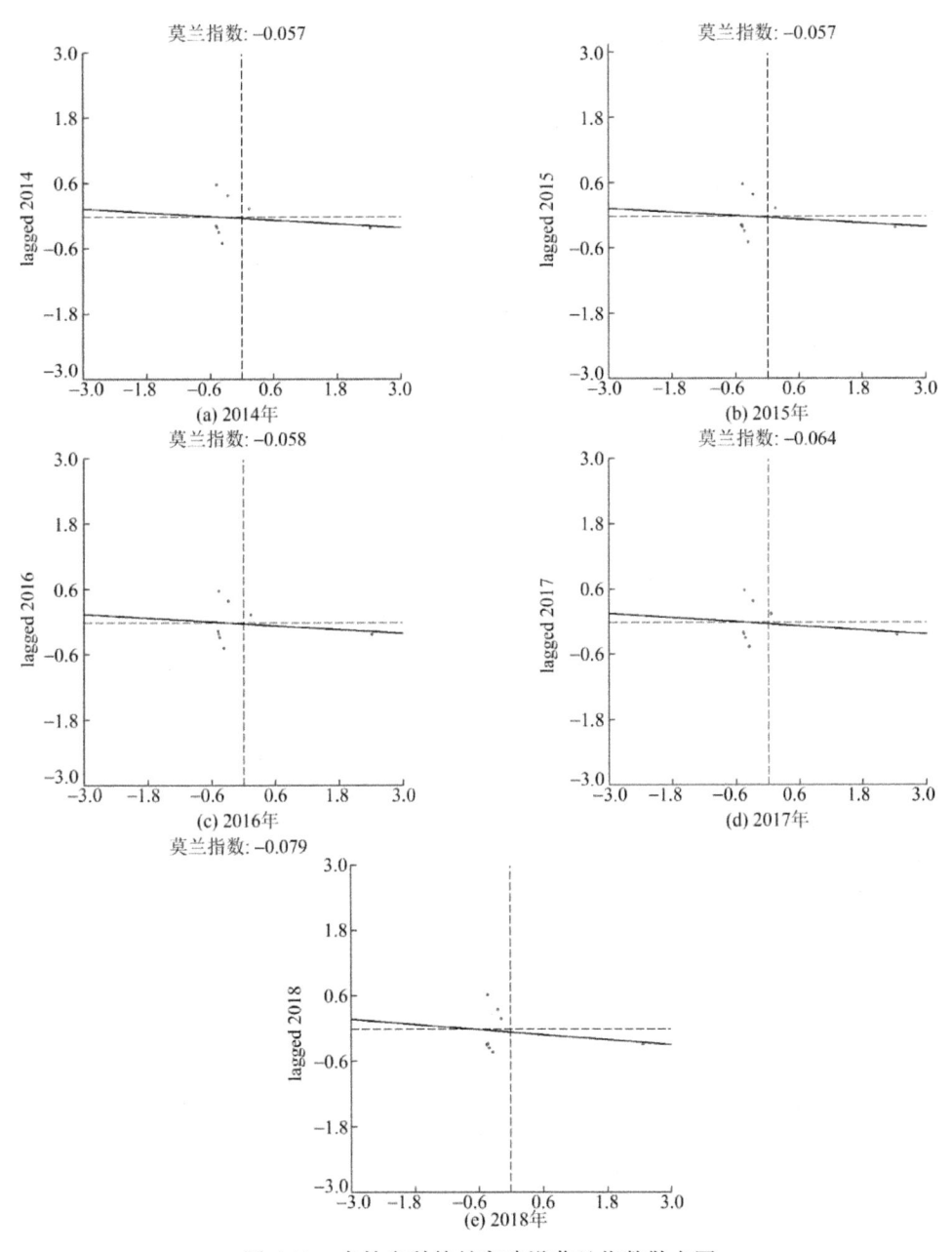

图 4.13　吉林省科技教育建设莫兰指数散点图

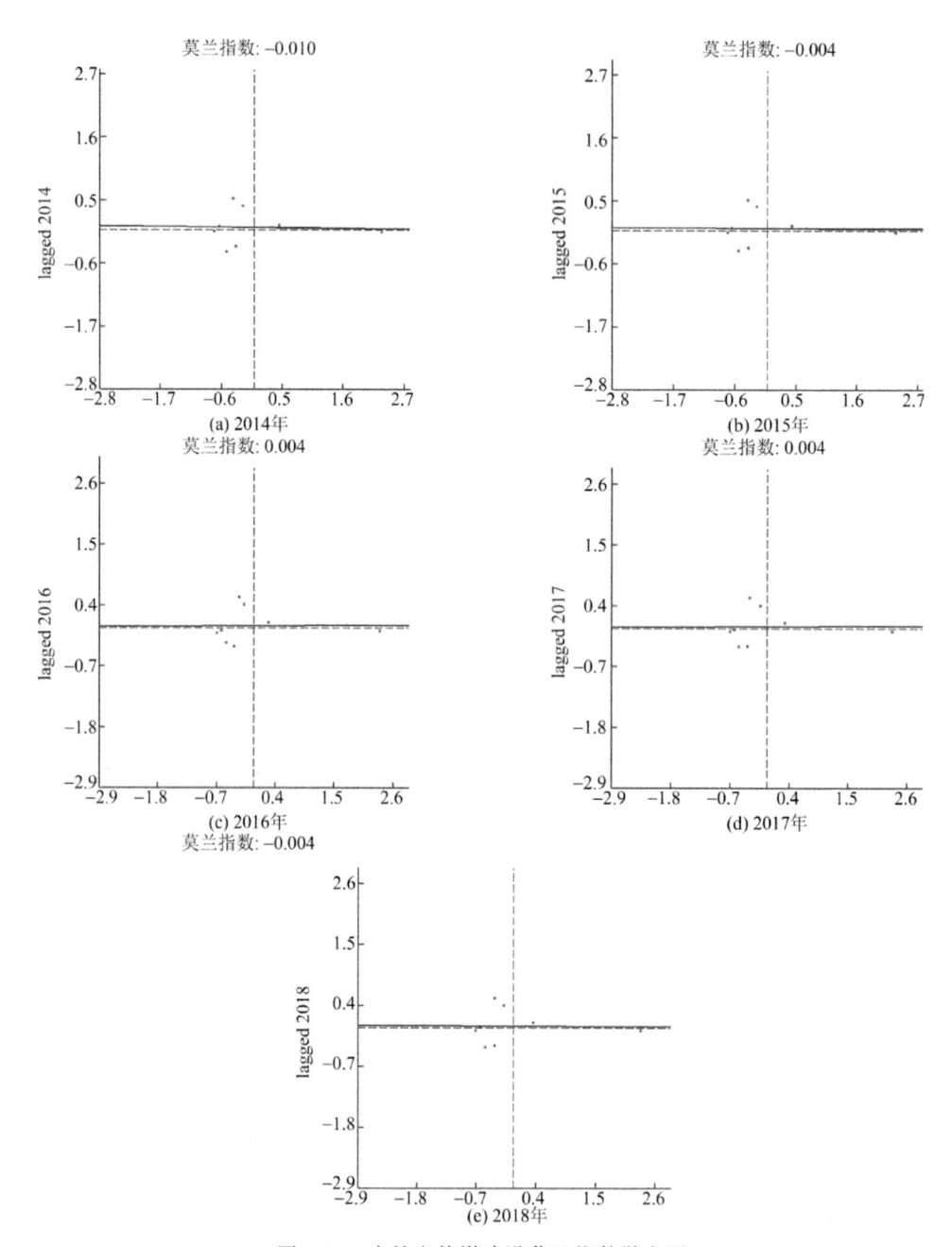

图 4.14 吉林省传媒建设莫兰指数散点图

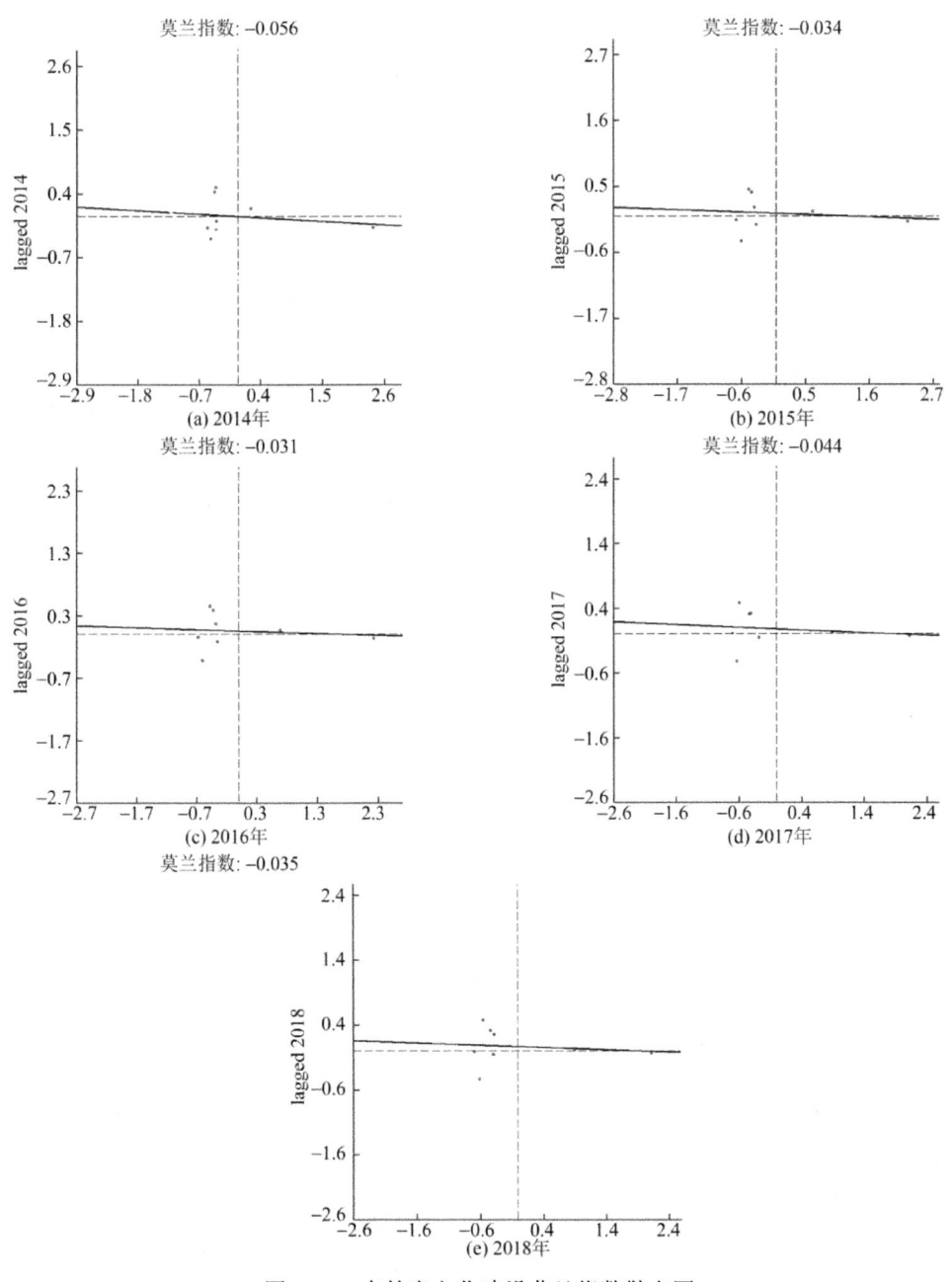

图 4.15 吉林省文化建设莫兰指数散点图

互联网基本投入指标,产出指标包括科普图书、科普期刊、科普展览、科普网站情况等指标。鉴于吉林省各市数据的可获得性,结合本书 2.2 节建立的吉林老工业基地公民科学素质建设区域评价指标体系,本研究选择了 2014—2018 年吉林省各市的邮政业务总量和专利申请授权量作为产出变量,选择科学研究、技术服务业从业人员和文化与传媒支出作为投入变量。

由于 DEA 模型要求投入增加时产出不得减少,即投入产出指标须符合"正相关性"假设,本书采用 Stata16.0 软件对选取的投入产出指标进行皮尔逊相关性检验,结果如表 4.9 所示。检验结果显示,选取的投入、产出指标的相关系数均为正,且能在 1% 的显著性水平上通过双尾检验,说明指标选取具有合理性。

表 4.9 皮尔逊相关性检验

投入变量	产出变量	
	邮政业务总量	专利申请授权量
科学研究、技术服务业从业人员	0.916***(0.000)	0.950***(0.000)
文化与传媒支出	0.916***(0.000)	0.916***(0.000)

注:***代表通过显著性水平为 1% 的检验,括号内的数据为 p 值。

下面我们再对投入和产出指标进行简单分析,初步讨论公民科学素质建设投入与产出在不同时间的变化情况以及各区域之间的差异性。我们将 2014 年和 2018 年吉林省各市的科学研究、技术服务业从业人员,文化与传媒支出,邮政业务总量和专利申请授权量汇总如图 4.16—图 4.19 所示。

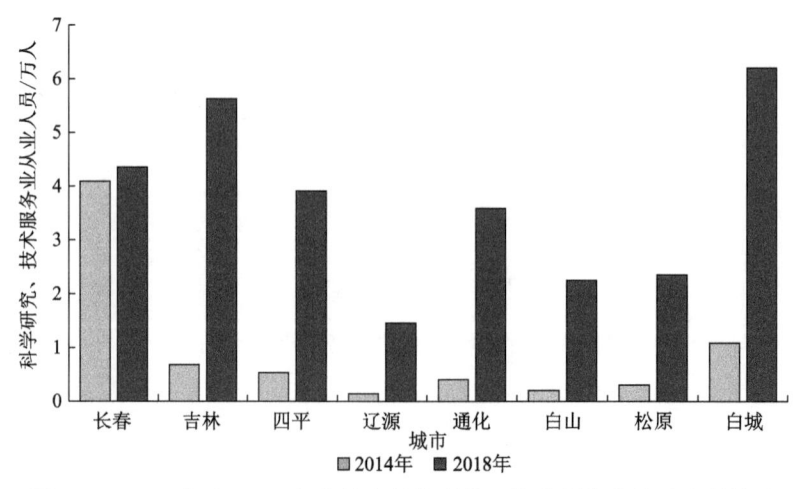

图 4.16 2014 年和 2018 年吉林省科学研究、技术服务业从业人员情况

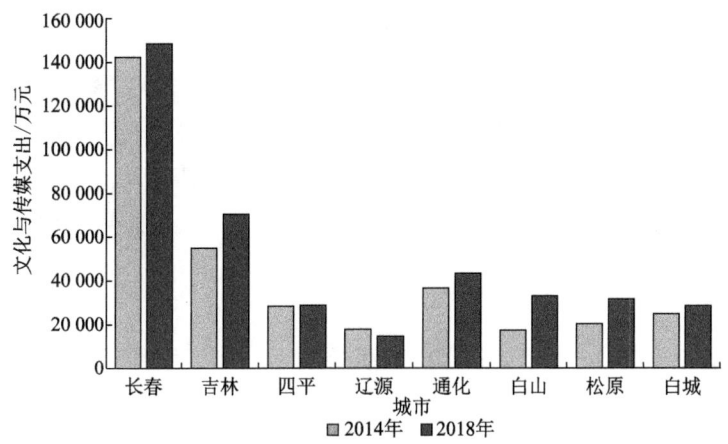

图 4.17　2014 年和 2018 年吉林省文化与传媒支出情况

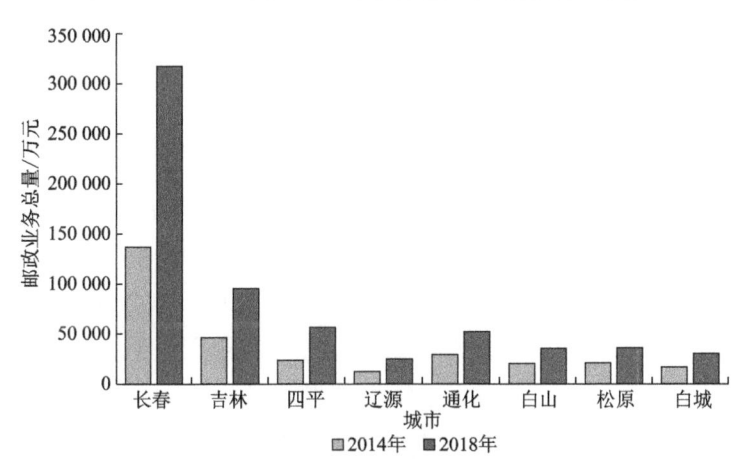

图 4.18　2014 年和 2018 年吉林省邮政业务总量情况

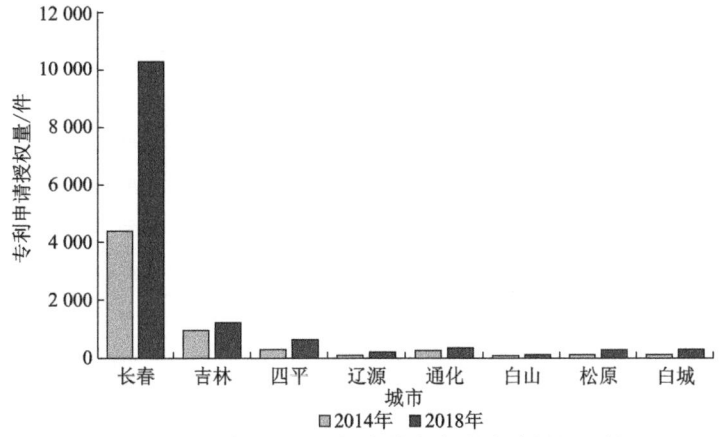

图 4.19　2014 年和 2018 年吉林省专利申请授权量情况

从图 4.16—图 4.19 中可以看出，吉林省各市的公民科学素质建设投入与产出指标中，省会城市长春市各指标排名基本"一家独大"，除科学研究、技术服务业从业人员外投入和产出量均远高于其他地级市，特别是专利申请授权量，长春市在 2018 年是产出第二的吉林市的近 10 倍。此外，在投入一定的条件下吉林省各市的产出在五年间均实现了增长，反映出吉林省各市公民科学素质建设效率较高。

4.3.2.2　吉林省公民科学素质建设投入与产出效率的数据说明

鉴于数据的可获得性和完整性，本研究选取了 2014—2018 年吉林省 8 个地级市的数据。本研究中所使用的基础数据均来源于《吉林统计年鉴》（2015—2019 年）。

4.3.3　吉林省公民科学素质建设投入与产出效率测算结果

4.3.3.1　基于传统 DEA-BCC 模型效率测算结果

运用投入导向的 BCC 模型，采用 DEAP2.1 软件分别得到 2014—2018 年吉林省 8 个地级市公民科学素质建设投入产出的技术效率以及全省公民科学素质建设投入产出的技术效率平均值，计算结果见表 4.10 和表 4.11。此外，基于表 4.10 列出了吉林省公民科学素质建设效率达到前沿面的地级市，如表 4.12 所示。

表 4.10　吉林省公民科学素质建设效率评价综合测度结果

城市	2014 年	2015 年	2016 年	2017 年	2018 年
长春	0.822	1.000	1.000	1.000	1.000
吉林	0.717	1.000	1.000	1.000	1.000
四平	0.708	1.000	1.000	0.786	1.000
辽源	0.581	0.874	0.634	0.916	1.000
通化	0.684	0.817	0.819	0.829	0.853
白山	1.000	1.000	1.000	1.000	0.901
松原	0.878	0.801	0.850	0.702	0.913
白城	0.575	0.492	0.424	0.523	0.517

表 4.11　吉林省公民科学素质建设效率评价综合测度平均结果

效率值	2014 年	2015 年	2016 年	2017 年	2018 年
TE	0.746	0.873	0.841	0.845	0.898
PTE	0.904	0.922	0.906	0.908	0.913
SE	0.831	0.939	0.925	0.923	0.978

表 4.12　吉林省公民科学素质建设效率前沿面地级市

年份	前沿面地级市
2014 年	白山
2015 年	长春、吉林、四平、白山
2016 年	长春、吉林、四平、白山
2017 年	长春、吉林、白山
2018 年	长春、吉林、四平、辽源

由表 4.11 的测度结果可知，吉林省公民科学素质建设效率在 2014—2018 年有所上升，综合技术效率从 2014 年的 0.746 上升至 2018 年的 0.898。此外，综合技术效率在五年间呈现了上下波动的变化态势，这种变动主要是由规模效率和纯技术效率的共同变化引起的。纯技术效率是受到管理和技术等因素影响的生产效率，2014 年与 2018 年吉林省公民科学素质建设纯技术效率分别为 0.904 和 0.913，与生产前沿面分别相差 0.096 和 0.087，纯技术效率在五年间略有上升。规模效率是受到规模因素影响的生产效率，能够体现出吉林省公民科学素质建设投入是否处于最优规模。从吉林省整体结果来看，2014 年与 2018 年吉林省公民科学素质建设投入的规模效率分别为 0.831 和 0.978，与生产前沿面分别相差 0.169 和 0.022，效率提升了 17.69%。由此可得，吉林省公民科学素质建设综合技术效率的变动受到纯技术效率和规模效率的综合作用整体达到了提升，其中规模效率对综合技术效率的提升起主导作用，吉林省可进一步扩大对公民科学素质建设的投入，以达到最佳的规模，另一方面需要提高管理水平和资源利用水平。

此外，吉林省各个地级市的公民科学素质建设效率中，根据计算结果，在 2014—2018 年长春市、吉林市和白山市公民科学素质建设综合技术效率处于较高水平，且长春市和吉林市在 2015—2018 年均达到了生产前沿面。此外，白城市公民科学素质建设效率最低，各年均值仅为 0.506，远低于全省平均水平。

从各地级市公民科学素质建设效率发展情况来看，除白山市和白城市外，其他六个地级市在 2018 年的综合技术效率均高于 2014 年。综上分析，吉林省各地级市的公民科学素质建设效率稳中有升，不同地区存在差异性。

4.3.3.2　基于 Malmquist 指数模型的动态效率评价

由于不同年份的效率值不具有可比性，不能简单地以每年的效率结果进行时序对比分析。传统的 DEA-BCC 模型只能反映 DMU 的静态效率情况，无法反映不同时期效率值的变化情况。因此，为更深入地了解不同时期吉林省公民科学素质建设效率的变化及其原因，本研究还采用了基于面板数据的 Malmquist 指数方法对公民科学素质建设全要素生产率进行分解，并对 2014—2018 年吉林省八个地级市公民科学素质建设效率变动进行分析，结果如表 4.13 和表 4.14 所示。

表 4.13　2014—2018 年吉林省公民科学素质建设效率 Malmquist 指数分解结果

年份	技术效率	技术进步	纯技术效率	规模效率	全要素生产率
2014—2015 年	0.951	1.310	0.951	1.000	1.245
2015—2016 年	0.906	1.379	0.906	0.999	1.249
2016—2017 年	1.146	0.886	1.146	1.001	1.015
2017—2018 年	0.952	1.417	0.952	1.000	1.349
均值	0.989	1.248	0.989	1.000	1.215

由表 4.13 可知，在 2014—2018 年，吉林省公民科学素质建设全要素生产率从 1.245 提升至 1.349，且研究期间每年的全要素生产率指数均大于 1，说明吉林省公民科学素质建设效率整体处于稳步上升阶段。从吉林省整体均值来看，公民科学素质建设发展态势良好。从全要素生产率的分解来看，技术效率为 0.989，不是促进全要素生产率提升的优势因素，说明吉林省公民科学素质建设的管理和技术水平对综合技术效率的提升起负向作用，反映吉林省公民科学素质建设的管理和技术水平以及规模效率有进一步提升的空间。在 2014—2018 年技术进步的均值高于全要素生产率的均值，表明吉林省公民科学素质建设的技术进步驱动对综合效率的提升起主要作用。吉林省 2016—2017 年的公民科学素质建设的技术效率为 1.146，对全要素生产率的提升起积极作用，但作为提

升公民科学素质建设效率的关键性因素，技术进步指数不足 0.9，两者综合作用下使 2016—2017 年的公民科学素质建设全要素生产率呈现负增长态势。综上分析，保持吉林省公民科学素质建设效率高增长态势的主要贡献因素是技术进步，吉林省需要在保持公民科学素质建设投入技术不断进步的同时，实现投入管理和建设技术水平进步，发挥规模因素的效益提升。

表 4.14　2014—2018 年吉林省各地级市公民科学素质建设效率 Malmquist 指数分解结果

城市	技术效率	技术进步	纯技术效率	规模效率	全要素生产率
长春	0.968	1.251	0.968	1.000	1.212
吉林	0.996	1.251	0.996	1.000	1.246
四平	0.961	1.271	0.961	1.000	1.222
辽源	1.000	1.176	1.000	1.000	1.176
通化	1.025	1.189	1.025	1.000	1.219
白山	0.942	1.192	0.942	1.000	1.124
松原	0.986	0.980	0.986	1.000	0.966
白城	1.000	1.581	1.000	1.000	1.581
全省平均	0.985	1.236	0.985	1.000	1.218

从表 4.14 可知，2014—2018 年除松原市外吉林省其他地级市的公民科学素质建设的全要素生产率均大于 1，说明吉林省绝大部分地区公民科学素质建设效率整体处于增长阶段，发展势头良好。从各市全要素生产率来看，白城市的公民科学素质建设效率最高，其次是吉林市、四平市、通化市和长春市。从增长动因方面和细分指数来看，辽源市、通化市和白城市的技术效率和技术进步均大于或等于 1，表明技术进步因素、管理技术水平因素和规模因素均对公民科学素质建设效率的提升起到了积极作用。此外，除松原市外，各地级市的技术进步指数均大于 1，说明技术进步依旧起到了主要作用，而除辽源市、通化市和白城市外，其他地级市技术效率均小于 1，说明管理技术水平和规模因素对这些地级市的公民科学素质建设起着消极作用。综上分析，提升管理和技术水平，发挥规模因素的带动效应是提升吉林省公民科学素质建设效率的关键。

4.3.4　吉林省公民科学素质建设投入与产出效率空间分析

基于 2014—2018 年吉林省公民科学素质建设效率值进行了空间自相关性探索。由图 4.20 可知，吉林省公民科学素质建设效率在空间上基本不具有正相关性。

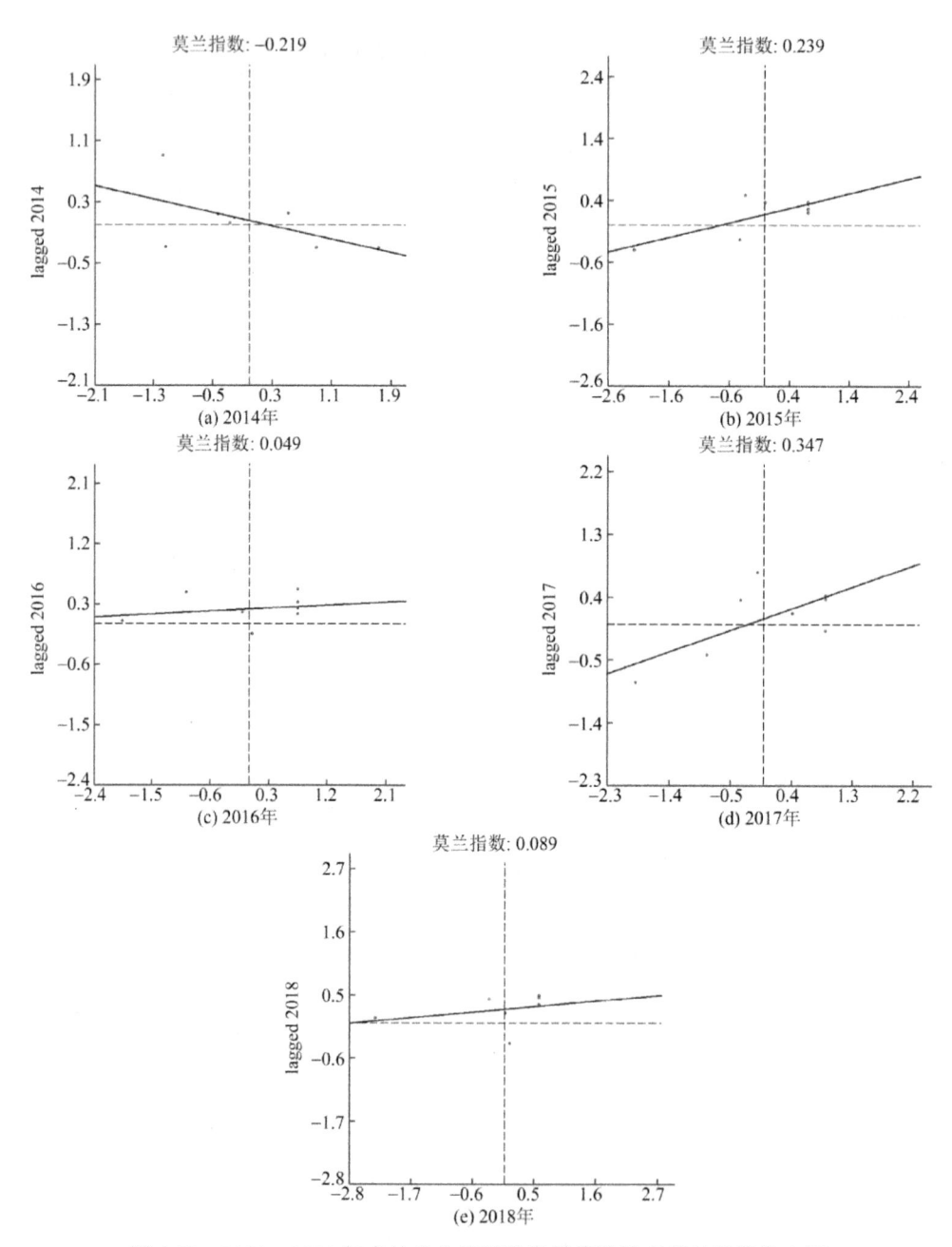

图 4.20 2014—2018 年吉林省公民科学素质建设效率莫兰指数散点图

4.3.5 吉林省公民科学素质建设现状及政策分析

根据 2020 年《吉林统计年鉴》，吉林省 2019 年财政支出中教育支出 5 005 285

万元，科学技术支出 391 824 万元，文化与传媒支出 717 526 万元，其中文化与传媒支出较 2018 年增长 2.16%，教育支出和科学技术支出较 2018 年分别下降 2.59%和 4.66%。此外，在 R&D 产出方面，2019 年 R&D 折合全时人员 42 323 人，R&D 经费支出 148.4 亿元，专利申请 31 052 件，其中发明专利 11 269 件。公民科学素质基础设施建设方面，2019 年共有公共图书馆 66 个，图书总藏量 2168 万册，图书总藏量较 2018 年增长 5.65%；博物馆 107 个，举办展览 568 次。教育建设方面，2019 年普通高等学校在校学生数 70.1 万人，较 2018 年增长 6.49%。

2016 年，为贯彻落实国务院印发的《全民科学素质行动计划纲要（2006—2010—2020 年）》和《国务院办公厅关于印发全民科学素质行动计划纲要实施方案（2006—2020 年）的通知》，实现吉林省 2020 年全民科学素质工作目标，吉林省人民政府办公厅印发的《吉林省贯彻全民科学素质行动计划纲要实施方案（2006—2020 年）》[①]指出："到 2020 年，全省公民科学素质建设工作的组织实施、基础设施、政策保障、监测评估等体系进一步完善，公民科学素质建设的公共服务能力显著增强，科学教育、传播与普及的力度与成效在'十二五'基础上有显著提升，公民具备科学素质的比例达到并争取超过 10%，为推动吉林创新发展，全面建成小康社会提供有力支撑。……公民科学素质建设的公共服务能力大幅增强。科学教育与培训体系基本完善，城乡基层科普益民服务机制进一步健全，科普基础设施的保障能力显著增强，科普信息化建设快速发展，科普产业发展基本形成，科普人才队伍有效壮大，公民提升自身科学素质的机会与途径显著增多。……公民科学素质建设的长效机制进一步健全。公民科学素质建设的部门共建机制、社会动员机制、资源投入机制、监测评估机制等进一步完善，社会各方面参与公民科学素质建设的积极性明显提高，社会化工作格局基本形成，全民科学素质建设工作顺畅有效地持续推进。"

4.4 黑龙江省公民科学素质建设投入与产出效率评价

4.4.1 黑龙江省公民科学素质建设区域评价指标的描述性统计与比较分析

本书 2.3 节建立了黑龙江老工业基地公民科学素质建设区域评价指标体

---

① 吉林省人民政府办公厅. 2012. 吉林省人民政府办公厅关于印发吉林省全民科学素质行动计划纲要实施方案的通知[J]. 吉林政报, (23): 23-36.

系，从公民科学素质建设投入结构和建设效果两个方面出发，选取了人员投入、资金投入、科技教育建设、传媒建设、文化建设5个领域共11个指标，构成了黑龙江老工业基地公民科学素质建设区域评价指标体系。本节将对黑龙江省公民科学素质建设效率进行计算和评价分析。

4.4.1.1 黑龙江省公民科学素质建设区域评价指标的描述性统计

在对黑龙江省各地级市的公民科学素质建设效率进行测算分析之前，首先对指标体系中各指标的原始数据进行描述性统计分析（表4.15），并初步对各地区的投入和产出评价指标进行比较。

表4.15 黑龙江省公民科学素质建设区域评价指标描述性统计

一级指标	二级指标	均值	标准差	最小值	最大值
人员投入	普通高等学校专任教师数/人	3 585.4	8 388.1	121	32 673
资金投入	科学技术支出/万元	14 583.5	28 242.8	753	156 306
	教育支出/万元	324 064.8	303 243.0	32 521	1 247 846
	文化与传媒支出/万元	29 695.9	25 205.6	5 700	124 237
科技教育建设	普通高等学校数/所	6.2	13.0	1	51
	普通高等学校学生数/人	56 631.9	132 103.0	451	526 209
传媒建设	邮政业务总量/亿元	44.9	74.2	1	530
	移动电话年末用户数/万户	272.2	276.3	36	1 285
	3G移动电话用户数/万户	48.7	67.5	0.8	410
	互联网宽带接入用户数/万户	47.7	47.7	8	257
文化建设	报刊期发数/万份	20.1	19.3	3	95

4.4.1.2 黑龙江省公民科学素质建设区域评价指标的空间分析

我们对黑龙江省公民科学素质建设区域评价的一级指标进行描述性统计分析后，分别对省内各地区进行横向比较，利用莫兰指数考察黑龙江省公民科学素质建设在空间是否存在相关性。图4.21—图4.25是黑龙江省公民科学素质建设各一级指标的莫兰指数散点图。

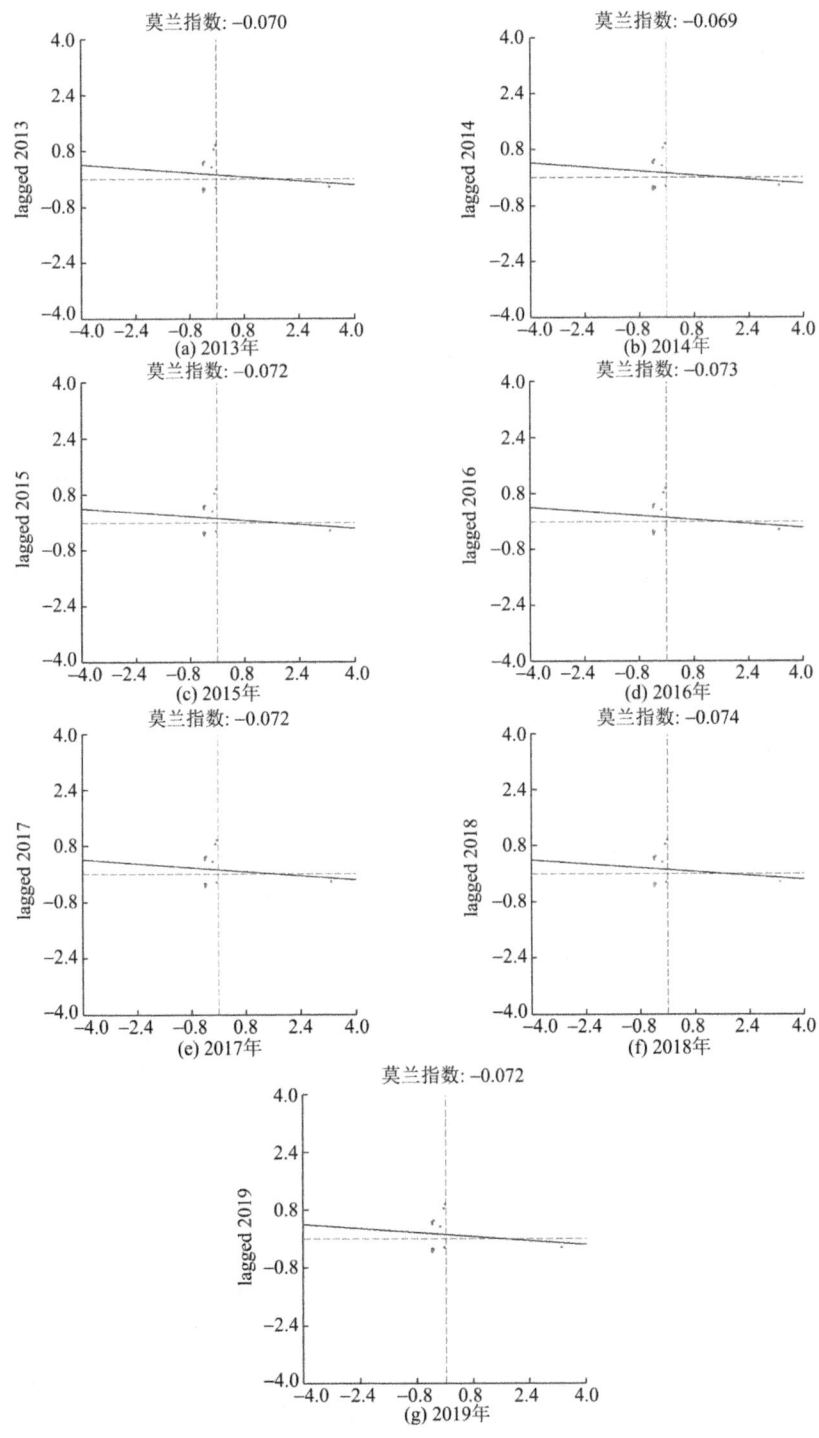

图 4.21　黑龙江省人员投入莫兰指数散点图

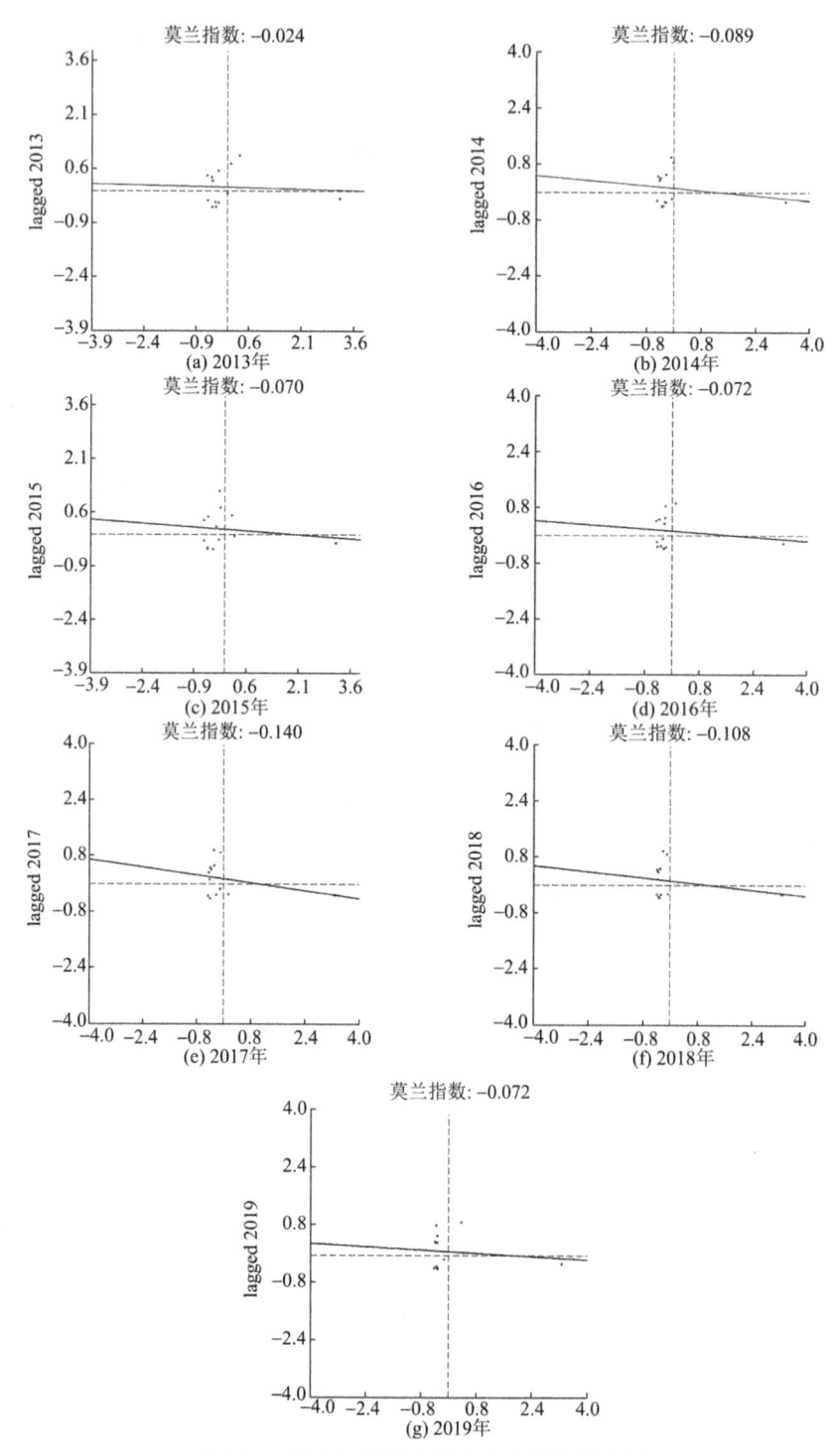

图 4.22　黑龙江省资金投入莫兰指数散点图

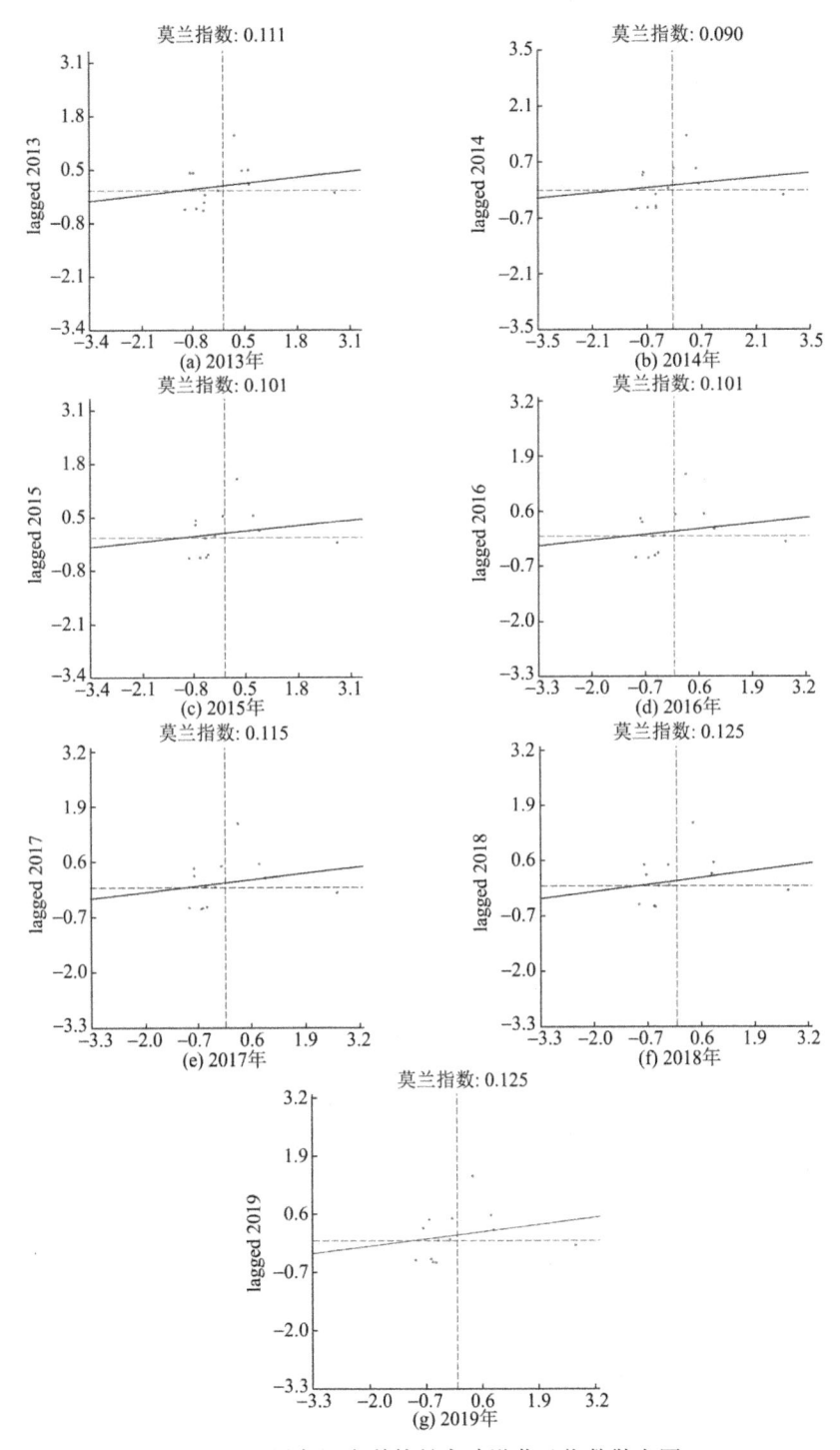

图 4.23 黑龙江省科技教育建设莫兰指数散点图

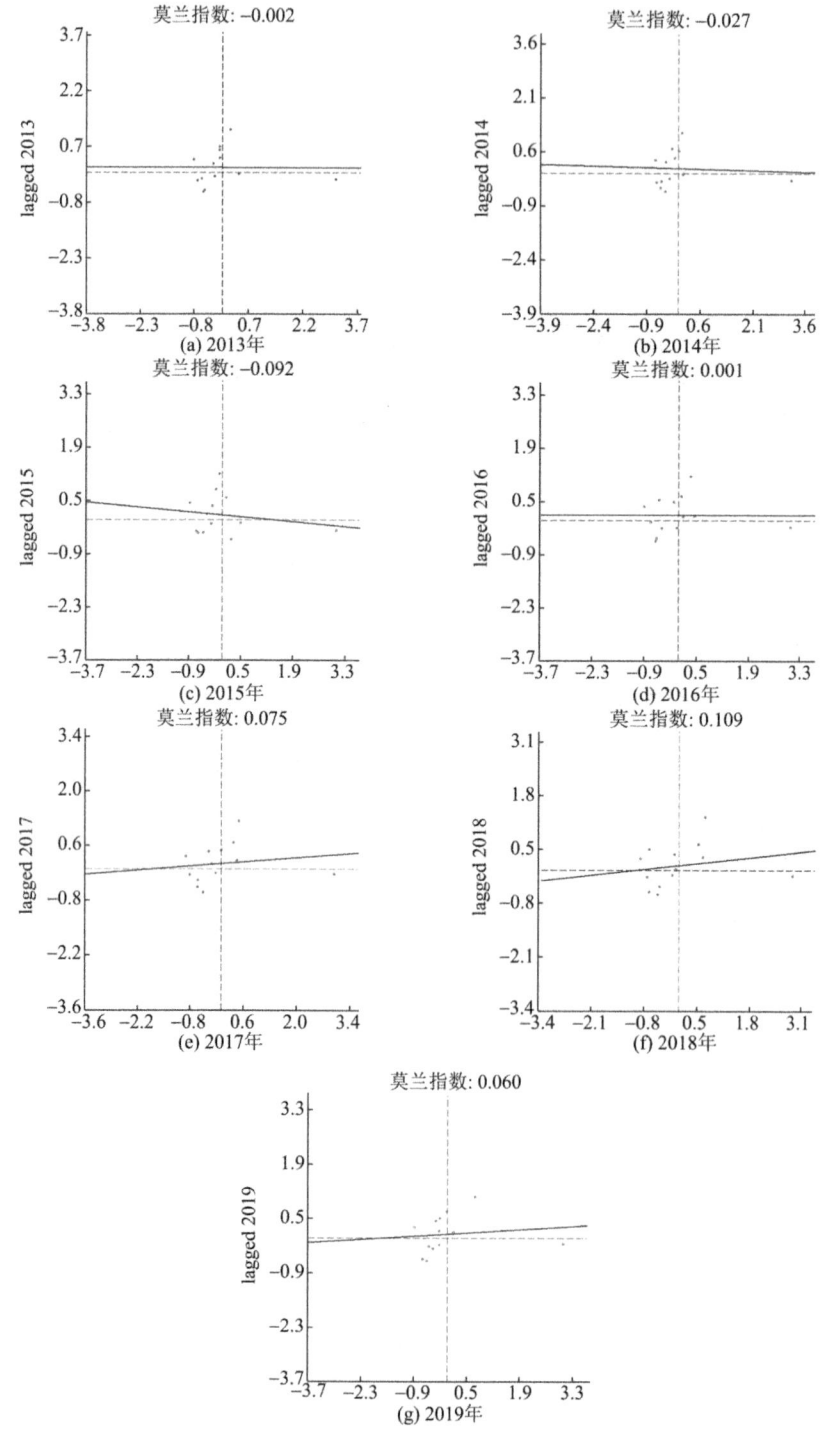

图 4.24　黑龙江省传媒建设莫兰指数散点图

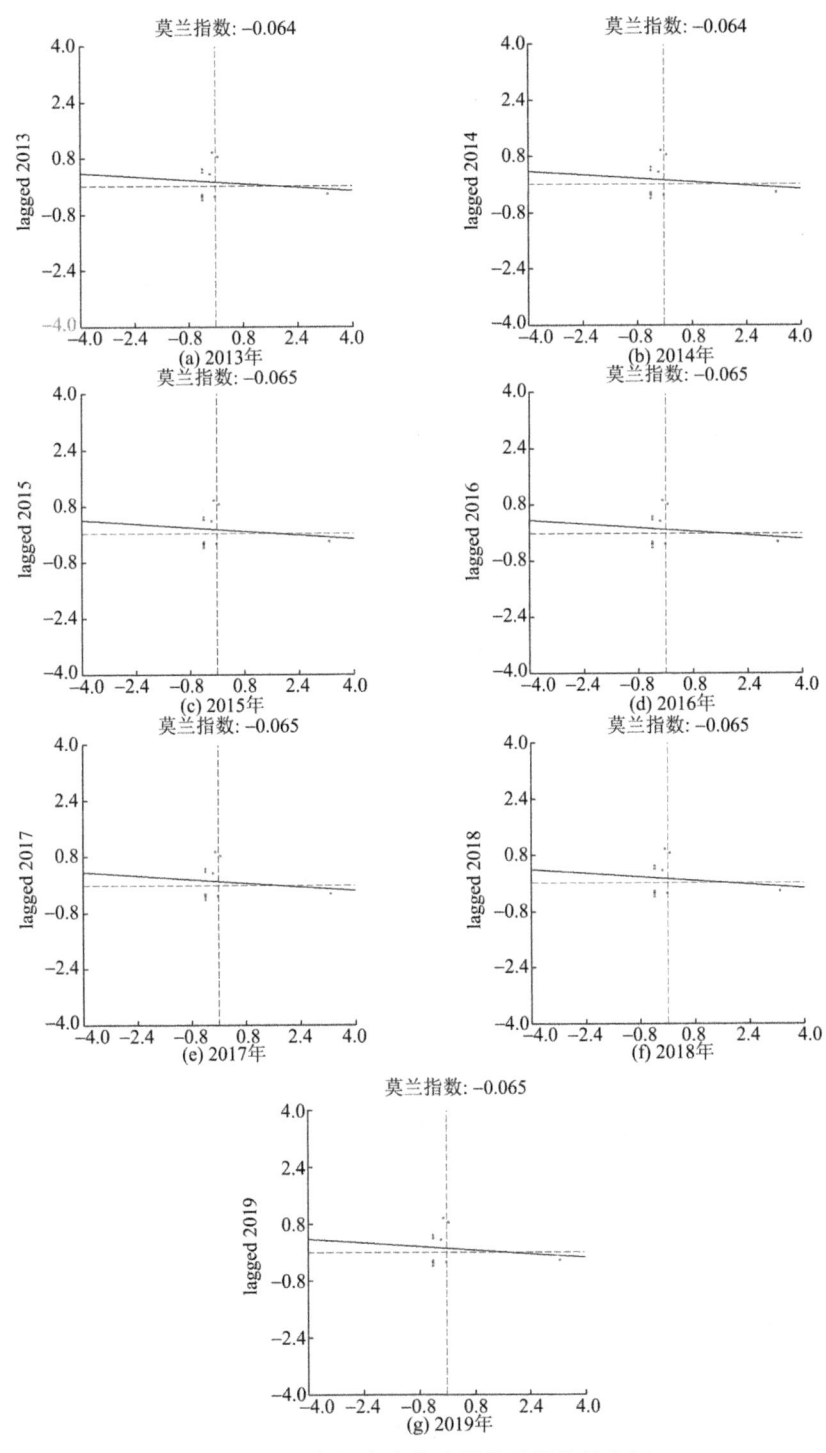

图 4.25 黑龙江省文化建设莫兰指数散点图

4.4.2 黑龙江省公民科学素质建设投入与产出效率评价的投入产出变量选取

4.4.2.1 黑龙江省公民科学素质建设投入与产出效率评价的投入产出变量及环境变量选取

公民科学素质建设投入一般包括科普活动经费投入、科普活动人员投入和互联网基本投入指标，产出指标包括科普图书、科普期刊、科普展览、科普网站情况等指标。鉴于黑龙江省各市数据的可获得性，结合本书 2.3 节建立的黑龙江老工业基地公民科学素质建设区域评价指标体系，本研究选择了 2013—2019 年黑龙江省 12 个地级市和 1 个地区的普通高等学校学生数和互联网宽带接入用户数作为产出变量，选择普通高等学校专任教师数和文化与传媒支出作为投入变量。

由于 DEA 模型要求投入增加时产出不得减少，即投入产出指标须符合"正相关性"假设，本书采用 Stata16.0 软件对选取的投入产出指标进行皮尔逊相关性检验，结果如表 4.16 所示。检验结果显示，选取的投入、产出指标的相关系数均为正，且能在 1% 的显著性水平上通过双尾检验，说明指标选取具有合理性。

表 4.16　皮尔逊相关性检验

投入变量	产出变量	
	普通高等学校学生数	互联网宽带接入用户数
普通高等学校专任教师数	1.000***（0.000）	0.924***（0.000）
文化与传媒支出	0.935***（0.000）	0.912***（0.000）

下面我们再对投入和产出指标进行简单分析，初步讨论公民科学素质建设投入与产出在不同时间的变化情况以及各区域之间的差异性。我们将 2013 年和 2019 年黑龙江省各市的普通高等学校专任教师数、文化与传媒支出、普通高等学校学生数和互联网宽带接入用户数汇总如图 4.26—图 4.29 所示。

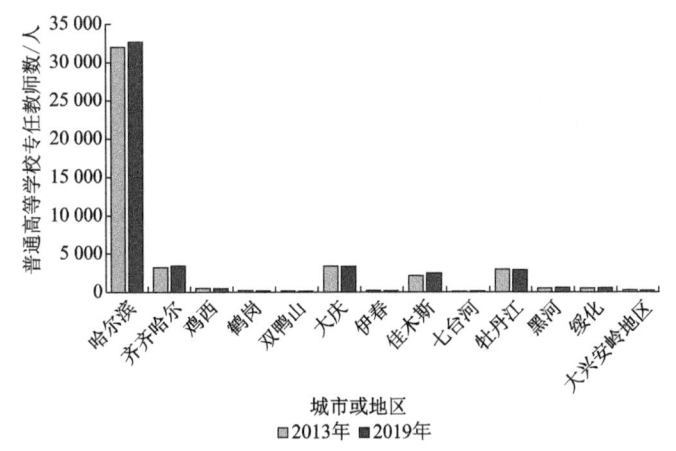

图 4.26　2013 年和 2019 年黑龙江省普通高等学校专任教师数情况

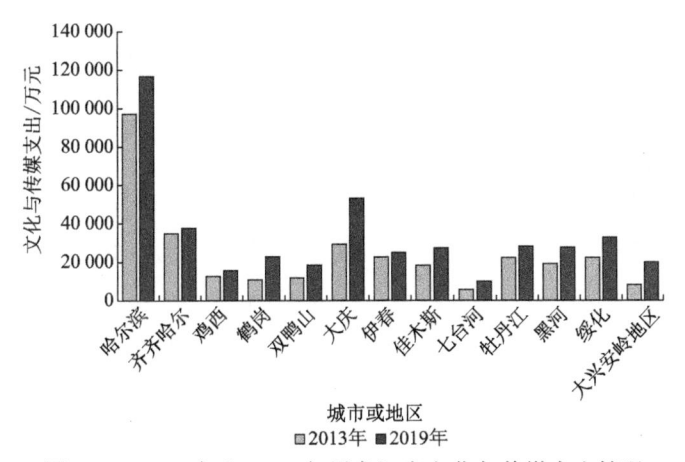

图 4.27　2013 年和 2019 年黑龙江省文化与传媒支出情况

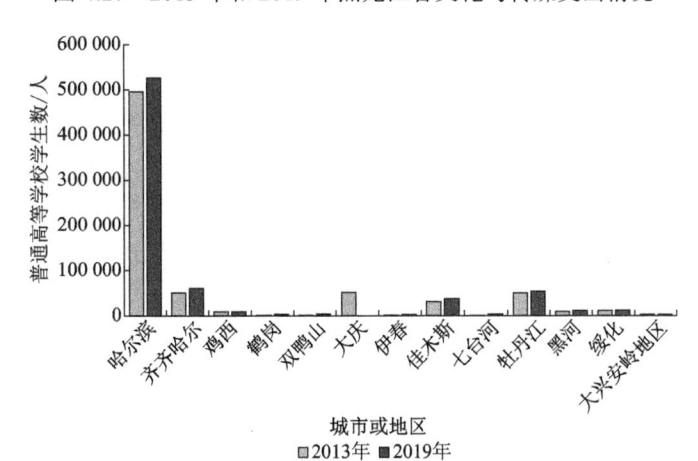

图 4.28　2013 年和 2019 年黑龙江省普通高等学校学生数情况

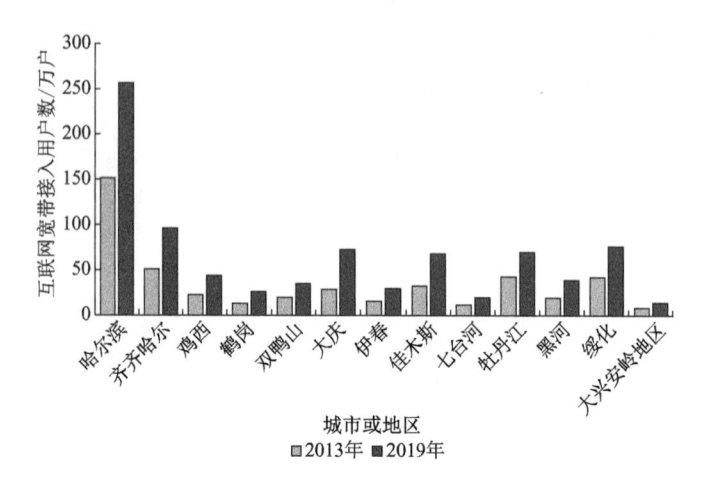

图 4.29 2013 年和 2019 年黑龙江省互联网宽带接入用户数情况

从黑龙江省各个地区投入产出指标来看，省会哈尔滨市各指标均处于高位，特别是反映人员投入与科技教育建设的指标。从不同时期来看，七年间，黑龙江省各地区的公民科学素质建设效率均有提升。

4.4.2.2　黑龙江省公民科学素质建设投入与产出效率的数据说明

鉴于数据的可获得性和完整性，本研究选取了 2013—2019 年黑龙江省 12 个地级市和 1 个地区的数据。本研究中所使用的基础数据均来源于《黑龙江统计年鉴》（2014—2020 年）。

4.4.3　黑龙江省公民科学素质建设投入与产出效率测算结果

4.4.3.1　基于传统 DEA-BCC 模型效率测算结果

运用投入导向的 BCC 模型，采用 DEAP2.1 软件分别得到 2013—2019 年黑龙江省 12 个地级市和 1 个地区公民科学素质建设投入产出的技术效率以及全省公民科学素质建设投入产出的技术效率平均值，计算结果见表 4.17 和表 4.18。此外，基于表 4.17 列出了黑龙江省公民科学素质建设效率达到前沿面的地级市，如表 4.19 所示。

表 4.17　黑龙江省各地公民科学素质建设效率评价综合测度结果

城市或地区	2013 年	2014 年	2015 年	2016 年	2017 年	2018 年	2019 年
哈尔滨	1.000	1.000	1.000	1.000	1.000	1.000	1.000
齐齐哈尔	0.912	0.966	0.931	0.905	0.948	0.944	0.988
鸡西	0.916	1.000	0.781	1.000	1.000	1.000	1.000
鹤岗	0.639	0.694	0.775	0.664	0.727	0.659	0.591
双鸭山	1.000	1.000	1.000	1.000	1.000	1.000	1.000
大庆	0.884	0.868	0.866	0.852	0.860	0.864	0.823
伊春	0.660	0.660	0.709	0.781	0.742	0.968	0.679
佳木斯	0.912	0.993	1.000	0.725	1.000	0.774	0.937
七台河	1.000	1.000	1.000	1.000	1.000	0.983	1.000
牡丹江	1.000	1.000	1.000	1.000	1.000	1.000	1.000
黑河	0.875	0.922	0.924	0.879	0.935	0.913	0.818
绥化	1.000	1.000	1.000	1.000	1.000	1.000	1.000
大兴安岭地区	0.535	0.579	0.526	0.593	0.664	0.581	0.465

表 4.18　黑龙江省公民科学素质建设效率评价综合测度平均结果

效率值	2013 年	2014 年	2015 年	2016 年	2017 年	2018 年	2019 年
TE	0.872	0.899	0.886	0.877	0.913	0.899	0.869
PTE	0.924	0.942	0.935	0.920	0.946	0.945	0.904
SE	0.939	0.952	0.942	0.948	0.962	0.946	0.951

表 4.19　黑龙江省公民科学素质建设效率前沿面地级市

年份	前沿面地级市
2013 年	哈尔滨、双鸭山、七台河、牡丹江、绥化
2014 年	哈尔滨、鸡西、双鸭山、七台河、牡丹江、绥化
2015 年	哈尔滨、双鸭山、佳木斯、七台河、牡丹江、绥化
2016 年	哈尔滨、鸡西、双鸭山、七台河、牡丹江、绥化
2017 年	哈尔滨、鸡西、双鸭山、佳木斯、七台河、牡丹江、绥化
2018 年	哈尔滨、鸡西、双鸭山、牡丹江、绥化
2019 年	哈尔滨、鸡西、双鸭山、七台河、牡丹江、绥化

由表 4.18 的测度结果可知，黑龙江省公民科学素质建设效率整体平稳且有所上升，综合技术效率从 2013 年的 0.872 到 2019 年的 0.869，是由纯技术效率的下降和规模效率的提升综合决定的。纯技术效率是受到管理和技术等因素影响的生产效率，2019 年黑龙江省公民科学素质建设投入的纯技术效率为 0.904，与生产前沿面相差 0.096。规模效率是受到规模因素影响的生产效率，能够体现出黑龙江省公民科学素质建设投入是否处于最优规模。从黑龙江省整体结果来看，规模效率平均水平在 0.950 左右，处于较优水平，可进一步扩大对公民科学素质建设的投入，以达到最佳的规模。黑龙江省 2013—2019 年规模效率均高于纯技术效率，反映出管理水平有较大进步空间，说明管理和技术水平是制约黑龙江省公民科学素质建设效率的主要因素。

此外，在黑龙江省各个地级市的公民科学素质建设效率中，根据计算结果，只有哈尔滨市、双鸭山市、牡丹江市和绥化市 2013—2019 年的综合技术效率数值均达到 1，说明仅就技术效率而言，上述四个城市的投入和产出能够实现配置的最佳状态，投入要素不仅达到有效性下的最优生产规模，而且由于城市政府决策与管理水平的提高，实现了城市投入最优规模的生产效率投入，产出效率达到生产前沿面，即公民科学素质建设效率最高。而伊春市、鹤岗市和大兴安岭地区 2013—2019 年的公民科学素质建设平均效率较低，其公民科学素质建设有待进一步提升。综上，黑龙江省大部分地级市的公民科学素质建设效率平稳且处于较高水平；伊春市、鹤岗市和大兴安岭地区等效率水平较低，佳木斯市等效率不平稳，这些城市和地区的公民科学素质建设有待进一步发展。

4.4.3.2　基于 Malmquist 指数模型的动态效率评价

由于不同年份的效率值不具有可比性，不能简单地以每年的效率结果进行时序对比分析。传统的 DEA-BCC 模型只能反映 DMU 的静态效率情况，无法反映不同时期效率值的变化情况。因此，为更深入地了解不同时期黑龙江省公民科学素质建设效率的变化及其原因，本研究还采用了基于面板数据的 Malmquist 指数方法对公民科学素质建设全要素生产率进行分解，并对 2013—2019 年黑龙江省 12 个地级市和 1 个地区公民科学素质建设效率变动进行分析，结果如表 4.20 和表 4.21 所示。

表 4.20　2013—2019 年黑龙江省公民科学素质建设效率 Malmquist 指数分解结果

年份	技术效率	技术进步	纯技术效率	规模效率	全要素生产率
2013—2014 年	0.987	1.276	0.988	1.000	1.260
2014—2015 年	1.004	1.166	1.004	1.000	1.170
2015—2016 年	0.991	1.089	0.991	1.000	1.078
2016—2017 年	1.024	1.041	1.024	1.000	1.066
2017—2018 年	0.987	1.056	0.988	0.999	1.042
2018—2019 年	0.979	1.149	0.990	0.989	1.125
均值	0.995	1.130	0.998	0.998	1.124

从表 4.20 中可以看出，黑龙江省 2013—2019 年的公民科学素质建设效率总体呈上升态势，且研究期间每年的全要素生产率均大于 1，说明黑龙江省公民科学素质建设效率整体处于稳步上升阶段。从全要素生产率的分解来看，技术进步均值上升 30.0%，说明公民科学素质建设的技术进步驱动对综合效率的提升起主要作用，公民科学素质建设的管理水平及资源使用效率对综合效率的提高作用较弱，反映黑龙江省公民科学素质建设的管理和技术水平以及规模效率尚需提高。分年度看，黑龙江省 2013—2014 年的公民科学素质建设全要素生产率达到 1.260，且技术进步水平为 1.276，对全要素生产率的贡献最大；在其他年份，技术效率的波动不大。技术进步从 2013—2014 年的 1.276 下降到 2018—2019 年的 1.149，在此期间全要素生产率也从 2013—2014 年的 1.260 下降到 2018—2019 年的 1.125，但总体变化不大。综上分析，通过提高技术水平，黑龙江省公民科学素质建设效率还有较大的提升空间，而管理和技术水平以及规模因素是制约黑龙江省公民科学素质建设效率提升的关键，需要进一步加强。

表 4.21　2013—2019 年黑龙江省各地公民科学素质建设效率 Malmquist 指数分解结果

城市和地区	技术效率	技术进步	纯技术效率	规模效率	全要素生产率
哈尔滨	1.000	0.964	1.000	1.000	0.964
齐齐哈尔	1.003	1.012	1.007	0.996	1.015
鸡西	0.998	1.079	1.003	0.995	1.077
鹤岗	0.982	1.279	0.982	1.000	1.256

续表

城市和地区	技术效率	技术进步	纯技术效率	规模效率	全要素生产率
双鸭山	1.018	1.366	1.018	1.000	1.390
大庆	0.983	1.015	0.983	1.000	0.998
伊春	1.000	1.319	1.000	1.000	1.319
佳木斯	0.991	1.025	0.992	1.000	1.016
七台河	1.000	1.351	1.000	1.000	1.351
牡丹江	1.000	1.012	1.000	1.000	1.012
黑河	0.979	1.057	0.981	0.998	1.035
绥化	0.983	1.048	1.000	0.983	1.031
大兴安岭地区	1.000	1.235	1.000	1.000	1.235
全省平均	0.995	1.136	0.997	0.998	1.131

从表 4.21 可知，2013—2019 年，除哈尔滨市、大庆市外，黑龙江省其他地区的公民科学素质建设的全要素生产率均大于 1，说明黑龙江省绝大部分地区公民科学素质建设效率在不断提升，发展态势良好。从增长动因方面和细分指数来看，齐齐哈尔市、双鸭山市、伊春市、七台河市、牡丹江市和大兴安岭地区的技术效率和技术进步大于等于 1，表明各因素对公民科学素质建设效率的提升均起到了积极作用。此外，除哈尔滨市外的其他 12 个地区的技术进步均大于 1，说明技术进步依旧起到了主要作用。各地区中，鸡西市、鹤岗市、大庆市、佳木斯市、黑河市和绥化市的技术效率小于 1，说明管理技术水平和规模因素对上述地级市的公民科学素质建设起着消极作用，对这些城市而言，提升管理和技术水平，发挥规模因素的带动效应是提升其公民科学素质建设效率的关键。

4.4.4 黑龙江省公民科学素质建设投入与产出效率空间分析

基于 2013—2019 年黑龙江省公民科学素质建设效率值进行了空间自相关性探索。由图 4.30 可知，黑龙江省公民科学素质建设效率在空间上基本不具有正相关性。

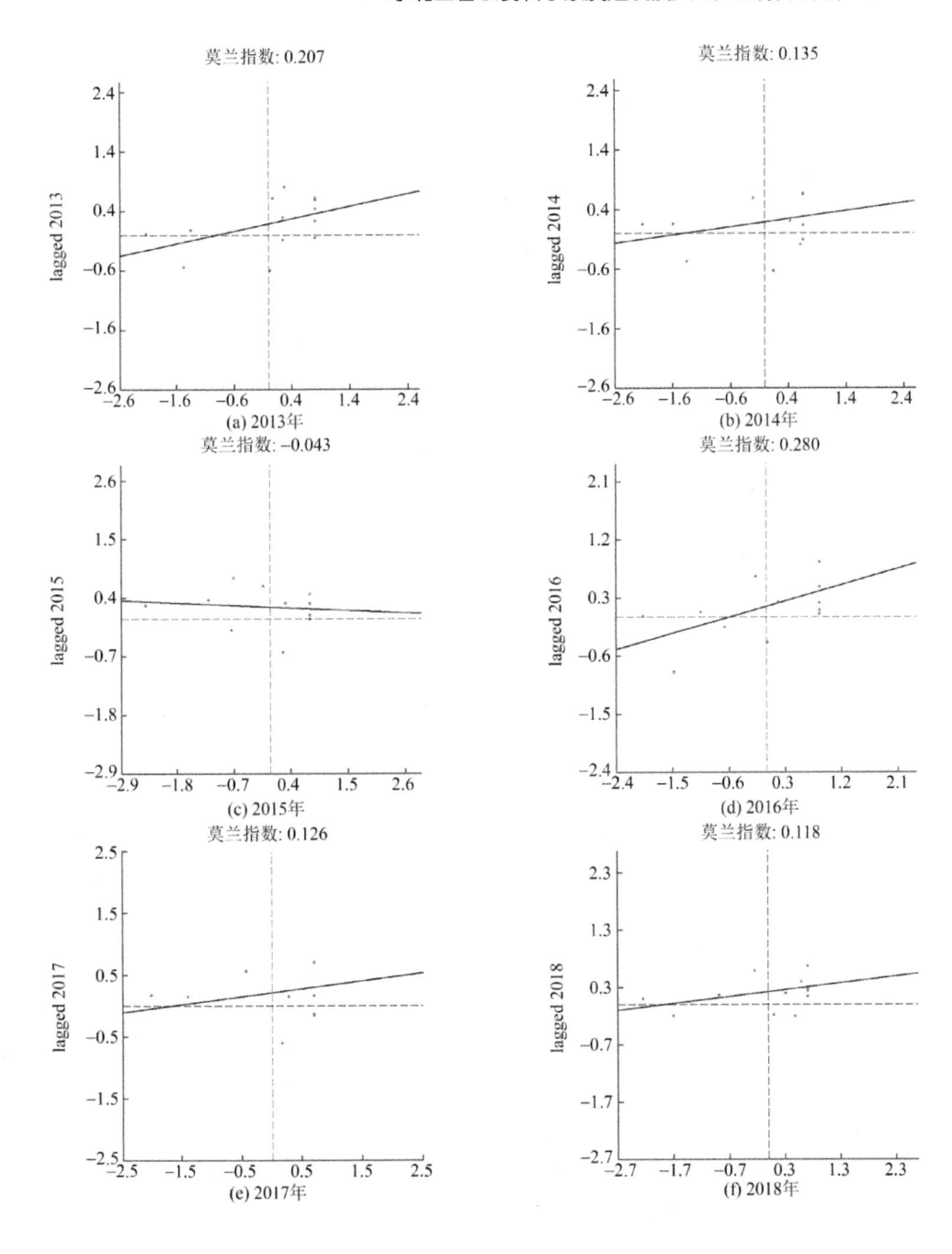

4 东北三省公民科学素质建设投入与产出效率评价 | 117

(a) 2013年 莫兰指数: 0.207

(b) 2014年 莫兰指数: 0.135

(c) 2015年 莫兰指数: -0.043

(d) 2016年 莫兰指数: 0.280

(e) 2017年 莫兰指数: 0.126

(f) 2018年 莫兰指数: 0.118

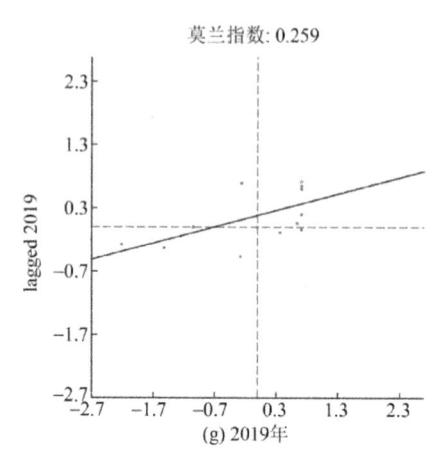

图 4.30　2013—2019 年黑龙江省公民科学素质建设效率莫兰指数散点图

4.4.5　黑龙江省公民科学素质建设现状及政策分析

根据 2020 年《黑龙江统计年鉴》，黑龙江省 2019 年财政支出中教育支出 555.13 亿元，科学技术支出 42.16 亿元，文化与传媒支出 54.7 亿元，其中教育支出和科学技术支出分别较 2018 年增长 1.97% 和 6.68%，文化与传媒支出较 2018 年下降 23.59%。此外，在 R&D 投入产出方面，2019 年 R&D 人员 7175 人，支出 R&D 经费 153 026 万元，专利申请 37 313 件，其中发明专利 13 125 件。公民科学素质基础设施建设方面，2018 年共有公共图书馆 110 个，博物馆 193 个，艺术馆、文化馆 87 个，出版图书 8110 册。教育建设方面，2019 年普通高等学校在校学生数 77.8 万人，较 2018 年上升 6.28%。

黑龙江省人民政府办公厅颁布并实施了《黑龙江省全民科学素质行动计划纲要实施方案（2016—2020 年）》和《中共黑龙江省委黑龙江省人民政府关于深入实施创新驱动发展战略推进科技强省建设的若干意见》。两文件均指出，到 2020 年黑龙江全省公民具备科学素质的比例要达到 10%。任务聚焦于实施青少年科学素质行动、农民科学素质行动、城镇劳动者科学素质行动、领导干部和公务员科学素质行动、科技教育与培训基础工程、社区科普益民工程、科普信息化工程、科普基础设施工程、科普产业助力工程和科普人才建设工程。在教育建设方面，《黑龙江省全民科学素质行动计划纲要实施方案（2016—2020 年）》指出，要实施青少年科学素质行动，宣传创新、协调、绿色、开放、共享的发展理念，培养青少年科学思想和科学精神，增强中小学生的创新意识、学习能力和实践能力，同时提高大学生开展科学研究和创新创造创业的能力。此外，《黑龙江省全民科学素质行动计划纲要实施方案（2016—2020年）》规定注重农村农民科学素质建设，"加强农村科普信息化建设，推动'互联网+农业'的发展，促进农业服务现代化。着力培养具有科学文化素质、掌握现代农业科技、具备一定经营管理能力的新型职业农民，全面提升农民的生活水平。进一步加大对边远贫困地区科普工作的支持力度，大力提高农村妇女和农村留守人群的科学素质"。在实施科普基础设施工程方面，《黑龙江省全民科学素质行动计划纲要实施方案（2016—2020年）》提出："构建现代科技馆体系，增加科普基础设施总量，完善科普基础设施布局，提升科普基础设施的服务能力，实现科普公共服务均衡发展。推进优质科普资源开发开放，优化资源配置，拓展公众参与科普的途径和机会。"

黑龙江省将公民科学素质建设摆在了较为重要的位置，并着力于公民素质建设的基础设施建设，针对不同行业、不同年龄的人群制定政策方案。黑龙江省整体公民素质建设水平与全国相比还有一定差距，应强化政策落地，积极推动科普与互联网的合作，大力利用互联网的信息宣传优势，搭建科普网络平台，推广科普活动，将公民具备科学素质的比例超过10%作为经济和社会发展的目标之一。

5 东北老工业基地公民科学素质建设投入的有效性评价体系构建

5.1 东北老工业基地公民科学素质建设投入的有效性评价体系

5.1.1 公民科学素质建设投入的有效性评价体系建立的基本原则

5.1.1.1 公民科学素质建设投入的有效性评价体系建立所遵循的一般原则

公民科学素质建设投入的有效性评价体系的建立直接影响到我国公民科学素质测评的整体水平和成效。要建立出一套科学合理的评价指标体系，需遵循以下三个基本原则。

1. 目的性原则

指标体系应是对评价对象的本质特征、结构及其构成要素的客观描述，应为评价的最终目的服务，针对评价任务的需求，为评价结果的判定提供依据。

2. 科学性原则

指标体系的科学性是确保评价结果准确合理的基础，评价结果是否科学很大程度上取决于其指标、方法、标准的科学性。指标体系的科学性主要包括以下四个方面。

（1）特征性：指标应能反映评价对象的特征，这也是指标的基本含义。

（2）准确一致性：指标的含义要清晰，尽可能避免或减少主观判断。指标体系内部各指标之间应协调统一，层次和结构应合理。

（3）完备性：指标体系应围绕评价目的，全面反映评价对象，不能遗漏重要方面或有所偏颇。

（4）独立性：指标体系中各指标之间不应有很强的相关性，指标间的强相关性会导致出现过多的信息包容、涵盖而使指标内涵重叠。

3. 适用性原则

指标体系的建立应考虑到现实的可能性，指标体系适应于评价过程中对时间、成本的限制，适应于指标使用者对指标的理解程度和判断能力。指标体系的适应性主要体现在以下四个方面。

（1）精炼简明：指标是对原始信息的提炼与转化，不宜过于烦琐，个数不宜过多，以避免因陷入过多细节而未能把握住评价对象的本质，从而影响评价结果的准确性。

（2）易于理解：评价过程将涉及多方面的人员，如评价者、咨询专家、管理者、决策者和公众，指标应易于理解，以便评价判定结果。

（3）数据可得：与指标相关的信息和数据应能够获取，并且可以通过各种方法进行结构化。

（4）稳定一致：在满足评价目的的前提下，应尽可能采用相对成熟和公认的指标，以便与国内外相关方面的工作有效衔接。

5.1.1.2 公民科学素质建设投入的有效性评价体系建立所遵循的具体原则

在建立公民科学素质建设投入的有效性评价体系时，除了必须遵循上述一般原则外，还必须遵循如下一些具体原则。

1. 全面性

公民科学素质建设投入的有效性评价是由多因素构成的多层次的系统，同时又受到系统内外众多因素的影响和制约。公民科学素质建设投入的有效性评价体系具有范围广、信息量大的特点，要求在遴选指标时尽量全面、完整地选择各级各类的指标。这样做的目的是尽量从各个侧面、各个层次去揭示、描述和反映公民科学素质建设投入的有效性评价状况的优劣程度，去衡量公民科学素质建设投入的有效性评价状况的好坏，以免遗漏某些重要的信息，造成片面性，从而导致评估结果的非科学性。

2. 简洁性

如前所述，设计公民科学素质建设投入的有效性评价体系要遵循全面性的原则，但这并不是说选择指标时必须面面俱到、重复、烦琐。相反，指标的遴选和设置需要考虑典型性和代表性，尽量不选择含义相同或相关性较大的指标，使指标尽可能少但信息量尽可能大，把全面性和简洁性有机地结合起来，以避免指标重复、烦琐而造成评价时的多重共线或序列相关。

3. 可操作性

在设计公民科学素质建设投入的有效性评价体系时，不仅要从理论上注意设计的科学性，同时也要从操作上注意其可行性，因为建立公民科学素质建设投入的有效性评价体系的最终目的在于实践应用。因此，对公民科学素质建设投入的有效性评价指标进行设计，必须建立在大量的调研和对有关专家的问卷调查的基础上。

4. 有效性

依照设计者的经验不同，公民科学素质建设投入的有效性评价体系的设计肯定会有不同的设计角度，但设计出来的指标体系必须经过实际检验，并根据其表现出的有效性来进行判断和选取[①]。

5.1.2 公民科学素质建设投入的有效性评价体系的建立

公民科学素质建设投入的有效性评价体系受多方面因素的影响，本书认为公民科学素质建设投入的有效性评价主要由公民科学素质建设投入结构和建设效果两个方面构成。

（1）公民科学素质建设的投入结构主要包括三种投入：人员投入，包括科普专职人员和科普兼职人员；资金投入，包括人均科普经费投入、教育经费投入和政府科普经费投入；基础设施投入，包括科技馆体系建设投入，电视台科普节目情况，科研机构、大学向社会开放情况，互联网普及情况。

（2）公民科学素质建设投入的建设效果主要是评估公民科学素质建设投入过程中所取得的阶段性成果和相关情况。主要包括三类效果：公众对科学的理

---

① 杨雪. 2007. 辽宁省生产者服务业竞争力评价研究[D]. 大连理工大学硕士学位论文.

解，包括公众对科学术语的了解、公众对科学基本观点的了解、公众对基本科学方法的理解、公众对科学与非科学的鉴别、公众对科技发展与社会进步的理解、公众对科技发展与资源环境的理解；公众获取科技知识的方法和渠道，包括公众通过传统媒体获取科技知识，公众通过互联网媒体获取科技知识，公众通过移动媒体获取科技知识，公众通过科技网站获取科技知识，公众通过科技类场馆获取科技知识，专家、学者和网络意见领袖的影响，参加科普活动情况，参与公共科技事务的程度；公众对科技的态度，包括对科技信息的感兴趣程度、对科技的总体认识、对科学家的认识、对科技发展的认识、对科技创新的态度。

最后构建出公民科学素质建设投入的有效性评价体系，如表 5.1 所示。

表 5.1　公民科学素质建设投入的有效性评价体系

准则层	一级指标层	二级指标层	三级指标层
公民科学素质建设投入的有效性评价	投入结构	人员投入	科普专职人员
			科普兼职人员
		资金投入	人均科普经费投入
			政府科普经费投入
			教育经费投入
		基础设施投入	科技馆体系建设投入
			电视台科普节目情况
			科研机构、大学向社会开放情况
			互联网普及情况
	建设效果	公众对科学的理解	公众对科学术语的了解
			公众对科学基本观点的了解
			公众对基本科学方法的理解
			公众对科学与非科学的鉴别
			公众对科技发展与社会进步的理解
			公众对科技发展与资源环境的理解
		公众获取科技知识的方法和渠道	公众通过传统媒体获取科技知识
			公众通过互联网媒体获取科技知识
			公众通过移动媒体获取科技知识
			公众通过科技网站获取科技知识

续表

准则层	一级指标层	二级指标层	三级指标层
公民科学素质建设投入的有效性评价	建设效果	公众获取科技知识的方法和渠道	公众通过科技类场馆获取科技知识
			专家、学者和网络意见领袖的影响
			参加科普活动情况
			参与公共科技事务的程度
		公众对科技的态度	对科技信息的感兴趣程度
			对科技的总体认识
			对科学家的认识
			对科技发展的认识
			对科技创新的态度

5.2 东北老工业基地公民科学素质建设投入的有效性评价模型

5.2.1 公民科学素质建设投入的有效性评价模型的选择

公民科学素质建设投入的有效性评价是一种系统评价，常用的系统评价方法大致有德尔菲法、TOPSIS、DEA、模糊综合评价方法、主成分分析、熵评价法和神经网络评价法等。

5.2.1.1 德尔菲法

在短期内采用数理统计方法对有些风险及其损失情况加以验证是困难的，况且实践中有时在风险识别阶段并不要进行过多的定量分析，主要是进行定性估计。

德尔菲法（Delphi method）是由美国著名咨询机构兰德公司（RAND Corporation）于1946年发明的，它是各位参加者之间相互匿名，对各种反应进行统计处理，并带有反馈地反复进行意见测验的方法[①]。其基本内容可归纳为六个方面：①在参加者不能见面的情况下，把一些具有特殊形式的、内容非常

---

① 佚名. 1988. 特尔斐(DELPHI)法简介[J]. 四川金融, (6): 6.

明确的、用笔和纸就可以回答的问题以通信的方式寄给有关专家或者在某种会议发给各参加者；②问题可由问题研究的领导者、参加者确定或由双方共同确定；③问讯应进行两轮或多轮；④每次反复都带有对每一问题的统计反馈，包括中位值及一些离散度的量测数值，有时应提供全部回答的概率分布；⑤回答属于所提问题之外的可以被请求更正回答，或者请其陈述理由，每次反复皆应提供必要的信息反馈；⑥随着每次反复所获得的信息量越来越小，可由主持人决定在某一点上停止反复。

5.2.1.2 TOPSIS

优劣解距离法（technique for order preference by similarity to an ideal solution，TOPSIS）是一种静态的距离综合评价法，常用来在系统评价中进行多目标决策分析[1]，后来 TOPSIS 转而被应用于规划面之多目标决策（multiple objective decision making，MODM）问题[2]。TOPSIS 是有限方案多目标决策分析中常用的一种科学方法。

TOPSIS 的基本原理：在基于归一化后的原始矩阵中，找出有限方案中的最优方案和最劣方案（分别用最优向量和最劣向量表示），然后分别计算出评价对象与最优方案和最劣方案之间的距离，获得该评价对象与最优方案的相对接近程度，以此作为评价优劣的依据。其基本模型为

$$C_i = \frac{D_i^-}{D_i^+ + D_i^-} \quad (5.1)$$

其中，D_i^- 表示评价方案与最劣方案之间的距离；D_i^+ 表示评价方案与最优方案之间的距离；C_i 表示样本点到最优样本点的相对接近度，C_i 越趋近于 1，评价方案越接近于最优方案。

5.2.1.3 DEA

DEA 是美国著名的运筹专家查内斯等学者于 1978 年在"相对效率评价"

---

[1] Hwang C L, Yoon K. 1981. Multiple Attribute Decision Making: Methods and Application[M]. New York: Springer-Verlag.

[2] Lai Y J, Liu T Y, Hwang C L. 1994. TOPSIS for MODM[J]. European Journal of Operational Research, 76(3): 486-500.

概念基础上提出的一种新的系统分析方法。该方法主要是通过数学规划计算，比较 DMU 之间的相对效率，对评价对象作出评价[①]。

DEA 的基本原理：使用线性规划模型比较 DMU 之间的相对效率，求得每个 DMU 的综合效率的数量指数，然后将各 DMU 排序，以确定 DMU 的相对效率高度，对 DMU 作出评价。其基本步骤是：①确定评价目标；②选择 DMU；③建立投入/产出指标体系；④选择模型；⑤分析评价。

5.2.1.4 模糊综合评价方法

1965 年，美国加利福尼亚大学（University of California）的控制论专家卢特菲·查德（Lotfi A. Zadeh）根据科学技术发展的客观需要，经过多年的潜心研究，发表了一篇题为《模糊集合》（"Fuzzy Sets"）的重要论文，第一次成功地运用精确的数学方法描述了模糊概念，在精确的经典数学与充满了模糊性的现实世界之间架起了一座桥梁，从而宣告了模糊数学的诞生[②]。从此，模糊现象进入了人类科学研究的领域。模糊综合评价方法（fuzzy comprehensive evaluation，FCE）就是以模糊数学为基础，应用模糊关系合成的原理，将一些边界不清、不易定量的因素定量化，进行综合评价的一种方法。它是模糊数学应用在自然科学领域和社会科学领域中的一个重要方面。

模糊综合评价方法的基本原理：首先确定被评判对象的因素（指标）集 $U = (U_1, U_2, \cdots, U_m)$ 和评价集 $F = (f_1, f_2, \cdots, f_m)$，其中 U_i 为各单项指标，V_i 为 U_i 的评价等级层次，一般可分为五个等级（有效、较为有效、一般、效用较差、无效）；其次分别确定各个因素的权重及它们的隶属度向量，获得模糊评判矩阵；最后对模糊评判矩阵与因素的权重集进行模糊运算并进行归一化，得到模糊综合评价结果。

5.2.1.5 主成分分析

主成分分析（principal component analysis，PCA）是卡尔·皮尔逊（Karl Pearson）最早在 1901 年提出的，只不过当时被应用于非随机变量。1933 年哈

[①] Charnes A, Cooper W W, Rhodes E. 1978. Measuring the efficiency of decision making units[J]. European Journal of Operational Research, 2(6): 429-444.

[②] Zadeh L A. 1965. Fuzzy sets[J]. Information and Control, 8(3): 338-353.

罗德·霍特林（Harold Hotelling）将这个概念推广到随机向量[①]。该方法是利用降维的思想，把多指标转化为几个综合指标的多元统计分析方法。

主成分分析的基本原理：将给定的一组相关变量通过线性变换转换成另一组不相关的变量，这些新的变量按照方差依次递减的顺序排列。在数学变换中保持变量的总方差不变，使第一变量具有最大的方差，称为第一主成分，第二变量的方差次大，并且和第一变量不相关，称为第二主成分。依次类推，八个变量就有八个主成分。通过主成分分析，可以根据专业知识和指标所反映的独特含义对提取的主成分因子给予新的命名，从而得到合理的解释性变量。各主因子的线性转换模型为

$$F_i = U_i^T X \quad (i=1,2,\cdots,m) \tag{5.2}$$

其中，$X=(X_1,X_2,\cdots,X_m)$ 表示 m 个原相关变量；U_i 表示协方差阵的第 i 个特征值（λ_i）对应的标准化特征向量。

在进行综合评价时，首先以累计贡献率 85% 为界限，据此确定主成分个数，再根据公式 $Z=\sum CR_i \times F_i$ 作出最后的评价，其中 CR_i 为各指标的权重，根据主成分的方差贡献率来确定。

5.2.1.6 熵评价法

熵（entropy）是事物不确定性的度量。1948年，美国数学家克劳德·艾尔伍德·香农（Claude Elwood Shannon）在其论文《通信的数学理论》（"A Mathematical Theory of Communication"）中奠定了信息论基础并提出了信息熵的概念[②]。之后，国内外不少学者成功地将信息熵应用于现代物理医学、临床医学等领域的综合评价之中。

熵评价法的基本原理：设有 m 个评价对象，n 项评价指标，系统在生命周期内的综合信息熵为 H，p_{ij} 为第 i 个评价对象的第 j 个指标。定义第 j 个指标的熵为

$$H_j = -k\sum_{i=1}^{m} p_{ij} \ln p_{ij}, \quad j=1,2,\cdots,n \tag{5.3}$$

[①] 于秀林，任雪松. 1999. 多元统计分析[M]. 北京：中国统计出版社.
[②] Shannon C E. 1948. A mathematical theory of communication[J]. Bell System Technical Journal, 27(3): 379-423.

其中，$k=1/\ln m$。

式（5.3）中加一项常数 k 是为了保证第 j 个指标的各比重 p_{ij} 都相等（$=1/m$）时，满足 $H_j=1$。这时该项指标不能提供任何信息，对综合测度不起任何作用。式（5.3）还假定，当 $p_{ij}=0$ 时，$p_{ij}\ln p_{ij}=0$，从而保证 $H_j\in[0,1]$。评价系统随着信息熵值的增大而趋于不稳定，无序程度逐渐增大；评价系统随着信息熵值的减小而逐步稳定有序。

5.2.1.7 神经网络评价法

人工神经网络（artificial neural network，ANN），简称"神经网络"（NN），作为对人脑最简单的一种抽象和模拟，是探索人类智能奥秘的有力工具，具有分布并行处理、非线性映射、自适应学习等特性[①]。

神经网络的种类很多，尤其是基于误差逆传播算法（error back propagation，BP）的多层前向网络（multilayer feedforward network）（简称 BP 网络），可以任意精度逼近任意连续函数，是应用最广泛、效果最好的方法，与其他传统模型相比，有更好的持久性和适时预报性。BP 学习算法是大卫·鲁梅尔哈特（David Rumelhart）等在 1986 年提出的[②]。自此以后 BP 网络获得了广泛的应用。据统计，80%—90%的神经网络模型采用了 BP 网络或其变化形式。BP 网络是前向网络的核心部分，体现了神经网络中最精华、最完美的内容，被广泛应用于非线性建模、函数逼近和模式分类等方面。

BP 网络由输入层、隐含层、输出层组成。BP 网络模型处理信息的基本原理是：输入信号 X 通过中间节点（隐层点）作用于输出节点。经过非线性变换，产生输出信号 Y。网络训练的每一个样本包含输入向量 X 和期望输出量 t，网络输出信号 Y 与期望输出量 t 之间的偏差可以通过调整输入节点与隐层节点的连接强度 W、输出节点与隐层节点之间的连接强度 T 以及各自阈值，使误差沿梯度方向下降，经过重复学习训练，确定与最小误差相对应的网络参数（权值和阈值），训练即告停止。此时，经过训练的神经网络即能对相似样本的输入信息进行处理，并自行输出误差最小的经过非线性转换的信息。其规则是通过反

[①] 张青贵. 2004. 人工神经网络导论[M]. 北京：中国水利水电出版社.

[②] Rumelhart D E, Hinton G E, Williams R J. 1986. Learning representations by back propagating errors[J]. Nature, 323(6088): 533-536.

向传播不断调整网络的权值和阈值，使网络的误差平方和最小。

以上这些评价方法各有优点和适用范围，在分析不同问题时需根据实际情况确定相应的评价方法。公民科学素质建设投入的有效性评价是一个复杂的、没有严格界限划分、很难用精确尺度刻画的模糊现象。对公民科学素质建设投入的有效性进行评价，需要研究的影响因素之间关系错综复杂，其中既有确定的可循的变化规律，又有不确定的随机变化规律，人们对某些影响因素的褒贬程度不尽相同，很难直接用统计学的方法确定这些因素的具体判断值。因此，如何对不确定信息资料进行量化处理和综合评价就显得尤为重要。另外，人们对公民科学素质建设投入的有效性评价的认识既有精确的一面，也有模糊的一面。有些地方可用精确的语言来表述，有些地方则需要用模糊的语言来表述，可见在评价过程中，被评价的对象、评价的主体和评价的标准都具有不确定性和模糊性。

基于上述原因，本研究认为利用模糊综合评价方法对公民科学素质建设投入的有效性进行综合评价有其科学性和更强的实用价值。但是，公民科学素质建设投入的有效性评价涉及的因素较多，因素属性横跨自然、社会及经济等多个领域，如果进行一级评价，很难科学统一地确定出权重分配，即难以真实地反映各因素在整体中的地位。另外，即使确定出综合因素的权重向量，由于因素集中的元素数量较大，则权重向量中的每个分量常常会变得很小，进而在选择算子进行模糊运算时，单因素评价中所得的隶属度信息往往会被大量丢失。而多级模型既可反映客观事物诸多因素间的不同层次，又能避免因为因素过多而难以分配权重的弊病，对于公民科学素质建设投入的有效性评价这种因素个数较多的综合评价问题，通常采用多级模糊综合评价法来解决。

5.2.2 公民科学素质建设投入有效性的模糊综合评价模型

5.2.2.1 一级模糊综合评价的数学模型

1. 确定公民科学素质建设投入的有效性评价的因素集

公民科学素质建设投入的有效性评价的因素集可以设定为 $U=(U_1,U_2,\cdots,U_n)$，其中 U_i 为影响评价对象的因素，$i=1,2,\cdots,n$。

2. 确定公民科学素质建设投入的有效性评价的评价集

设评价集为 $F=(f_1,f_2,\cdots,f_m)$，其中 f_j 表示评价结果，$j=1,2,\cdots,m$，评价

等级个数 m 通常为 4—9，这里取 m=5，$F=(f_1,f_2,f_3,f_4,f_5)$，即 F=（有效，较为有效，一般，效用较差，无效）。

3. 建立单因素评价

单独从一个因素出发进行评价，以确定评价对象对评价集的隶属程度称为单因素模糊，即建立一个从 U 到 $F(V)$ 的模糊映射：

$$\tilde{f}:U \to F(V), \quad \forall u_i \in U$$

$$u_i \to \tilde{f}(u_i) = \frac{r_{i1}}{v_1}+\frac{r_{i2}}{v_2}+\cdots+\frac{r_{im}}{v_m} \quad (5.4)$$

$$0 \leqslant r_{ij} \leqslant 1, \quad 0 \leqslant i \leqslant n, \quad 0 \leqslant j \leqslant m$$

显然，单因素评价是评价集 F 上的一个子集，可用模糊向量来表示：

$$R_i = (r_{i1}, r_{i2}, \cdots, r_{im}) \quad (5.5)$$

同理可得到相应于每个因素的单因素评价集：

$$\begin{aligned} R_1 &= (r_{11}, r_{12}, \cdots, r_{1m}) \\ R_2 &= (r_{21}, r_{22}, \cdots, r_{2m}) \\ &\vdots \\ R_n &= (r_{n1}, r_{n2}, \cdots, r_{nm}) \end{aligned} \quad (5.6)$$

由 $\tilde{f}$ 诱导出模糊关系 $\tilde{R}$，得到模糊矩阵：

$$\tilde{R} = (r_{ij})_{n \times m} = \begin{bmatrix} r_{11} & r_{12} & \cdots & r_{1m} \\ r_{21} & r_{22} & \cdots & r_{2m} \\ \vdots & \vdots & \ddots & \vdots \\ r_{n1} & r_{n2} & \cdots & r_{nm} \end{bmatrix} \quad (5.7)$$

4. 建立权重集

在实际评价工作中，各个评价因素的重要程度往往是不同的，因此需要对每个因素赋予不同的权重值。权重集也可用一个 n 维模糊向量来表示：

$$\tilde{W} = \{w_1, w_2, \cdots, w_n\} \quad (5.8)$$

并且规定

$$\sum_{i=1}^{n} w_i = 1 \qquad (5.9)$$

即权重应满足归一化和非负条件。确定权重的方法很多,本书采用的是层次分析法。

5. 模糊综合评价

鉴于单因素模糊评价只能反映一个因素对评价对象的影响,为了取得所有因素对评价对象的综合影响结果,需要进行综合评价。由因素集 U 上的模糊集 $\tilde{A} = (a_1, a_2, \cdots, a_n)$ 和模糊评价变换矩阵 $\tilde{R}$ 可构造如下单级模糊综合评价模型:

$$\tilde{B} = \tilde{W} \cdot \tilde{R} = (w_1, w_2, \cdots, w_n) \cdot \begin{bmatrix} r_{11} & r_{12} & \cdots & r_{1m} \\ r_{21} & r_{22} & \cdots & r_{2m} \\ \vdots & \vdots & \ddots & \vdots \\ r_{n1} & r_{n2} & \cdots & r_{nm} \end{bmatrix} = (b_1, b_2, \cdots, b_m) \qquad (5.10)$$

$$b_j = (w_1 \overset{\bullet}{*} r_{1j}) \overset{+}{*} (w_2 \overset{\bullet}{*} r_{2j}) \overset{+}{*} \cdots \overset{+}{*} (w_n \overset{\bullet}{*} r_{nj}) \quad (j = 1, 2, \cdots, m) \qquad (5.11)$$

其中,$\tilde{B}$ 表示 m 的模糊行向量,是综合评价的结果;$\tilde{W}$ 表示模糊评价因素权重集合,是一个 n 维模糊行向量;$\tilde{R}$ 表示从 u 到 v 的一个模糊关系,是一个 n 行 m 列的矩阵;b_j 表示综合考虑所有评价因素时,评价对象对评价集第 j 个元素的隶属度;符号"$\overset{\bullet}{*}, \overset{+}{*}$"表示模糊算子,常用的模糊算子有查德算子($\wedge, \vee$)、有界和与积算子($\oplus, \otimes$)等。查德算子的优点是运算简单,除不满足互补律外,与经典集合的运算性质十分相似,但是也有缺点,因为"$\wedge$"是取小运算,两个模糊集的交,结果只保留它们的"下端"信息,其余的都被取小运算舍弃了。而"$\vee$"是取大运算,两个模糊集的并,结果只保留它们的"上端"信息,其余的也都被取大运算舍弃了。因此,采用这种运算,往往使计算结果与实际情况有较大的出入,不能满足实际的需要。在进行综合评价时,可采取实数的加乘运算来代替"$\wedge, \vee$"运算,得到的结果仍是 F 集。因此本书模型采用实数的加乘运算,比用"$\wedge, \vee$"运算得到的结果更精细。

式(5.12)即为模糊综合评价的数学模型。

上述初始评判模型可用图 5.1 表示。

权重分配 $\tilde{W}$ → 单因素评价矩阵 $\tilde{R}$ → 综合评价 $\tilde{B}$

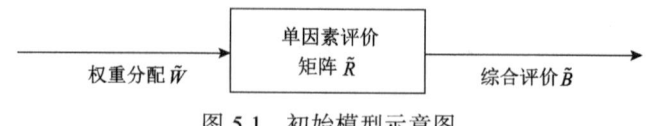

图 5.1　初始模型示意图

5.2.2.2　多级模糊综合评价的数学模型

上文描述的一级模糊综合评价的数学模型有一个最大的缺点就是，当评价因素较多时，每一因素取得权重分配的值将很小，且权重分配很难做到合理，综合评价将得不到预期的效果。为了克服一级模型的这一缺点，可采用多级模糊综合评价的方法。

建立多级模糊综合评价模型的一般步骤如下。

（1）将因素集 U 按属性类型划分成 s 个子集，记作 $U_1, U_2, \cdots, U_s$，应满足：

$$\bigcup_{i=1}^{s} U_i = U, \quad U_i \cap U_j = \phi \quad (i \neq j) \tag{5.12}$$

设每个子集的因素为

$$U_i = \{u_{i1}, u_{i2}, \cdots, u_{in}\} \quad (i = 1, 2, \cdots, s) \tag{5.13}$$

$$\sum_{i=1}^{n} n_i = n, \quad n = |U| \tag{5.14}$$

（2）对于每个子集 U_i，按一级模型进行评价。

假设评价集 $V = \{v_{i1}, v_{i2}, \cdots, v_{in}\}$，$U_i$ 上的权重分配为

$$\tilde{W} = \{w_{i1}, w_{i2}, \cdots, w_{in_i}\} \tag{5.15}$$

这里也要求 $\sum_{j=1}^{n_i} w_{ij} = 1$。

U_i 的单因素评价矩阵为 $\tilde{R}_i$，于是第一级的综合评价为

$$\tilde{B}_i = \tilde{W}_i \cdot \tilde{R}_i = (b_{i1}, b_{i2}, \cdots, b_{im}), \quad i = 1, 2, \cdots, s \tag{5.16}$$

（3）将每一个 U_i 作为一个因素，用 $\tilde{B}_i$ 作为它的单因素评价，又可构成判断矩阵：

$$\tilde{B}_i = \begin{bmatrix} \tilde{B}_1 \\ \tilde{B}_2 \\ \vdots \\ \tilde{B}_s \end{bmatrix} = \begin{bmatrix} b_{11} & b_{12} & \cdots & b_{1m} \\ b_{21} & b_{22} & \cdots & b_{2m} \\ \vdots & \vdots & \ddots & \vdots \\ b_{s1} & b_{s2} & \cdots & b_{sm} \end{bmatrix} \qquad (5.17)$$

$\tilde{B}_i$ 是 $\{U_1, U_2, \cdots, U_s\}$ 的单因素判断矩阵，反映了 U 的某类属性，可以按它们的重要程度给出权重分配：

$$\tilde{W} = \{w_1^*, w_2^*, \cdots, w_s^*\} \qquad (5.18)$$

于是有第二级的综合评价：

$$\tilde{B} = \tilde{W} \cdot \tilde{R} = (w_1^*, w_2^*, \cdots, w_s^*) \cdot \begin{bmatrix} b_{11} & b_{12} & \cdots & b_{1m} \\ b_{21} & b_{22} & \cdots & b_{2m} \\ \vdots & \vdots & \ddots & \vdots \\ b_{s1} & b_{s2} & \cdots & b_{sm} \end{bmatrix} = (b_1, b_2, \cdots, b_m) \qquad (5.19)$$

其中，$b_j = \sum_{i=1}^{s} a_i^* b_{ij}$，$j = 1, 2, \cdots, m$。

如果在第一步将 U 划分为 s 个子集时，感到 s 的值仍然偏大，这时可按更高一层的某种属性再将 s 细分，得到更高层次的因素集，然后再按第二、第三步进行。以此类推，可构成多级的模糊综合评价模型，它的优点是克服了由因素多权重不好分配造成的困难，而且更能反映事物的各种因素的不同层次。

5.2.2.3 评价结果的处理

得到评价结果 b_j 后先进行归一化处理。令 $b = \sum_{j=1}^{m} b_j$，则 $b_j' = \dfrac{b_j}{b}$，由此得到 $B' = (b_1', b_2', \cdots, b_m')$。然后将 B' 进行加权平均，得到

$$C = (c_1, c_2, \cdots, c_m)^{\mathrm{T}} \qquad (5.20)$$

则最终评价得到的分数为

$$S = (b_1', b_2', \cdots, b_m') \begin{Bmatrix} c_1 \\ c_2 \\ \vdots \\ c_m \end{Bmatrix} \qquad (5.21)$$

5.2.3 评价指标权重的确定方法——层次分析法

5.2.3.1 确定权重的方法

指标权重是在一个指标集合体中各个指标所占的比重。指标权重是对评价内容重要程度的认定标志。指标权重具有重要的导向作用，在指标体系一定的情况下，权重的变化直接影响评价结果。

在多项指标构成的评价指标体系中，由于事物本身发展的不平衡性，有的指标重要程度高，有的指标重要程度低。为了表示不同指标对评价结果的影响程度，需要将所有评价指标进行加权处理，权重大表明指标的影响或作用大。指标权重反映评价指标对评价结果的贡献程度，指标权重如何确定取决于指标所反映的评价内容的重要性和指标本身信息的可信赖程度，因此科学地确定指标权重在多指标评价体系中非常重要。

确定评价指标权重的方法一般有主观和客观两种方法。主观方法一般有德尔菲法、层次分析法（analytic hierarchy process，AHP）等，客观方法有相关性权重法、系统效应权重法和变异权重法。其中，层次分析法是系统工程中对非定量事件做定量分析的一种方法，也是对人们主观判断作出客观描述的方法。应用这种方法，首先应将复杂问题分解成若干层次，然后逐步进行分析，最终把问题分析归结为最低层次相对于最高层次的相对重要性数值的确定或相对优劣次序排列问题[①]。

用层次分析法确定统计综合评价的权重，就是利用由评价体系形成的一个多层次分析结构模型，通过两两比较的方法判定层次中诸因素的相对重要性，并给予定量表示，然后综合人们的判断以确定各因素（指标）相对于总目标的重要性权重。

5.2.3.2 层次分析法确定权重的步骤

层次分析法是美国匹兹堡大学（University of Pittsburgh）托马斯·萨迪（Thomas Saaty）教授于20世纪70年代提出的一种系统分析方法。由于研究工作的需要，萨迪教授开发了一种综合定性和定量分析方法，模拟人的决策思维

---

① 杜栋，庞庆华. 2005. 现代综合评价方法与案例精选[M]. 北京：清华大学出版社.

过程,以解决多因素复杂系统,特别是难以定量描述的社会系统[①]。

用层次分析法分析问题大体要经过以下五个步骤:建立层次结构模型,构造判断矩阵,层次单排序,层次总排序,一致性检验。其中后三个步骤在整个过程中需要逐层地进行。具体过程如下。

1. 建立层次结构模型

首先要将所包含的因素分组,每一组作为一个层次,按照最高层、若干有关的中间层次和最低层次的形式排列起来。根据前面部分的分析结果,已经得到了公民科学素质建设投入有效性的评估指标体系。

2. 构造判断矩阵

任何系统分析都以一定的信息为基础,层次分析法的信息基础主要是人们对每一层次各指标的相对重要性给出的判断,这些判断用数值表示出来,写成矩阵形式就是判断矩阵,构造判断矩阵是层次分析法的关键一步。

判断矩阵是同一层次不同评价要素之间经过两两比较得到的相对重要程度。通常情况下,如果构造 B 层中评价因素 B_k 与同一层次中其他评价因素 $B_1, B_2, \cdots, B_n$ 有关联,按照一定的比较标度,则构造 B 层中评价因素 B_k 的判断矩阵可写为如表 5.2 所示的形式。

表 5.2 构造 B 层中评价因素 B_k 的判断矩阵

B	B_1	B_2	$\cdots$	B_n
B_1	b_{11}	b_{12}	$\cdots$	b_{1n}
B_2	b_{21}	b_{22}	$\cdots$	b_{2n}
$\vdots$	$\vdots$	$\vdots$	$\ddots$	$\vdots$
B_n	b_{n1}	b_{n2}	$\cdots$	b_{nn}

表 5.2 中,b_{ij} 是对于评价因素 B_k 而言,同一层次中评价因素 B_i 与 B_j 进行比较的相对重要性的数值比例。通常 b_{ij} 取 1—9 以内的自然数及它们的倒数,其含义为:$b_{ij}=1$,表示 B_i 与 B_j 一样重要;$b_{ij}=3$,表示 B_i 比 B_j 重要一点(稍

[①] 吴翊, 吴孟达, 成礼智. 1999. 数学建模的理论与实践[M]. 长沙: 国防科技大学出版社.

微重要）；$b_{ij}=5$，表示 B_i 比 B_j 重要（明显重要）；$b_{ij}=7$，表示 B_i 比 B_j 重要得多（强烈重要）；$b_{ij}=9$，表示 B_i 比 B_j 极端重要（绝对重要）。b_{ij} 取 2，4，6，8 及各数的倒数具有相应的类似意义。

显然，任何判断矩阵都应满足：

$$\begin{cases} b_{ii}=1 \\ b_{ij}=\dfrac{1}{b_{ji}} \end{cases} \quad (5.22)$$

因此，对于 n 阶判断矩阵，我们仅需要对 $n(n-1)/2$ 个矩阵元素给出数值。

3. 层次单排序

所谓层次单排序是指根据判断矩阵计算对于上一层次某因素而言，本层次与之有联系的因素的重要性次序的权值。它是本层次所有因素相对上一层次而言的重要性进行排序的基础。

层次单排序可以归纳为计算判断矩阵的特征根和特征向量的问题，即对判断矩阵 B 计算满足 $BW = \lambda_{\max} W$ 的特征根与特征向量，式中 $\lambda_{\max}$ 为 B 的最大特征根，相应的特征向量为 W，W_i 即是相应评价因素经单排序计算得到的权值。常用的计算最大特征根及其对应的特征向量的方法有幂法、和积法和方根法。

为了检验判断矩阵的一致性，还需要计算它的一致性指标 CI：

$$\text{CI} = \frac{\lambda_{\max} - n}{n-1} \quad (5.23)$$

显然，当判断矩阵具有完全一致性时，CI = 0。CI 越大，判断矩阵的一致性越差。为了检验判断矩阵是否具有满意的一致性，需要将 CI 与平均随机一致性指标 RI 进行比较。1—9 阶矩阵对应的 RI 值如表 5.3 所示。

表 5.3 平均随机一致性指标

矩阵阶数	1	2	3	4	5	6	7	8	9
RI	0.000	0.000	0.580	0.900	1.120	1.240	1.320	1.410	1.450

对于 1、2 阶判断矩阵，RI 只是形式上的，按照我们对判断矩阵所下的定义，1、2 阶判断矩阵总是完全一致的。当阶数大于 2 时，判断矩阵的一致性指

标 CI 与同阶平均随机一致性指标 RI 之比称为判断矩阵的随机一致性比例，记为 CR。当 CR = CI/RI ≤ 0.10 时，判断矩阵具有满意的一致性，否则就需要对判断矩阵进行调整。

4. 层次总排序

层次单排序以评价系统判断矩阵的计算为基础，对同一层次不同评价指标进行比较得出相对重要程度的分值排序。对于每一层次而言，通过计算可以得出同一层次中所有评价指标的层次单排序结果，将这些层次单排序结果进行不同层次的相对重要程度的整合，就形成了层次总排序。

A 层次 m 个因素 $A_1, A_2, \cdots, A_m$，对总目标的排序分别为 $a_1, a_2, \cdots, a_m$。B 层次的层次总排序（即 B 层次中第 i 个因素对总目标的权值）为 $\sum_{i=1}^{m} a_i b_j^i (j=1,2,\cdots,n)$。

公民科学素质建设投入的有效性评价中的层次总排序仍然需要作归一化处理，得到归一化向量：$\sum_{j=1}^{n}\sum_{i=1}^{m} a_i b_j^i = 1$。

利用同一层次中所有层次单排序的结果，就可以计算针对上一层次而言，本层次所有因素重要性的权值，这就是层次总排序。层次总排序需要从最底层开始逐层顺序进行，对于最高层下面的第二层，其层次单排序即为总排序。

假定上一层次所有因素 $A_1, A_2, \cdots, A_m$ 的总排序已完成，得到的权值分别为 $a_1, a_2, \cdots, a_m$，与 A_i 对应的本层次因素 $B_1^i, B_2^i, \cdots, B_n^i$ 单排序的结果为 $b_1^i, b_2^i, \cdots, b_n^i$。这里若 B_j 与 A_i 无关，则 $b_j^i = 0$。层次总排序如表 5.4 所示。

表 5.4 层次总排序表

层次 A	A_1	A_2	$\cdots$	A_m	层次 B 的总排序
	a_1	a_2	$\cdots$	a_m	
B_1	b_1^1	b_1^2	$\cdots$	b_1^m	$\sum_{i=1}^{m} a_i b_1^i$
B_2	b_2^1	b_2^2	$\cdots$	b_2^m	$\sum_{i=1}^{m} a_i b_2^i$
$\vdots$	$\vdots$	$\vdots$	$\vdots$	$\vdots$	$\vdots$
B_n	b_n^1	b_n^2	$\cdots$	b_n^m	$\sum_{i=1}^{m} a_i b_n^i$

5. 一致性检验

为评价层次总排序的计算结果的一致性如何，需要计算与单排序类似的检验量。CI 为层次总排序一致性指标，RI 为层次总排序平均随机一致性指标，CR 为层次总排序随机一致性比例，它们的表达式分别为：

$CI = \sum_{i=1}^{m} a_i CI_i$，其中 CI_i 表示与 a_i 对应的 B 层次中判断矩阵的一致性指标。

$RI = \sum_{i=1}^{m} a_i RI_i$，其中 RI_i 表示与 a_i 对应的 B 层次中判断矩阵的平均随机一致性指标。

CR = CI/RI，同样当 CR ≤ 0.10 时，我们认为层次总排序的计算结果具有满意的一致性。

5.3 东北老工业基地公民科学素质建设投入的有效性评价标准

5.3.1 公民科学素质建设投入的有效性评价标准的等级划分

任何评价都需要有一个衡量尺度，也就是一个评价标准，如果没有评价标准，人们就无法对评价结果的好坏优劣作出判断。因此，公民科学素质建设投入的有效性评价体系建立之后，就需要确定各项指标具体的健康水平评判标准，通过对表征被评价对象的特征值与标准值进行比较，把具体指标值转换为评价值才能确定公民科学素质建设投入的有效性状况的优劣等级，进而制定出相应的调控措施。可见，公民科学素质建设投入的有效性评价标准是公民科学素质建设投入的有效性评价的重要组成部分，评价标准直接影响到评价结果的准确性。

本研究借鉴评价体系的相关研究成果，将公民科学素质建设投入的有效性评价标准划分为五个等级，根据其程度依次为有效、较为有效、一般、效用较差、无效。所谓"有效"就是系统结构协调、功能完善、有较强的活力和稳定性。所谓"无效"是系统结构已经失调、功能差、系统失去活力、稳定性差[①]。

---

① 郑保章. 2010. 我国科技传播生态系统健康的评价与调控对策研究[D]. 大连理工大学博士学位论文.

5.3.2 公民科学素质建设投入的有效性评价标准的确定方法

公民科学素质建设投入的有效性评价标准直接影响着评价结果的科学性和合理性，因此，评价标准的确定至关重要。目前，确定评价标准的方法大致有以下三种[1]。

5.3.2.1 德尔菲法

德尔菲法是专家意见评判法的一种，它主要通过研究者将所研究的指标评价标准向有关专家进行访谈和咨询，从而确定指标的具体评价标准。使用德尔菲法能够充分利用专家确定指标评价标准的经验，实际应用也比较广泛。不过德尔菲法带有一定的主观性，并且当专家对某一指标评价标准给出的意见分歧较大时，该指标一般需要剔除。

5.3.2.2 标准法

标准法是指利用现有的国际、国内标准来确定具体指标的评价标准。标准法是应用最为简便的一种方法，对评价标准的确定可通过查询相应的标准手册来获得。各类标准的制定均拥有较长时间的历史数据，因此在确定指标评价标准时，其客观性比较强。但公民科学素质建设投入的有效性评价属于一个较新的研究领域，相关的国际、国内评价标准尚属于空白，因此很难应用标准法确定公民科学素质建设投入的有效性评价标准。

5.3.2.3 参照系法

参照系法主要根据一定的参考对象确定评价标准，一般来说参考对象主要有以下几种：①历史水平；②未来管理目标及理想水平；③有关研究成果和相应的参考值；④目前相应指标的最高值和最低值。

---

[1] 王国胜. 2007. 河流健康评价指标体系与 AHP—模糊综合评价模型研究[D]. 广东工业大学硕士学位论文.

5.3.3 公民科学素质建设投入的有效性评价标准的确定

本节针对研究的实际情况，对定量指标的评价标准，采用参考系法参照相关国家现有的该指标的最高值和最低值，同时借鉴有关历史资料、相关文献研究成果来确定标准值。本研究的定量指标主要包括科普专职人员、科普兼职人员、人均科普经费投入、教育经费投入、政府科普经费投入、互联网普及情况等六个方面。定量指标的具体评价等级标准见表 5.5。

表 5.5 定量指标评价标准

评价指标	评价状况				
	有效	较为有效	一般	效用较差	无效
科普专职人员	2 人以上	1—2 人	0.5—1 人	0.1—0.5 人	0.1 人以下
科普兼职人员	15 人以上	10—15 人	5—10 人	1—5 人	1 人以下
人均科普经费投入	20 元以上	5—20 元	1—5 元	0.1—1 元	0.1 元以下
教育经费投入	4.5%以上	3%—4.5%	1.5%—3%	0.1%—1.5%	0.1%以下
政府科普经费投入	2.5%以上	1.5%—2.5%	0.5%—1.5%	0.1%—0.5%	0.1%以下
互联网普及情况	60%以上	40%—60%	20%—40%	10%—20%	10%以下

对难以准确定量表达的定性指标的评价标准则采取以下流程确定：①通过文献回顾和经验调查/访谈形成各项定性指标的评价标准；②与相关专家讨论，对评价标准进行纯化，最终定稿。以此流程，本研究的问卷设计经历了以下阶段：①进行大量的国内外文献研究。阅读了大量有关公民科学素质建设投入的有效性评价的相关研究文献，吸收了与本研究相关的内容，结合本研究需要，对评价标准进行设计，形成初稿。②征求学术团队的意见。在阅读文献之后，设计了初稿，之后将该问卷发放给我们所在的学术团队成员（包括数位教授、副教授以及 20 多位博士研究生、硕士研究生）进行学术交流活动，向团队中的各位专家和相关研究者征求了对初稿中的评价标准设计、措辞等方面的意见。根据这些意见对初稿进行了修改，在此基础上形成了定性指标评价标准的最终稿，如表 5.6 所示。

5 东北老工业基地公民科学素质建设投入的有效性评价体系构建 | 141

表 5.6 定性指标评价标准

评价标准	有效	较为有效	一般	效用较差	无效
公众对科学术语的了解	公众了解科学研究中基本的术语,并且能够正确理解和合理运用	公众总体上了解科学研究中基本的术语,通常能够正确理解和合理运用	公众对科学研究中基本的术语有一定了解,有时能够正确理解和合理运用	公众对科学研究中基本的术语了解不足,几乎不能够正确理解和合理运用	公众对科学研究中基本的术语不了解,不能够正确理解和合理运用
公众对科学基本观点的了解	公众了解科学技术的本质,能够客观看待生活中的科技信息,有很强的鉴别能力	公众总体上了解科学技术的本质,通常能够客观看待生活中的科技信息,有较强的鉴别能力	公众对科学技术的本质有一定了解,有时能够客观看待生活中的科技信息,有有限的鉴别能力	公众对科学技术的本质不了解,几乎不能够客观看待生活中的科技信息,有较差的鉴别能力	公众对科学技术的本质不了解,不能够客观看待生活中的科技信息,没有鉴别能力
公众对基本科学方法的理解	公众了解基本的科学研究方法,并能够合理地看待生活中的科技信息,具有很强的鉴别能力	公众总体上了解基本的科学研究方法,一般能够合理地看待生活中的科技信息,有较强的鉴别能力	公众对科学研究方法有一定了解,有时能够合理看待生活中的科技信息,有有限的鉴别能力	公众对科学研究方法了解不足,几乎不能客观看待生活中的科技信息,鉴别能力较差	公众对科学研究方法不了解,不能客观看待生活中的科技信息,没有鉴别能力
公众对科学与非科学的鉴别	公众能够严格区分"伪科学"和商业炒作,对网络传播起到严格把关、过滤作用	公众能够大体区分"伪科学"和商业炒作,对网络传播起到一定的把关、过滤作用	公众对"伪科学"和商业炒作有一定的鉴别,对网络传播起到有限的把关、过滤作用	公众对"伪科学"几乎无鉴别,对网络炒作几乎无把关、过滤传播能力	公众对"伪科学"和商业炒作波助澜,盲目追捧,符号崇拜
公众对科技发展与社会进步的理解	公众能够正确、积极理解科技发展与社会进步的互动关系	公众能够大体上正确、积极理解科技发展与社会进步的互动关系	公众对科技发展与社会进步的互动关系有一定了解	公众对科技发展与社会进步的互动关系不甚了解	公众对科技发展与社会进步的互动关系完全不了解
公众对科技发展与资源环境的理解	公众能够正确、积极理解科技发展与资源环境的互动关系	公众能够大体上正确、积极理解科技发展与资源环境的互动关系	公众对科技发展与资源环境的互动关系有一定了解	公众对科技发展与资源环境的互动关系不甚了解	公众对科技发展与资源环境的互动关系完全不了解
公众通过传统媒体获取科技知识	公众能够很好地阅读书本、报纸,并善于从中获取科技信息	公众能够较好地阅读书本、报纸,并比较善于从中获取科技信息	公众具备有限的能力阅读书本、报纸,并从中获取部分科技信息	公众具备较差的能力,报纸的能力,几乎不能够从中获取科技信息	公众不能够阅读书本、报纸,丝毫不能够从中获取科技信息

续表

评价标准	有效	较为有效	一般	效用较差	无效
公众通过互联网媒体获取科技知识	公众能够很好地运用互联网和相关网络技术手段，善于从中获取科技信息	公众能够较好地运用互联网和相关网络技术手段，比较善于从中获取科技信息	公众具备有限的运用互联网和相关网络技术的能力，能够从中获取部分科技信息	公众具备较差的运用互联网和相关网络技术的能力，几乎不能够从中获取科技信息	公众不能够运用互联网和相关网络技术手段，丝毫不能够从中获取科技信息
公众通过移动媒体获取科技知识	公众能够很好地运用移动媒体，善于从中获取科技信息	公众能够较好地运用移动媒体，比较善于从中获取科技信息	公众具备有限的运用移动媒体的能力，能够从中获取部分科技信息	公众具备较差的运用移动媒体的能力，几乎不能够从中获取科技信息	公众不能够运用移动媒体等技术手段，丝毫不能够从中获取科技信息
公众通过科技类场站获取科技知识	公众能够很好地通过科技网站获取科技信息，具有很高的科学素质	公众能够较好地通过科技网站获取科技信息，具有较高的科学素质	公众具备有限的通过科技网站获取科技信息的能力，科学素质较为一般	公众具备较差的运用科技网站等技术手段，能够获取科技信息的质较为低下	公众不能够运用科技网站等技术手段，丝毫不能够获取科技信息，不具备科学素质
公众通过科技类场馆获取科技知识	科技类场馆能够通过内容学性、知识性的展览内容和参与互动的形式，很好地反映科学原理及技术应用，鼓励公众动手探索实践，较好地培养观众的科学思想、科学方法和科学精神	科技类场馆能够通过内容学性、知识性的展览内容和参与互动的形式，较好地反映科学原理及技术应用，鼓励公众动手探索实践，较好地培养观众的科学思想、科学方法和科学精神	科技类场馆通过有限的展览内容反映部分科学原理及技术应用，在一定程度上培养观众的科学思想、科学方法和科学精神	科技类场馆仅能够通过少量的展览内容反映一小部分科学原理及技术应用，几乎不能培养观众的科学思想、科学方法和科学精神	科技类场馆不能够通过科学性、知识性的展览内容反映科学原理及技术应用，丝毫不能培养观众的科学思想、科学方法、科学精神
专家、学者和网络意见领袖的影响	专家、学者和网络意见领袖在自由平等的网络言论空间中能经常为他人提供信息、观点或建议，并对其他网民施加个人影响力，具有很强的媒介接近权得到了前所未有的释放	专家、学者和网络意见领袖在自由平等的网络言论空间能够为他人提供信息、观点或建议，并对其他网民施加个人影响力，网民的媒介接近权得到了一定的释放	专家、学者和网络意见领袖在相对自由平等的网络言论空间能够为他人提供有效的信息、观点或建议，并对其他网民施加一定的个人影响，具有一定的社会影响力	专家、学者和网络意见领袖在相对自由不平等的网络言论空间仅能提供少量的信息、观点或建议，几乎不能够对其他网民施加个人影响，具有较差的社会影响力	专家、学者和网络意见领袖在言论空间不能为他人提供信息、观点或建议，不能够对其他网民施加个人影响，几乎不具有社会影响力

续表

评价标准	有效	较为有效	一般	效用较差	无效
参加科普活动情况	公众能够自觉自愿参与到科普活动中，并在活动中有所表现	公众能够较好地参与到科普活动中，一般能在活动中有所表现	公众能够有限地参与到科普活动中	公众较少地参与到科普活动中	公众不能参与到科普活动中
参与公共科技事务的程度	公众具备参与公共科技事务的能力，能够以科学所强调的价值观念一致的方式同周围的世界打交道	公众大体上具备参与公共科技事务的能力，能够以科学所强调的价值观念一致的方式同周围的世界打交道	公众具备有限的参与公共科技事务的能力，能够在一定程度上以科学所强调的价值观念一致的方式同周围的世界打交道	公众具备较差的参与公共科技事务的能力，较少能够以科学所强调的价值观念一致的方式同周围的世界打交道	公众不具备参与公共科技事务的能力，不能够以科学所强调的价值观念一致的方式同周围的世界打交道
对科技信息的感兴趣程度	公众对科技信息具有浓厚的兴趣	公众对科技信息具有较浓厚的兴趣	公众对科技信息具有一定的兴趣	公众对科技信息的兴趣不足	公众对科技信息毫无兴趣
对科技的总体认识	公众能够理解科学精神和科学方法，具备独立思考问题的能力，养成科学思维的习惯，达到具备文化科学素质的程度	公众大体上能够理解科学精神和科学方法，具备独立思考问题的能力，养成科学思维的习惯，大体上具备文化科学素质	公众能够有限地理解科学精神和科学方法，具备有限的独立思考问题的能力，具备文化科学素质的程度一般	公众较少地理解科学精神和科学方法，独立思考问题的能力较差，具备文化科学素质的程度较差	公众不能够理解科学精神和科学方法，不具备独立思考问题的能力，不具备文化科学素质
对科学家的认识	公众能够尊重科学家，并正确看待科学家的工作	公众大体上能够尊重科学家，一般能够正确看待科学家的工作	公众认为科学家及其工作对生活影响一般	公众不太重视科学家及其工作	公众认为科学家及其工作对生活毫无影响
对科技发展的认识	公众能够积极、正确地看待科技发展，享受科技带来的乐趣	公众能够较为积极、正确地看待科技发展，一般能够享受科技带来的乐趣	公众看待科技发展的眼光有限，不太享受科技带来的乐趣	公众不太能够积极、正确地看待科技发展，较少享受科技带来的乐趣	公众不能够积极、正确地看待科技发展，不能够享受科技带来的乐趣

续表

评价标准	有效	较为有效	一般	效用较差	无效
对科技创新的态度	公众在科学研究、技术发明和产业创新活动中体现出科学意识和科学精神并激励科技创新	公众大体上能在科学研究、技术发明和产业创新活动中体现出科学意识和科学精神并激励科技创新	公众在科学研究、技术发明和产业创新活动中体现出有限的科学意识和科技创新态度	公众在科学研究、技术发明和产业创新活动中体现出较少的科学意识和科技创新态度	公众不能在科学研究、技术发明和产业创新活动中体现出科学意识和科技创新态度
科技馆体系建设投入	科技馆能够通过科学性、知识性、趣味性相结合的展览内容和参与互动的形式普及科学知识，并且注重培养观众的科学思想、科学方法和科学思维	科技馆大体上能够通过科学性、知识性、趣味性相结合的展览内容和参与互动的形式普及科学知识，一般能够培养观众的科学思想、科学方法和科学思维	科技馆能够通过有限的科学性、知识性、趣味性相结合的展览内容与互动参与的形式普及科学知识，在一定程度上能够培养观众的科学思想和学方法和信息	科技馆能够呈现少量的科学知识，展览内容普及科学知识，使受众通过展览内容参与互动的形式表取少量知识和信息	科技馆不能够呈现任何展览内容普及科学知识，不能使受众通过展览内容参与互动的形式表取知识和信息
电视台科普节目情况	电视台能够通过播放科普节目提高公众的科学素养	电视台基本能够通过播放科普节目提高公众的科学素养	电视台能够通过播放科普节目在一定程度上提高公众的科学素养	电视台能够通过播放少量的科普节目提高公众的科学素养	电视台不能够通过播放科普节目提高公众的科学素养
科研机构、大学向社会开放情况	科研机构、大学能够充分利用自身科技资源，发挥专业优势，建立和完善面向社会的定期开放制度	科研机构、大学基本能够充分利用自身科技资源，发挥自身专业优势，在一定程度上建立和完善面向社会的定期开放制度	科研机构、大学能够利用自身科技资源，在一定程度上建立和完善面向社会的定期开放制度	科研机构、大学拥有较少的科技资源，面向社会的定期开放次数较少	科研机构、大学不能够利用科技资源，不能建立面向社会的定期开放制度

6 东北老工业基地公民科学素质建设投入的有效性实证评价

6.1 东北老工业基地公民科学素质建设投入现状及统计分析

6.1.1 公民科学素质建设投入的人员结构分析

从科技传播的发展历史看，科技传播的参与者经历了一个从个体到群体再到组织的发展历程。自科学技术发展的早期开始直到近代科学技术发展的初期，科技传播活动的参与者主要是以个人身份进入到传播关系的，传播者和受众角色也比较明确，传播者是科学家以及拥有科学知识的人，受众则是那些有兴趣学习科学知识的普通大众，知识流程基本上是从科学家到大众。随着近代科学技术的发展和科学家群体的形成，科技传播开始受到群体背景的影响[①]。20世纪以后，随着科学技术高度职业化、制度化、建制化的发展，科技传播参与者也带有了更强的组织背景，科技传播领域也出现了参与主体多元化、传播关系复杂化的发展特征，在这个过程中，R&D人员无疑起到了重要作用。

R&D人员的数量和质量是衡量一个地区科技实力的重要指标，也是衡量科技传播实力的重要指标。R&D活动是科技活动的核心，其活动类型分为基础研究、应用研究和试验发展三类。根据科技部出版的《中国科技人才发展报告（2020）》，2017年我国R&D人员总量达到621.4万人，折合全时工作量人员为403.4万人年，这也是我国R&D人员总量（全时当量）在2013年超过美国之后，连续5年一直居世界第1位（表6.1、图6.1）。

---

① 任福君，翟杰全. 2012. 科技传播与普及概论[M]. 北京：中国科学技术出版社.

从三类 R&D 活动来看，2019 年我国从事基础研究、应用研究、试验发展的人员分别为 39.20 万人年、61.50 万人年、379.40 万人年，分别占 R&D 人员总数的 8.17%、12.81%、79.03%，分别比上一年度增长 28.52%、14.10%、7.24%（表 6.1）。

表 6.1 2012—2019 年我国 R&D 人员情况

年份	R&D 人员全时当量 人数/万人年	比上年增长/%	基础研究 人数/万人年	比上年增长/%	应用研究 人数/万人年	比上年增长/%	试验发展 人数/万人年	比上年增长/%
2012 年	324.70	12.63	21.20	9.81	38.40	8.78	265.10	13.44
2013 年	353.30	8.81	22.30	5.19	39.60	3.13	291.40	9.92
2014 年	371.00	5.01	23.50	5.38	40.70	2.78	306.80	5.28
2015 年	375.80	1.29	25.30	7.66	43.00	5.65	307.50	0.23
2016 年	387.80	3.19	27.50	8.70	43.90	2.09	316.40	2.89
2017 年	403.40	4.02	29.00	5.45	49.00	11.62	325.40	2.84
2018 年	438.20	8.63	30.50	5.17	53.90	10.00	353.80	8.73
2019 年	480.10	9.56	39.20	28.52	61.50	14.10	379.40	7.24

资料来源：《中国统计年鉴》（2013—2020 年）。

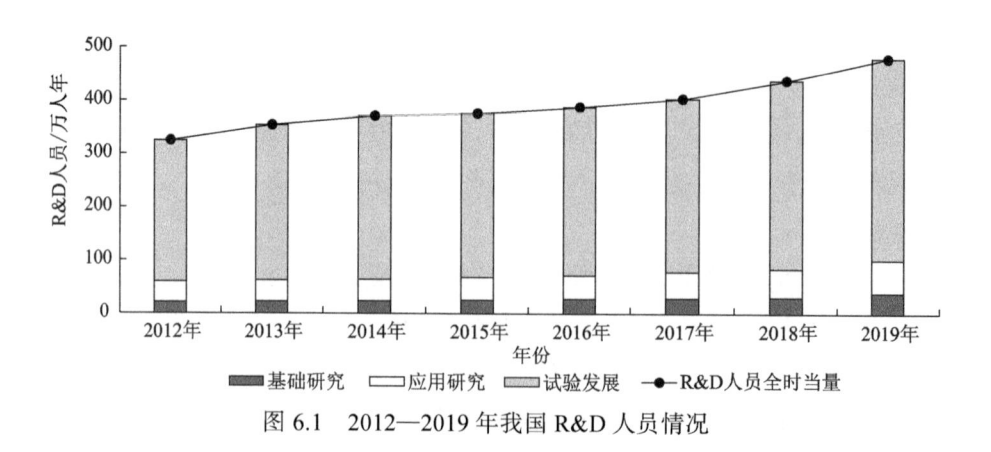

图 6.1 2012—2019 年我国 R&D 人员情况

从执行部门来看，2019 年我国科学研究与开发机构的 R&D 人员为 42.40 万人年，占 R&D 人员总数的 8.83%，其中基础研究人员、应用研究人员和试验发展人员分别为 9.20 万人年、14.80 万人年、18.40 万人年，占科学研究与开发机构 R&D 人员总数的 21.70%、34.91%和 43.40%（表 6.2、图 6.2）；2019 年我国高等学校的 R&D 人员为 56.60 万人年，占 R&D 人员总数的 11.79%，其中基础研究人员、应用研究人员和试验发展人员分别为 26.70 万人年、25.80 万人年、4.10 万人年，占科学研究与开发机构 R&D 人员总数的 47.17%、45.58%和 7.24%（表 6.3、图 6.3）；2019 年我国规模以上工业企业的 R&D 人员为 315.20 万人年，占 R&D 人员总数的 65.65%（表 6.4、图 6.4）。

表 6.2　2009—2019 年我国科学研究与开发机构 R&D 人员情况（单位：万人年）

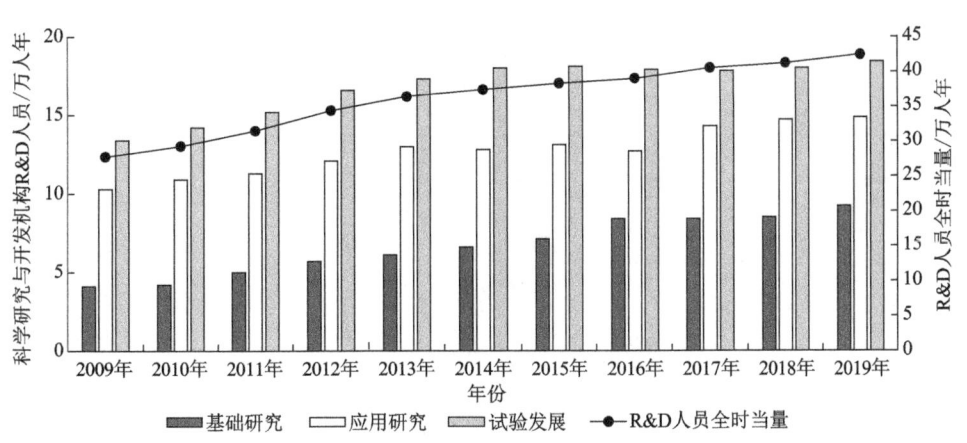

年份	R&D 人员全时当量	基础研究	应用研究	试验发展
2009 年	27.80	4.10	10.30	13.40
2010 年	29.30	4.20	10.90	14.20
2011 年	31.50	5.00	11.30	15.20
2012 年	34.40	5.70	12.10	16.60
2013 年	36.40	6.10	13.00	17.30
2014 年	37.40	6.60	12.80	18.00
2015 年	38.30	7.10	13.10	18.10
2016 年	39.00	8.40	12.70	17.90
2017 年	40.50	8.40	14.30	17.80
2018 年	41.20	8.50	14.70	18.00
2019 年	42.40	9.20	14.80	18.40

图 6.2　2009—2019 年我国科学研究与开发机构 R&D 人员情况

表 6.3 2009—2019 年我国高等学校 R&D 人员情况（单位：万人年）

年份	R&D 人员全时当量	基础研究	应用研究	试验发展
2009 年	27.50	11.30	14.10	2.10
2010 年	28.90	12.00	14.80	2.10
2011 年	29.90	12.90	15.00	2.00
2012 年	31.30	14.00	15.40	1.90
2013 年	32.50	14.70	15.90	1.90
2014 年	33.50	15.50	16.10	1.90
2015 年	35.50	16.40	17.20	1.90
2016 年	36.00	16.70	17.30	2.00
2017 年	38.30	18.10	18.30	1.90
2018 年	41.10	19.10	19.70	2.30
2019 年	56.60	26.70	25.80	4.10

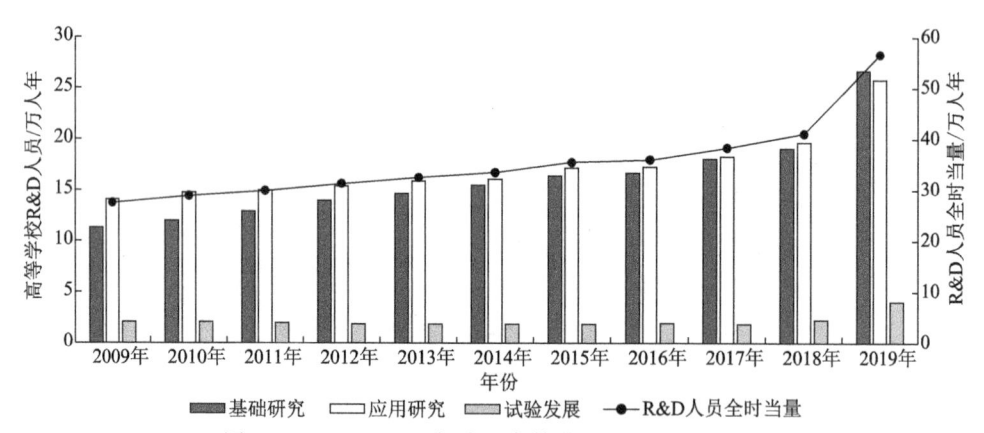

图 6.3 2009—2019 年我国高等学校 R&D 人员情况

表 6.4 2012—2019 年我国规模以上工业企业 R&D 人员情况

年份	R&D 人员全时当量/万人年	增长率/%
2012 年	224.60	15.84
2013 年	249.40	11.03
2014 年	264.20	5.92
2015 年	263.80	−0.12
2016 年	270.20	2.43
2017 年	273.60	1.24
2018 年	298.10	8.95
2019 年	315.20	5.73

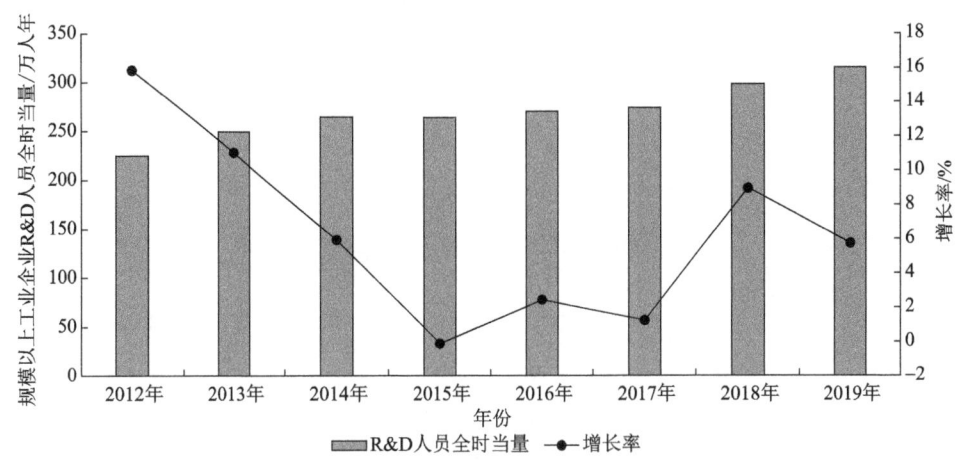

图 6.4 2012—2019 年我国规模以上工业企业 R&D 人员情况

2009—2019 年，尽管我国 R&D 人员保持了较好的增长速度，但其增长比例经历了一个波动性阶段。在进入 20 世纪之后，至少有两方面的巨大压力使科学家群体慢慢退居科技传播的幕后舞台：第一个方面是科学内部竞争的压力；第二个方面是知识普及难度增加的压力。随着科学技术往专业化和纵深化发展，科学知识逐步走向专业化，面向公众普及科学知识的难度大大增加，科学家越来越感到力不从心。同时，大众媒体开始进入科技传播领域，科普工作者和专业的科技记者承担了越来越多的科技传播任务。

6.1.2 公民科学素质建设投入的资金结构分析

科技传播经济资源的基本状况与丰富程度，直接影响着科技传播和科普体系的系统潜力。当经济资源能够充分服务于科技传播工作、被用于科技传播活动时，就会转化为科技传播的实际能力。反之，则很难对全民科学素养建设产生推动作用。对此，本研究选取 R&D 活动经费和教育经费支出两项指标进行统计分析。

在 R&D 活动经费方面，2009—2019 年我国 R&D 活动经费总额不断增加，用于基础研究、应用研究、试验发展的 R&D 活动经费均呈现不断增长态势，分别从 2009 年的 270.30 亿元、730.80 亿元、4801.00 亿元增长至 2019 年的 1335.60 亿元、2498.50 亿元、18 309.5 亿元。由此，我国科技传播的资金实力将会进一步得到增强。同时，R&D 活动经费占 GDP 比重总体呈现增长态势，由 2009 年的 1.70%升至 2019 年的 2.24%，可见我国促进科技传播事业发展、提升公民科学素养的决心和信心。但是，必须注意区域经济发展状况对科技资金投入量的影响，以确保我国总体 R&D 活动经费总量能够平稳增长。2009—2019 年我国 R&D 活动经费的具体情况如表 6.5 和图 6.5 所示。

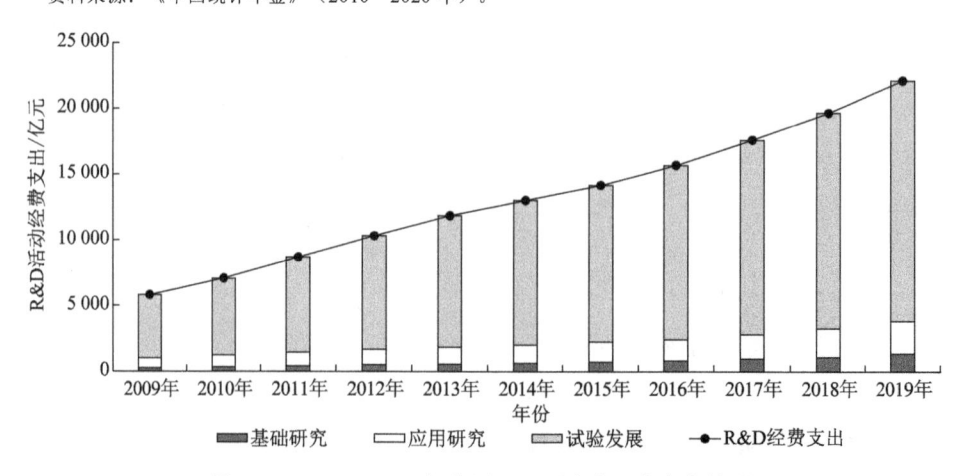

表 6.5　2009—2019 年我国 R&D 活动经费情况

年份	R&D 活动 经费支出/亿元	比上年增长/%	基础研究 经费支出/亿元	比上年增长/%	应用研究 经费支出/亿元	比上年增长/%	试验发展 经费支出/亿元	比上年增长/%	R&D 活动经费占 GDP 比重/%
2009 年	5 802.10	25.70	270.30	22.40	730.80	27.06	4 801.00	25.68	1.70
2010 年	7 062.60	21.72	324.50	20.05	893.80	22.30	5 844.30	21.73	1.76
2011 年	8 687.00	23.00	411.80	26.90	1 028.40	15.06	7 246.80	24.00	1.84
2012 年	10 298.40	18.55	498.80	21.13	1 162.00	12.99	8 637.60	19.19	2.02
2013 年	11 846.60	15.03	555.00	11.27	1 269.10	9.22	10 022.50	16.03	2.01
2014 年	13 015.60	9.87	613.50	10.54	1 398.50	10.20	11 003.60	9.79	2.05
2015 年	14 169.80	8.87	716.10	16.72	1 528.60	9.30	11 925.10	8.37	2.06
2016 年	15 676.80	10.64	822.90	14.91	1 610.50	5.36	13 243.40	11.05	2.11
2017 年	17 606.10	12.31	975.50	18.54	1 849.20	14.82	14 781.40	11.61	2.15
2018 年	19 678.00	11.77	1 090.40	11.78	2 190.90	18.48	16 396.70	10.93	2.19
2019 年	22 143.60	12.53	1 335.60	22.49	2 498.50	14.04	18 309.50	11.67	2.24

资料来源：《中国统计年鉴》（2010—2020 年）。

图 6.5　2009—2019 年我国 R&D 活动经费支出情况

在教育经费支出方面,2008—2018 年我国的教育经费支出总额一直有增无减,年平均增长率达到 13.0%。从来源方面来看,国家财政性教育经费支出从 2008 年的 104 496 296 万元增长至 2018 年的 369 957 704 万元,年平均增长率达到 14.8%。具体情况如表 6.6 和图 6.6 所示。

表 6.6 2008—2018 年我国教育经费支出及国家财政性教育经费情况

年份	教育经费 经费支出/万元	比上年增长率/%	国家财政性教育经费 经费支出/万元	比上年增长率/%
2008 年	145 007 374	19.4	104 496 296	26.2
2009 年	165 027 065	13.8	122 310 935	17.1
2010 年	195 618 471	18.5	146 700 670	19.9
2011 年	238 692 936	22.0	185 867 009	26.7
2012 年	286 553 052	20.1	231 475 698	24.5
2013 年	303 647 182	6.0	244 882 177	5.8
2014 年	328 064 609	8.0	264 205 820	7.9
2015 年	361 291 927	10.1	292 214 511	10.6
2016 年	388 883 850	7.6	313 962 519	7.4
2017 年	425 620 069	9.5	342 077 546	9.0
2018 年	461 429 980	8.4	369 957 704	8.2

资料来源:《中国统计年鉴》(2009—2019 年)。

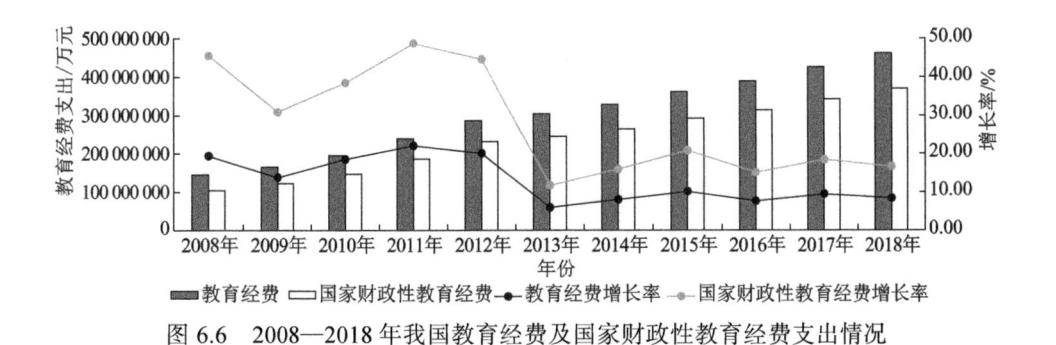

图 6.6 2008—2018 年我国教育经费及国家财政性教育经费支出情况

对教育经费支出进行分地区统计,结果如表 6.7 所示。在分地区的教育经费支出方面,广东、江苏、山东、浙江、河南等地区一直名列前茅,而青海、宁夏、甘肃、西藏等欠发达地区长期处于劣势。

表 6.7 2010—2018 年我国各地区教育经费支出情况（单位：万元）

地区	2010 年	2011 年	2012 年	2013 年	2014 年	2015 年	2016 年	2017 年	2018 年
北京	5 289 432	6 134 448	7 373 843	8 686 105	9 998 366	10 937 374	11 171 250	11 934 724	12 512 746
天津	2 381 672	2 920 970	4 136 097	4 917 856	5 699 615	6 326 265	5 605 736	5 365 129	5 850 624
河北	6 145 261	7 192 734	8 447 882	9 373 013	10 298 143	10 861 672	12 861 641	14 203 834	15 938 479
山西	3 809 096	4 508 195	5 494 903	6 206 575	6 918 247	7 036 233	8 442 363	7 942 196	8 533 662
内蒙古	3 187 733	4 143 731	5 040 005	5 580 782	6 121 559	6 393 778	7 072 130	7 624 806	7 601 337
辽宁	5 349 184	6 242 615	7 809 413	8 555 737	9 302 062	8 700 533	8 781 171	9 206 907	9 651 893
吉林	3 006 988	3 445 611	4 293 877	4 887 112	5 480 347	5 353 180	5 975 239	6 439 837	6 586 685
黑龙江	3 486 163	4 048 565	4 838 173	5 422 215	6 006 258	6 278 812	7 040 039	7 336 607	7 545 432
上海	4 937 339	5 582 736	7 106 255	8 087 985	9 069 715	9 892 212	10 131 153	11 218 946	12 104 556
江苏	11 054 890	13 146 233	15 882 132	17 872 483	19 862 835	20 800 931	22 463 773	24 020 855	25 960 645
浙江	8 911 507	10 625 688	12 069 078	13 279 758	14 490 439	16 079 755	17 568 215	18 908 104	21 327 866
安徽	4 873 316	5 990 868	8 172 010	9 292 526	10 413 043	10 457 811	11 578 495	12 357 931	13 751 567
福建	4 479 126	5 341 118	6 344 839	7 286 425	8 228 012	8 928 771	10 028 329	10 473 975	11 390 975
江西	3 776 516	4 494 597	6 307 866	7 296 431	8 284 996	8 930 127	9 732 898	10 468 837	11 717 849
山东	8 397 429	10 395 900	13 727 939	15 762 050	17 796 161	18 847 752	20 632 259	22 422 970	23 946 021
河南	7 633 496	9 111 164	11 821 418	13 699 272	15 577 127	16 385 611	17 411 099	18 902 582	21 546 749
湖北	5 194 495	5 869 164	6 844 038	7 908 158	8 972 278	9 874 547	11 435 059	13 009 264	13 821 834
湖南	5 660 684	6 497 608	7 987 607	9 386 079	10 784 551	11 285 463	12 223 238	13 781 959	15 165 690
广东	12 843 085	15 327 348	18 846 365	21 810 934	24 775 503	27 356 552	30 474 906	33 675 376	38 610 331
广西	3 873 253	4 941 416	5 938 482	6 866 337	7 794 191	8 586 224	10 111 559	10 914 241	11 891 781
海南	1 175 474	1 422 673	1 732 237	1 977 552	2 222 868	2 413 904	2 809 962	3 068 767	3 390 271
重庆	3 309 977	4 068 437	5 039 550	5 802 586	6 565 622	6 979 973	7 971 003	8 863 208	9 483 526
四川	8 088 479	8 951 781	10 244 130	12 024 828	13 805 525	14 508 458	16 409 562	17 620 946	19 274 514
贵州	3 094 113	3 669 550	4 510 531	5 655 163	6 799 795	7 700 061	9 277 347	10 335 342	12 488 005
云南	4 408 081	5 336 317	6 582 935	7 794 923	9 006 912	9 199 396	10 455 388	11 886 446	13 292 088
西藏	597 447.7	662 292.6	826 101.6	1 016 423	1 206 744	1 529 504	1 919 434	1 857 714	2 387 658
陕西	4 637 457	5 143 635	6 838 342	7 882 631	8 926 920	9 101 672	9 674 438	10 049 114	10 545 862
甘肃	2 761 090	3 106 736	3 608 174	4 209 604	4 811 034	5 181 631	6 134 547	6 706 137	7 087 547
青海	785 820	1 062 206	1 552 462	1 560 935	1 569 408	1 976 886	2 073 501	2 162 973	2 343 469
宁夏	813 070.5	994 670.8	1 313 862	1 446 398	1 578 935	1 697 964	1 963 258	2 072 544	2 288 400

续表

地区	2010年	2011年	2012年	2013年	2014年	2015年	2016年	2017年	2018年
新疆	2 959 264	3 655 998	4 605 867	5 297 861	5 989 856	6 349 792	7 132 774	7 823 914	8 462 090
东部	5 289 432	7 808 985	9 566 667	10 905 416	12 244 166	13 244 519	14 374 722	15 529 268	17 103 251
中部	2 381 672	6 078 599	7 771 307	8 964 840	10 158 374	10 661 632	11 803 859	12 743 795	14 089 558
西部	6 145 261	3 811 397	4 675 037	5 428 206	6 181 375	6 600 445	7 516 245	8 159 782	8 928 856
东北	3 809 096	4 578 930	5 647 154	6 288 355	6 929 556	6 777 508	7 265 483	7 661 117	7 928 003

资料来源：《中国统计年鉴》（2011—2019年）。

根据国家统计局发布的相关标准，将不同的省（自治区、直辖市），按照经济发展水平分为东部、中部、西部和东北四大区域：东部包括北京、天津、河北、上海、江苏、浙江、福建、山东、广东和海南；中部包括山西、安徽、江西、河南、湖北和湖南；西部包括内蒙古、广西、重庆、四川、贵州、云南、西藏、陕西、甘肃、青海、宁夏和新疆；东北包括辽宁、吉林和黑龙江。由图6.7可见，四大区域的教育经费支出基本呈现出稳步增长态势；在各个区域内，东部地区的教育经费支出最大，其次是中部地区，再次是东北地区和西部地区，其原因可能是教育资源和人口差异，因而不同区域具有不同的教育经费支出。

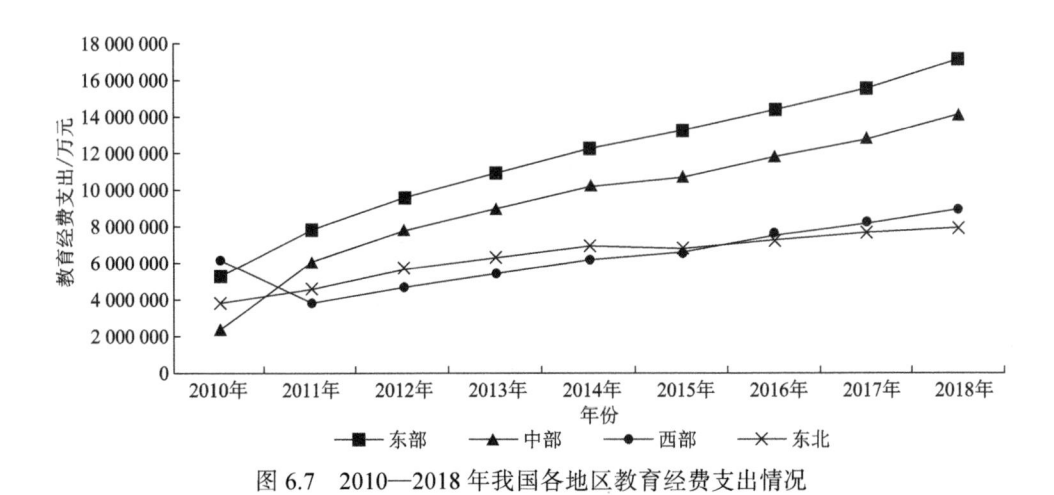

图6.7　2010—2018年我国各地区教育经费支出情况

就目前我国科普资源建设的总体情况而言，还存在着资源要素之间发展不平衡的问题，在资源开发、建设、共享等方面的水平还不是很高，资源建设还不能完全满足社会发展的需要。就科技传播和科普财力资源而言，虽然近年来财力投入状况明显改善，但相对于整体需求仍然匮乏，尤其是经费投入在不同地区之间存在较大差别；科技传播产品资源日益丰富，但总量有限、质量不高，在分布、种类、质量等方面都存在不平衡情况。

6.1.3 公民科学素质建设投入的基础设施结构分析

在探讨科技传播和科普的过程中，包含报纸、图书、期刊、广播、电视、互联网在内的各传统媒体和新媒体在科技传播中扮演着重要角色，是面向社会和公众传播科学技术的重要渠道，也是科技发展和相关应用问题讨论的重要平台。普利策新闻奖得主、论坛报业集团（Tribune Publishing Company）原总裁杰克·富勒（Jack Fuller）曾提出媒介具有相对优势的观点，他认为新媒介通常并不会消灭旧媒介，媒介之间的竞争与合作取决于媒介共生环境中对自身相对优势的定位[1]。传统媒介掌握着内容资源的优势，而新媒介则掌握了渠道的优势，二者之间只有通过合作和相互依存才能促进科技传播发展。如果将科技传播比作一条河流，那么站在河流上游的是科学家团队和传播科学技术的人，中游则是各传播媒体，下游就是接受科技信息的公众，各传播媒体在河流中起着承上启下的作用[2]。因此，加强科技传播的传播媒体建设、提高传播媒体的科技传播能力、扩大科技传播影响力，对促进科技传播视野具有非常重要的意义。

在互联网传播能力方面，根据《第49次中国互联网络发展状况统计报告》，截至2021年12月，我国网民规模达10.32亿，较2020年12月增长4296万，互联网普及率达73.0%。人均每周上网时长达到28.5个小时，较2020年12月提升2.3个小时，互联网深度融入人民日常生活[3]。

从各省（自治区、直辖市）网民规模来看，截至2019年，我国31个省（自治区、直辖市）互联网宽带接入用户数量超过千万规模的达18个，全国平均互联网宽带接入用户数为1449.3万人，超过全国平均水平的省（自治区、直辖市）达11个（表6.8）。

---

[1] 王国胜. 2007. 河流健康评价指标体系与AHP—模糊综合评价模型研究[D]. 广东工业大学硕士学位论文.
[2] 李怀亮. 2009. 新媒体：竞合与共赢[M]. 北京：中国传媒大学出版社：88.
[3] 中国互联网络信息中心. 2022. 第49次中国互联网络发展状况统计报告[EB/OL]. http://www.cnnic.cn/hlwfzyj/hlwxzbg/hlwtjbg/202202/P020220318335949959545.pdf[2022-03-15].

表 6.8 2015—2019 年我国各地区互联网宽带接入情况（单位：万户）

省（自治区、直辖市）	2015 年	2016 年	2017 年	2018 年	2019 年
北京	491.9	475.8	541.9	638.8	688.1
天津	249.8	283.9	339.3	437.9	523.6
河北	1317.2	1612.0	1910.1	2159.8	2359.7
山西	723.9	747.2	872.9	991.0	1126.1
内蒙古	365.7	417.2	494.0	628.3	682.5
辽宁	860.5	971.7	1058.6	1136.0	1230.4
吉林	427.3	440.0	501.5	588.2	618.3
黑龙江	519.5	575.1	664.6	810.7	848.3
上海	568.8	635.7	681.3	772.9	890.1
江苏	2346.3	2685.2	3106.1	3351.9	3585.7
浙江	1906.8	2159.7	2464.6	2653.8	2778.9
安徽	913.3	1075.0	1323.7	1662.4	1864.7
福建	1044.8	1144.6	1373.6	1629.1	1779.0
江西	710.9	822.5	997.1	1323.4	1448.8
山东	1980.8	2366.5	2588.7	2884.8	3186.1
河南	1489.0	1767.2	2128.4	2503.9	2769.2
湖北	1014.4	1131.9	1242.9	1480.7	1708.3
湖南	910.5	1066.9	1315.5	1635.3	1873.8
广东	2682.7	2779.4	3246.8	3597.8	3801.6
广西	715.8	790.0	968.0	1230.6	1447.4
海南	149.5	186.5	228.7	279.1	323.2
重庆	602.7	704.7	866.9	1070.1	1164.0
四川	1424.0	1851.0	2167.5	2624.5	2811.7
贵州	386.8	459.5	568.6	732.0	892.9
云南	537.3	655.3	812.6	1019.4	1156.1
西藏	29.6	40.2	61.2	78.2	91.4
陕西	689.9	803.0	903.2	1057.4	1197.7
甘肃	302.7	392.9	576.4	742.8	870.7
青海	82.3	99.7	120.1	152.9	174.5
宁夏	92.5	111.9	159.2	217.0	259.1
新疆	409.5	468.4	569.9	647.3	775.9

资料来源：《中国统计年鉴》（2016—2020 年）。

随着教育改革的不断推进，科技教育逐渐成为学校教育的主体，学校教育成为科技扩散的重要途径。科技教育的大发展不仅促进了科学技术面向社会成员的传播扩散，提高了公众的科学素养，而且培养了大批掌握科技知识的专门人才，从而将科技带到社会生产的各个领域。

经过 19 世纪的发展，至 20 世纪初期，一个规模庞大的科技教育体系已经基本形成。在初等教育领域，数学、物理、化学、生物等课程成为学校教育的基本课程；在高等教育领域，与科技有关的各类专业成为大学教育的重要部分；科技教育甚至延伸到正规教育之外，成为各类职业教育、技能培训的重要组成内容。由每十万人口各级学校平均在校生数情况可以得知，自 1996 年至 2018 年的 23 年间，我国各级学校中的高等教育呈现稳步增长态势；其他各级学校因人口差异而产生一定的波动性。总体上，各级学校均在不断发展中逐步趋于稳态（表 6.9）。除北京和上海外，我国各（自治区、直辖市）2018 年高等学校每十万人口平均在校生数均高于 2010 年，表明我国高等教育资源在逐步实现地区均衡发展和稳步提升（表 6.10、图 6.8），其中西部地区增长最显著（表 6.11）。

表 6.9　1996—2018 年我国每十万人口各级学校平均在校生数情况（单位：人）

年份	学前教育	小学	初中阶段	高中阶段	高等教育
1996 年	2208	11273	4180	1780	470
1997 年	2058	11435	4289	1905	482
1998 年	1944	11287	4408	1978	519
1999 年	1864	10855	4656	2032	594
2000 年	1782	10335	4969	2000	723
2001 年	1602	9937	5161	2021	931
2002 年	1595	9525	5240	2283	1146
2003 年	1560	9100	5209	2523	1298
2004 年	1617	8725	5058	2824	1420
2005 年	1676	8358	4781	3070	1613
2006 年	1731	8192	4557	3321	1816
2007 年	1787	8037	4364	3409	1924
2008 年	1873	7819	4227	3463	2042
2009 年	2001	7584	4097	3495	2128
2010 年	2230	7448	3955	3504	2189
2011 年	2554	7403	3779	3495	2253

续表

年份	学前教育	小学	初中阶段	高中阶段	高等教育
2012 年	2736	7196	3535	3411	2335
2013 年	2876	6913	3279	3227	2418
2014 年	2977	6946	3222	3100	2488
2015 年	3118	7086	3152	2965	2524
2016 年	3211	7211	3150	2887	2530
2017 年	3327	7300	3213	2861	2576
2018 年	3350	7438	3347	2828	2658

资料来源：《中国统计年鉴》（1997—2019 年）。

表 6.10　2010—2018 年我国各地区高等学校每十万人口平均在校生数情况（单位：人）

省（自治区、直辖市）	2010 年	2011 年	2012 年	2013 年	2014 年	2015 年	2016 年	2017 年	2018 年
北京	6580	6897	6826	6750	6410	6196	5613	5534	5469
天津	4340	4600	4600	4534	4432	4412	4329	4358	4346
河北	1443	1630	1712	1811	1871	1951	2006	2063	2108
山西	1611	1790	1863	1979	2050	2132	2202	2351	2474
内蒙古	1303	1413	1507	1650	1794	1884	1920	2042	2137
辽宁	2141	2379	2498	2621	2659	2671	2712	2811	2903
吉林	2144	2359	2493	2659	2695	2716	2807	2889	3033
黑龙江	1887	2090	2207	2352	2420	2447	2409	2441	2529
上海	3838	4206	4317	4371	4393	4300	3556	3481	3421
江苏	2015	2301	2542	2679	2786	2819	2824	2786	2814
浙江	1886	2115	2246	2324	2303	2285	2218	2288	2363
安徽	1110	1351	1485	1658	1742	1841	2007	2101	2203
福建	1427	1656	1788	1937	2039	2144	2200	2301	2435
江西	1768	2105	2111	2062	2118	2162	2212	2295	2381
山东	1598	1811	1917	2071	2153	2202	2191	2238	2304
河南	1119	1331	1455	1648	1774	1839	1901	2012	2114
湖北	2176	2542	2683	2724	2829	2906	2991	3078	3144
湖南	1452	1719	1838	1966	2040	2051	2054	2087	2106
广东	1462	1591	1718	1821	1952	2037	1978	2082	2199
广西	993	1228	1273	1352	1436	1530	1688	1834	1939

续表

省（自治区、直辖市）	2010年	2011年	2012年	2013年	2014年	2015年	2016年	2017年	2018年
海南	1133	1374	1602	1800	2001	2036	2079	2218	2253
重庆	1474	1906	2043	2192	2317	2413	2522	2734	2894
四川	1204	1414	1500	1637	1732	1790	1904	2037	2140
贵州	838	910	904	969	1043	1109	1254	1392	1535
云南	904	1042	1081	1174	1298	1391	1520	1566	1662
西藏	1139	1014	1174	1279	1317	1373	1446	1508	1528
陕西	2349	2549	2683	2880	3045	3208	3378	3525	3612
甘肃	1211	1427	1548	1687	1806	1882	2041	2145	2193
青海	905	935	930	1033	1080	1119	1082	1133	1162
宁夏	1278	1511	1518	1610	1721	1868	1912	2107	2195
新疆	1329	1416	1414	1414	1430	1467	1521	1596	1681

资料来源：《中国统计年鉴》（2011—2019年）。

表6.11 2010—2018年我国四大地区高等学校每十万人口平均在校生数情况（单位：人）

地区	2010年	2011年	2012年	2013年	2014年	2015年	2016年	2017年	2018年
东部	3038	2899	2935	2971	3003	2993	2964	3017	3070
中部	2155	2228	2321	2404	2462	2502	2492	2534	2625
西部	1753	1849	1968	2057	2138	2175	2192	2159	2308
东北	2611	2643	2714	2822	2885	2855	2773	2767	2801

资料来源：《中国统计年鉴》（2011—2019年）及笔者整理。

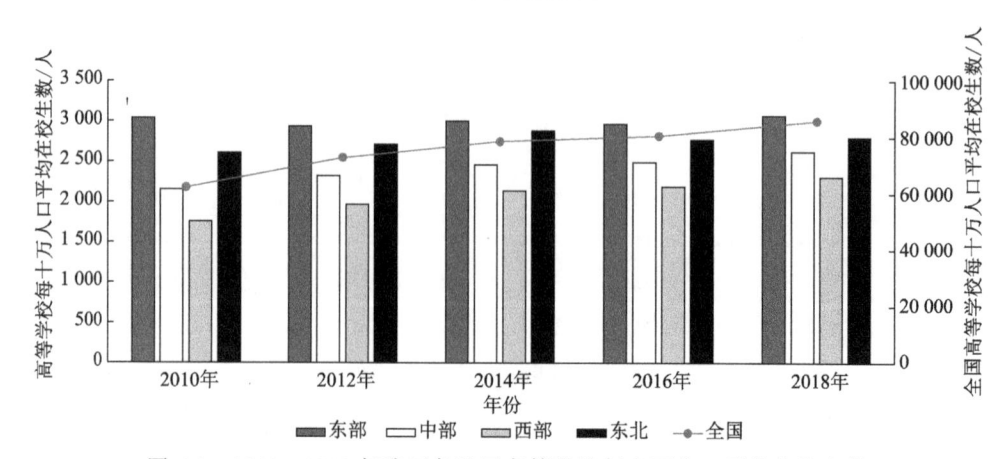

图6.8 2010—2018年我国各地区高等学校每十万人口平均在校生数

在各省（自治区、直辖市）高等教育方面，以北京为首的京津冀地区处于领先地位，2010—2018 年，北京和天津的高等学校每十万人口平均在校生数居于全国榜首；其次是上海、陕西、湖北等地区；其他地区也都取得了长足进步，但西藏、云南、贵州、青海等地依然与沿海经济发达地区有较大差距，有待于进一步提升。

良好的高等教育能够极大地促进科技在社会领域的应用和扩散，特别是那些高水平大学和研究型大学，它们凭借自身的科技研究和人才培养优势成为重要的知识创新和传播组织：一方面，通过培养大批科技人才，将科技知识输送到社会各阶层；另一方面，通过与公司企业、政府部门的合作，不断向产业部门推送新的科技成果，在社会技术创新体系中扮演了极为重要的角色[1]。

6.2　东北老工业基地公民科学素质建设投入有效性的具体评价

6.2.1　问卷设计、调研过程及结果

6.2.1.1　问卷设计

我国公民科学素质建设投入有效性评价问卷的设计及调研的目的是正确把握我国公民科学素质建设投入的有效性状况。为了获得公民科学素质建设投入的有效性评价定性指标较为切合实际的资料，以我国公民科学素质研究领域的相关专家为调研目标群体，对公民科学素质建设投入的有效性现状进行问卷调查。问卷分为两部分：问卷 1 是对公民科学素质建设投入的有效性状况的了解；问卷 2 通过层次分析法得出各个因素的权重。本研究问卷应答者的回答主要建立在主观评价之上，因此可能会导致问卷结果出现偏差。弗洛伊德·福勒（Floyd Fowler）认为主要存在四个原因可能导致问卷应答者对题项做出非准确性的回答[2]。这四个原因分别是：①应答者不知道所提问问题答案的信息；②应答者不能回忆所提问问题答案的信息；③虽然知道某些问题答案的信息，但是应答者不想回答；④应答者不能理解所问的问题。我们虽然无法完全消除以上

---

[1] 科学技术普及概论编写组. 2002. 科技传播与普及概论[M]. 北京：科学普及出版社.
[2] Fowler F J. 1988. Survey Research Methods[M]. Newbury Park: Sage Publications, Inc.

四个因素可能导致的问题，但仍可以在问卷设计中采取以下一些措施以尽量降低它们对获取准确答案的负面影响：①为防止第一种原因对问卷结果的影响，结合本问卷涉及内容面宽的实际情况，本问卷的发放对象为科技传播领域相关专家。②为防止第二种原因对问卷结果的影响，结合本研究的需要，问卷题项所涉及的问题主要针对我国现阶段的情况，以尽量避免引起偏差。③为防止第三种原因对问卷结果的影响，在调查问卷的卷首语中告知应答者，本问卷纯属学术研究目的，并且保证对应答者提供的信息保密。如果应答者对研究结论感兴趣，我们承诺会通过电子邮件将结论发送给他们，以期为其今后进行相关方面的研究提供一定的参考。④为防止第四种原因对问卷结果的影响，本调查问卷在发放之前将发给四位与笔者存在一定学术联系的科技创新领域专家，根据他们的反馈和建议，对问卷的表达方式和遣词造句进行斟酌修改，以尽量排除题项难以理解或所表达的意思不够明确的可能性。

6.2.1.2　调研过程及结果

对我国公民科学素质建设投入有效性评价状况的调研工作从 2020 年 11 月 10 日开始，到 2020 年 12 月 20 日结束。调研过程与计划完全一致，得到了可信度较高的 50 份调查结果。各项指标的权重主要由选择出的与笔者具有较多学术联系的四位相关资深专家来判断，从 2020 年 10 月 25 日开始，到 2020 年 11 月 10 日结束，得出了公民科学素质建设投入有效性评价指标权重的四份调查结果。

6.2.2　公民科学素质建设投入有效性评价分析

6.2.2.1　确定评价指标集

根据前面分析得出的公民科学素质建设投入的有效性评价体系，则可用因素集 U 表示该评价系统的目标层，U 又可被分为 2 个准则层 U_i，每个准则层下又可按其指标情况细分为因素层 U_{ij} 等，具体如下：

U={公民科学素质建设投入的有效性评价体系}={U_1,U_2}={投入结构，建设效果}

U_1={U_{11},U_{12},U_{13}}={人员投入，资金投入，基础设施投入}

$U_2=\{U_{21},U_{22},U_{23}\}=\{$公众对科学的理解,公众获取科技知识的方法和渠道,公众对科技的态度$\}$

$U_{11}=\{U_{111},U_{112}\}=\{$科普专职人员,科普兼职人员$\}$

$U_{12}=\{U_{121},U_{122},U_{123}\}=\{$人均科普经费投入,政府科普经费投入,教育经费投入$\}$

$U_{13}=\{U_{131},U_{132},U_{133},U_{134}\}=\{$科技馆体系建设投入,电视台科普节目情况,科研机构、大学向社会开放情况,互联网普及情况$\}$

$U_{21}=\{U_{211},U_{212},U_{213},U_{214},U_{215},U_{216}\}=\{$公众对科学术语的了解,公众对科学基本观点的了解,公众对基本科学方法的理解,公众对科学与非科学的鉴别,公众对科技发展与社会进步的理解,公众对科技发展与资源环境的理解$\}$

$U_{22}=\{U_{221},U_{222},U_{223},U_{224},U_{225},U_{226},U_{227},U_{228}\}=\{$公众通过传统媒体获取科技知识,公众通过互联网媒体获取科技知识,公众通过移动媒体获取科技知识,公众通过科技网站获取科技知识,公众通过科技类场馆获取科技知识,专家、学者和网络意见领袖的影响,参加科普活动情况,参与公共科技事务的程度$\}$

$U_{23}=\{U_{231},U_{232},U_{233},U_{234},U_{235}\}=\{$对科技信息的感兴趣程度,对科技的总体认识,对科学家的认识,对科技发展的认识,对科技创新的态度$\}$

6.2.2.2 确定评价指标权重

通过层次分析法对我国公民科学素质建设投入的有效性评价指标权重进行计算。

1. 一级指标权重的计算

一级指标权重的评分如表 6.12 所示。

表 6.12　U-U_i 判断矩阵（$i=1,2$）权重计算

专家	U	U_1	U_2	W_i	$\lambda_{\max}$	RI	CI	CR
专家一	U_1	1	1	0.500	2.000	0.000	0.000	0.000
	U_2	1	1	0.500				
专家二	U_1	1	3/2	0.600	2.083	0.000	0.083	0.000
	U_2	2/3	1	0.400				

续表

专家	U	U_1	U_2	W_i	λ_{max}	RI	CI	CR
专家三	U_1	1	1	0.500	2.000	0.000	0.000	0.000
	U_2	1	1	0.500				
专家四	U_1	1	1	0.500	2.000	0.000	0.000	0.000
	U_2	1	1	0.500				

以上各位专家的判断矩阵的 CR 均小于 0.10，具有满意的一致性，结果有效。将四位专家的权重结果进行算术平均得到指标 U_1 和 U_2 在 U 中的权重为：$U = (0.525, 0.475)$。

2. 二级指标权重的计算

二级指标权重的评分如表 6.13 和表 6.14 所示。

表 6.13　$U_1 - U_{1i}$ 判断矩阵（$i = 1,2,3$）权重计算

专家	U_1	U_{11}	U_{12}	U_{13}	W_i	λ_{max}	RI	CI	CR
专家一	U_{11}	1	3/2	1	0.375	3.111	0.580	0.056	0.096
	U_{12}	2/3	1	2/3	0.250				
	U_{13}	1	3/2	1	0.375				
专家二	U_{11}	1	1	1	0.333	3.000	0.580	0.000	0.000
	U_{12}	1	1	1	0.333				
	U_{13}	1	1	1	0.333				
专家三	U_{11}	1	6/5	1	0.353	3.022	0.580	0.011	0.019
	U_{12}	5/6	1	5/6	0.294				
	U_{13}	1	6/5	1	0.353				
专家四	U_{11}	1	1	1	0.333	3.000	0.580	0.000	0.000
	U_{12}	1	1	1	0.333				
	U_{13}	1	1	1	0.333				

以上各位专家的判断矩阵的 CR 均小于 0.10，具有满意的一致性，结果有效。将四位专家的权重结果进行算术平均得到指标 U_{11}、U_{12} 和 U_{13} 在 U_1 中的权重为：$U_1 = (0.349, 0.303, 0.349)$。

表 6.14　U_2-U_{2i} 判断矩阵（$i=1,2,3$）权重计算

专家	U_2	U_{21}	U_{22}	U_{23}	W_i	λ_{max}	RI	CI	CR
专家一	U_{21}	1	1	1	0.333				
	U_{22}	1	1	1	0.333	3.000	0.580	0.000	0.000
	U_{23}	1	1	1	0.333				
专家二	U_{21}	1	1	5/4	0.357				
	U_{22}	1	1	5/4	0.357	3.033	0.580	0.017	0.029
	U_{23}	4/5	4/5	1	0.286				
专家三	U_{21}	1	1	1	0.333				
	U_{22}	1	1	1	0.333	3.000	0.580	0.000	0.000
	U_{23}	1	1	1	0.333				
专家四	U_{21}	1	2/3	1	0.286				
	U_{22}	3/2	1	3/2	0.429	3.111	0.580	0.056	0.096
	U_{23}	1	2/3	1	0.286				

以上各位专家的判断矩阵的 CR 均小于 0.10，具有满意的一致性，结果有效。将四位专家的权重结果进行算术平均得到指标 U_{21}、U_{22} 和 U_{23} 在 U_2 中的权重为：$U_2 = (0.327, 0.363, 0.310)$。

3. 三级指标权重的计算

三级指标权重的评分如表 6.15—表 6.20 所示。

表 6.15　U_{11}-U_{11i} 判断矩阵（$i=1,2$）权重计算

专家	U_{11}	U_{111}	U_{112}	W_i	λ_{max}	RI	CI	CR
专家一	U_{111}	1	1	0.500	2.000	0.00	0.000	0.000
	U_{112}	1	1	0.500				
专家二	U_{111}	1	2/3	0.400	2.083	0.00	0.083	0.000
	U_{112}	3/2	1	0.600				
专家三	U_{111}	1	3/2	0.600	2.083	0.00	0.083	0.000
	U_{112}	2/3	1	0.400				
专家四	U_{111}	1	1	0.500	2.000	0.00	0.000	0.000
	U_{112}	1	1	0.500				

以上各位专家的判断矩阵的 CR 均小于 0.10，具有满意的一致性，结果有效。将四位专家的权重结果进行算术平均得到指标 U_{111} 和 U_{112} 在 U_{11} 中的权重为：$U_{11} = (0.500, 0.500)$。

表 6.16　U_{12} - U_{12i} 判断矩阵（$i = 1,2,3$）权重计算

专家	U_{12}	U_{121}	U_{122}	U_{123}	W_i	λ_{max}	RI	CI	CR
专家一	U_{121}	1	1	1	0.333				
	U_{122}	1	1	1	0.333	3.000	0.580	0.000	0.000
	U_{123}	1	1	1	0.333				
专家二	U_{121}	1	1	3/4	0.300				
	U_{122}	1	1	3/4	0.300	3.056	0.580	0.028	0.048
	U_{123}	4/3	4/3	1	0.400				
专家三	U_{121}	1	6/5	6/5	0.375				
	U_{122}	5/6	1	1	0.313	3.022	0.580	0.011	0.019
	U_{123}	5/6	1	1	0.313				
专家四	U_{121}	1	5/4	1	0.357				
	U_{122}	4/5	1	4/5	0.285	3.033	0.580	0.017	0.028
	U_{123}	1	5/4	1	0.357				

以上各位专家的判断矩阵的 CR 均小于 0.10，具有满意的一致性，结果有效。将四位专家的权重结果进行算术平均得到指标 U_{121}、U_{122} 和 U_{123} 在 U_{12} 中的权重为：$U_{12} = (0.341, 0.308, 0.351)$。

表 6.17　U_{13} - U_{13i} 判断矩阵（$i = 1,2,3,4$）权重计算

专家	U_{13}	U_{131}	U_{132}	U_{133}	U_{134}	W_i	λ_{max}	RI	CI	CR
专家一	U_{131}	1	5/4	1	5/4	0.278				
	U_{132}	4/5	1	4/5	1	0.222	4.050	0.900	0.017	0.019
	U_{133}	1	5/4	1	5/4	0.278				
	U_{134}	4/5	1	4/5	1	0.222				
专家二	U_{131}	1	6/7	1	6/7	0.231				
	U_{132}	7/6	1	7/6	1	0.269	4.024	0.900	0.008	0.009
	U_{133}	1	6/7	1	6/7	0.231				
	U_{134}	7/6	1	7/6	1	0.269				

续表

专家	U_{13}	U_{131}	U_{132}	U_{133}	U_{134}	W_i	λ_{max}	RI	CI	CR
专家三	U_{131}	1	8/7	1	8/7	0.267	4.018	0.900	0.006	0.007
	U_{132}	7/8	1	7/8	1	0.233				
	U_{133}	1	8/7	1	8/7	0.267				
	U_{134}	7/8	1	7/8	1	0.233				
专家四	U_{131}	1	1	1	1	0.250	4.000	0.900	0.000	0.000
	U_{132}	1	1	1	1	0.250				
	U_{133}	1	1	1	1	0.250				
	U_{134}	1	1	1	1	0.250				

以上各位专家的判断矩阵的 CR 均小于 0.10，具有满意的一致性，结果有效。将四位专家的权重结果进行算术平均得到指标 U_{131}、U_{132}、U_{133} 和 U_{134} 在 U_{13} 中的权重为：$U_{13}=(0.256,0.244,0.256,0.244)$。

表 6.18　U_{21}-U_{21i} 判断矩阵（$i=1,2,3,4,5,6$）权重计算

专家	U_{21}	U_{211}	U_{212}	U_{213}	U_{214}	U_{215}	U_{216}	W_i	λ_{max}	RI	CI	CR
专家一	U_{211}	1	6/7	3/4	6/7	1	1	0.150	6.071	1.240	0.014	0.012
	U_{212}	7/6	1	7/8	1	7/6	7/6	0.175				
	U_{213}	4/3	8/7	1	8/7	4/3	4/3	0.200				
	U_{214}	7/6	1	7/8	1	7/6	7/6	0.175				
	U_{215}	1	6/7	3/4	6/7	1	1	0.150				
	U_{216}	1	6/7	3/4	6/7	1	1	0.150				
专家二	U_{211}	1	3/4	1	1	3/4	3/4	0.143	6.125	1.240	0.025	0.020
	U_{212}	4/3	1	4/3	4/3	1	1	0.191				
	U_{213}	1	3/4	1	1	3/4	3/4	0.143				
	U_{214}	1	3/4	1	1	3/4	3/4	0.143				
	U_{215}	4/3	1	4/3	4/3	1	1	0.191				
	U_{216}	4/3	1	4/3	4/3	1	1	0.191				
专家三	U_{211}	1	5/6	5/7	5/6	1	1	0.147	6.098	1.240	0.020	0.016
	U_{212}	6/5	1	6/7	1	6/5	6/5	0.177				

续表

专家	U_{21}	U_{211}	U_{212}	U_{213}	U_{214}	U_{215}	U_{216}	W_i	λ_{max}	RI	CI	CR
专家三	U_{213}	7/5	7/6	1	7/6	7/5	7/5	0.206	6.098	1.240	0.020	0.016
	U_{214}	6/5	1	6/7	1	6/5	6/5	0.177				
	U_{215}	1	5/6	5/7	5/6	1	1	0.147				
	U_{216}	1	5/6	5/7	5/6	1	1	0.147				
专家四	U_{211}	1	1	1	1	1	1	0.167	6.000	1.240	0.000	0.000
	U_{212}	1	1	1	1	1	1	0.167				
	U_{213}	1	1	1	1	1	1	0.167				
	U_{214}	1	1	1	1	1	1	0.167				
	U_{215}	1	1	1	1	1	1	0.167				
	U_{216}	1	1	1	1	1	1	0.167				

以上各位专家的判断矩阵的CR均小于0.10，具有满意的一致性，结果有效。将四位专家的权重结果进行算术平均得到指标U_{211}、U_{212}、U_{213}、U_{214}、U_{215}和U_{216}在U_{21}中的权重为：$U_{21} = (0.152, 0.177, 0.179, 0.165, 0.164, 0.164)$。

表6.19　U_{22}-U_{22i}判断矩阵（$i=1,2,3,4,5,6,7,8$）权重计算

专家	U_{22}	U_{221}	U_{222}	U_{223}	U_{224}	U_{225}	U_{226}	U_{227}	U_{228}	W_i	λ_{max}	RI	CI	CR
专家一	U_{221}	1	1	1	1	1	5/6	5/6	5/6	0.116	8.063	1.410	0.009	0.006
	U_{222}	1	1	1	1	1	5/6	5/6	5/6	0.116				
	U_{223}	1	1	1	1	1	5/6	5/6	5/6	0.116				
	U_{224}	1	1	1	1	1	5/6	5/6	5/6	0.116				
	U_{225}	1	1	1	1	1	5/6	5/6	5/6	0.116				
	U_{226}	6/5	6/5	6/5	6/5	6/5	1	1	1	0.140				
	U_{227}	6/5	6/5	6/5	6/5	6/5	1	1	1	0.140				
	U_{228}	6/5	6/5	6/5	6/5	6/5	1	1	1	0.140				
专家二	U_{221}	1	1	1	1	1	6/7	6/7	1	0.120	8.036	1.410	0.005	0.004
	U_{222}	1	1	1	1	1	6/7	6/7	1	0.120				
	U_{223}	1	1	1	1	1	6/7	6/7	1	0.120				
	U_{224}	1	1	1	1	1	6/7	6/7	1	0.120				

续表

专家	U_{22}	U_{221}	U_{222}	U_{223}	U_{224}	U_{225}	U_{226}	U_{227}	U_{228}	W_i	λ_{max}	RI	CI	CR
专家二	U_{225}	1	1	1	1	1	6/7	6/7	1	0.120	8.036	1.410	0.005	0.004
	U_{226}	7/6	7/6	7/6	7/6	7/6	1	1	7/6	0.140				
	U_{227}	7/6	7/6	7/6	7/6	7/6	1	1	7/6	0.140				
	U_{228}	1	1	1	1	1	6/7	6/7	1	0.120				
专家三	U_{221}	1	1	1	1	1	1	1	1	0.125	8.000	1.410	0.000	0.000
	U_{222}	1	1	1	1	1	1	1	1	0.125				
	U_{223}	1	1	1	1	1	1	1	1	0.125				
	U_{224}	1	1	1	1	1	1	1	1	0.125				
	U_{225}	1	1	1	1	1	1	1	1	0.125				
	U_{226}	1	1	1	1	1	1	1	1	0.125				
	U_{227}	1	1	1	1	1	1	1	1	0.125				
	U_{228}	1	1	1	1	1	1	1	1	0.125				
专家四	U_{221}	1	5/6	5/6	1	5/6	5/6	1	1	0.114	8.067	1.410	0.010	0.007
	U_{222}	6/5	1	1	6/5	1	1	6/5	6/5	0.136				
	U_{223}	6/5	1	1	6/5	1	1	6/5	6/5	0.136				
	U_{224}	1	5/6	5/6	1	5/6	5/6	1	1	0.114				
	U_{225}	6/5	1	1	6/5	1	1	6/5	6/5	0.136				
	U_{226}	6/5	1	1	6/5	1	1	6/5	6/5	0.136				
	U_{227}	1	5/6	5/6	1	5/6	5/6	1	1	0.114				
	U_{228}	1	5/6	5/6	1	5/6	5/6	1	1	0.114				

以上各位专家的判断矩阵的CR均小于0.10，具有满意的一致性，结果有效。将四位专家的权重结果进行算术平均得到指标U_{221}、U_{222}、U_{223}、U_{224}、U_{225}、U_{226}、U_{227}和U_{228}在U_{22}中的权重为：U_{22} = (0.119, 0.124, 0.124, 0.119, 0.124, 0.135, 0.130, 0.125)。

表6.20　U_{23}-U_{23i}判断矩阵（$i=1,2,3,4,5$）权重计算

专家	U_{23}	U_{231}	U_{232}	U_{233}	U_{234}	U_{235}	W_i	λ_{max}	RI	CI	CR
专家一	U_{231}	1	1	1	1	1	0.200	5.000	1.120	0.000	0.000
	U_{232}	1	1	1	1	1	0.200				

续表

专家	U_{23}	U_{231}	U_{232}	U_{233}	U_{234}	U_{235}	W_i	λ_{max}	RI	CI	CR
专家一	U_{233}	1	1	1	1	1	0.200	5.000	1.120	0.000	0.000
	U_{234}	1	1	1	1	1	0.200				
	U_{235}	1	1	1	1	1	0.200				
专家二	U_{231}	1	1	1	1	6/7	0.194	5.019	1.120	0.005	0.004
	U_{232}	1	1	1	1	6/7	0.194				
	U_{233}	1	1	1	1	6/7	0.194				
	U_{234}	1	1	1	1	6/7	0.194				
	U_{235}	7/6	7/6	7/6	7/6	1	0.226				
专家三	U_{231}	1	1	1	5/4	1	0.208	5.040	1.120	0.010	0.009
	U_{232}	1	1	1	5/4	1	0.208				
	U_{233}	1	1	1	5/4	1	0.208				
	U_{234}	4/5	4/5	4/5	1	4/5	0.167				
	U_{235}	1	1	1	5/4	1	0.208				
专家四	U_{231}	1	1	1	1	5/6	0.192	5.027	1.120	0.007	0.006
	U_{232}	1	1	1	1	5/6	0.192				
	U_{233}	1	1	1	1	5/6	0.192				
	U_{234}	1	1	1	1	5/6	0.192				
	U_{235}	6/5	6/5	6/5	6/5	1	0.231				

以上各位专家的判断矩阵的CR均小于0.10，具有满意的一致性，结果有效。将四位专家的权重结果进行算术平均得到指标U_{231}、U_{232}、U_{233}、U_{234}和U_{235}在U_{23}中的权重为：$U_{23}=(0.199,0.199,0.199,0.188,0.216)$。

对计算得到的各判断矩阵对应的指标权重值进行整理，结果如表6.21所示。

表6.21 评价指标权重

准则层	一级指标层	二级指标层	三级指标层
公民科学素质建设投入的有效性评价	投入结构（0.525）	人员投入（0.349）	科普专职人员（0.500）
			科普兼职人员（0.500）
		资金投入（0.303）	人均科普经费投入（0.341）
			政府科普经费投入（0.308）
			教育经费投入（0.351）

续表

准则层	一级指标层	二级指标层	三级指标层
公民科学素质建设投入的有效性评价	投入结构（0.525）	基础设施投入（0.349）	科技馆体系建设投入（0.256）
			电视台科普节目情况（0.244）
			科研机构、大学向社会开放情况（0.256）
			互联网普及情况（0.244）
	建设效果（0.475）	公众对科学的理解（0.327）	公众对科学术语的了解（0.152）
			公众对科学基本观点的了解（0.177）
			公众对基本科学方法的理解（0.179）
			公众对科学与非科学的鉴别（0.165）
			公众对科技发展与社会进步的理解（0.164）
			公众对科技发展与资源环境的理解（0.164）
		公众获取科技知识的方法和渠道（0.363）	公众通过传统媒体获取科技知识（0.119）
			公众通过互联网媒体获取科技知识（0.124）
			公众通过移动媒体获取科技知识（0.124）
			公众通过科技网站获取科技知识（0.119）
			公众通过科技类场馆获取科技知识（0.124）
			专家、学者和网络意见领袖的影响（0.135）
			参加科普活动情况（0.130）
			参与公共科技事务的程度（0.125）
		公众对科技的态度（0.310）	对科技信息的感兴趣程度（0.199）
			对科技的总体认识（0.199）
			对科学家的认识（0.199）
			对科技发展的认识（0.188）
			对科技创新的态度（0.216）

6.2.2.3 构建判断矩阵

1. 定性指标

对于定性指标，采取调查问卷的方式获得数据，获得对一项指标的评价。此类指标由于没有可供比较的评价标准，所以根据我国公民科学素质建设投入有效性的实际情况，由相关人员根据主观判断给出评估值。如果某定性因素分别有 0、6、18、20、6 位专家认为有效、较为有效、一般、效用较差、无效，那么模糊综合评价集为（0, 0.12, 0.36, 0.40, 0.12）。

2. 定量指标

对于定量指标，定量因素的模糊综合评价通过合理的隶属函数建立。本研究的定量指标主要包括科普专职人员、科普兼职人员、人均科普经费投入、政府科普经费投入、教育经费投入、互联网普及情况，下面分别对它们进行计算。

1）科普专职人员

科普专职人员属于越大越好型指标，依据科普专职人员（包含参加科普活动的科技人员、普通高校教师、普通高中教师、初中教师、小学教师）每万人拥有数的评价标准可得线性隶属函数表达式：

$$\mu(v_1) = \begin{cases} (u-1.5)/0.5 & 1.5 \leqslant u \leqslant 2 \\ 1 & u \geqslant 2 \\ 0 & 其他 \end{cases} \quad (6.1)$$

$$\mu(v_2) = \begin{cases} (u-0.9)/0.6 & 0.9 \leqslant u \leqslant 1.5 \\ (2-u)/0.5 & 1.5 \leqslant u \leqslant 2 \\ 0 & 其他 \end{cases} \quad (6.2)$$

$$\mu(v_3) = \begin{cases} (u-0.3)/0.6 & 0.3 \leqslant u \leqslant 0.9 \\ (1.5-u)/0.6 & 0.9 \leqslant u \leqslant 1.5 \\ 0 & 其他 \end{cases} \quad (6.3)$$

$$\mu(v_4) = \begin{cases} (u-0.1)/0.2 & 0.1 \leqslant u \leqslant 0.3 \\ (0.9-u)/0.6 & 0.3 \leqslant u \leqslant 0.9 \\ 0 & 其他 \end{cases} \quad (6.4)$$

$$\mu(v_5) = \begin{cases} 1 & u \leqslant 0.1 \\ (0.3-u)/0.2 & 0.1 \leqslant u \leqslant 0.3 \\ 0 & 其他 \end{cases} \quad (6.5)$$

科普专职人员每万人拥有数为 1.72，代入上述线性隶属函数，可得 $\mu(v_3) = \mu(v_4) = \mu(v_5) = 0$，$\mu(v_1) = 0.440$，$\mu(v_2) = 0.560$，则这一指标的评价向量为：（0.440, 0.560, 0, 0, 0）。

2）科普兼职人员

科普兼职人员属于越大越好型指标，依据科普兼职人员每万人拥有数的评价标准可得线性隶属函数表达式：

$$\mu(v_1)=\begin{cases}(u-12.5)/2.5 & 12.5\leqslant u\leqslant 15\\ 1 & u\geqslant 15\\ 0 & 其他\end{cases} \quad (6.6)$$

$$\mu(v_2)=\begin{cases}(u-8.25)/4.25 & 8.25\leqslant u\leqslant 12.5\\ (15-u)/2.5 & 12.5\leqslant u\leqslant 15\\ 0 & 其他\end{cases} \quad (6.7)$$

$$\mu(v_3)=\begin{cases}(u-4)/4.25 & 4\leqslant u\leqslant 8.25\\ (12.5-u)/4.25 & 8.25\leqslant u\leqslant 12.5\\ 0 & 其他\end{cases} \quad (6.8)$$

$$\mu(v_4)=\begin{cases}(u-1)/3 & 1\leqslant u\leqslant 4\\ (8.25-u)/4.25 & 4\leqslant u\leqslant 8.25\\ 0 & 其他\end{cases} \quad (6.9)$$

$$\mu(v_5)=\begin{cases}1 & u\leqslant 1\\ (4-u)/3 & 1\leqslant u\leqslant 4\\ 0 & 其他\end{cases} \quad (6.10)$$

科普兼职人员每万人拥有数为12.96，代入上述线性隶属函数，可得 $\mu(v_3)=\mu(v_4)=\mu(v_5)=0$，$\mu(v_1)=0.184$，$\mu(v_2)=0.816$，则这一指标的评价向量为：(0.184, 0.816, 0, 0, 0)。

3）人均科普经费投入

人均科普经费投入属于越大越好型指标，依据人均科普经费投入的评价标准可得线性隶属函数表达式：

$$\mu(v_1)=\begin{cases}(u-12.5)/7.5 & 12.5\leqslant u\leqslant 20\\ 1 & u\geqslant 20\\ 0 & 其他\end{cases} \quad (6.11)$$

$$\mu(v_2)=\begin{cases}(u-3)/9.5 & 3\leqslant u\leqslant 12.5\\ (20-u)/7.5 & 12.5\leqslant u\leqslant 20\\ 0 & 其他\end{cases} \quad (6.12)$$

$$\mu(v_3) = \begin{cases} (u-0.55)/2.45 & 0.55 \leqslant u \leqslant 3 \\ (12.5-u)/9.5 & 3 \leqslant u \leqslant 12.5 \\ 0 & 其他 \end{cases} \quad (6.13)$$

$$\mu(v_4) = \begin{cases} (u-0.1)/0.45 & 0.1 \leqslant u \leqslant 0.55 \\ (3-u)/2.45 & 0.55 \leqslant u \leqslant 3 \\ 0 & 其他 \end{cases} \quad (6.14)$$

$$\mu(v_5) = \begin{cases} 1 & u \leqslant 0.1 \\ (0.55-u)/0.45 & 0.1 \leqslant u \leqslant 0.55 \\ 0 & 其他 \end{cases} \quad (6.15)$$

我国人均科普经费投入为 4.68 元，代入上述线性隶属函数，可得 $\mu(v_1) = \mu(v_4) = \mu(v_5) = 0$，$\mu(v_2) = 0.177$，$\mu(v_3) = 0.823$，则这一指标的评价向量为：（0, 0.177, 0.823, 0, 0）。

4）政府科普经费投入

政府科普经费投入占公共财政科技支出比重属于越大越好型指标，依据政府科普经费投入占公共财政科技支出比重的评价标准可得线性隶属函数表达式：

$$\mu(v_1) = \begin{cases} (u-2\%)/0.5\% & 2\% \leqslant u \leqslant 2.5\% \\ 1 & u \geqslant 2.5\% \\ 0 & 其他 \end{cases} \quad (6.16)$$

$$\mu(v_2) = \begin{cases} (u-1.15\%)/0.85\% & 1.15\% \leqslant u \leqslant 2\% \\ (2.5\%-u)/0.5\% & 2\% \leqslant u \leqslant 2.5\% \\ 0 & 其他 \end{cases} \quad (6.17)$$

$$\mu(v_3) = \begin{cases} (u-0.3\%)/0.85\% & 0.3\% \leqslant u \leqslant 1.15\% \\ (2\%-u)/0.85\% & 1.15\% \leqslant u \leqslant 2\% \\ 0 & 其他 \end{cases} \quad (6.18)$$

$$\mu(v_4) = \begin{cases} (u-0.1\%)/0.2\% & 0.1\% \leqslant u \leqslant 0.3\% \\ (1.15\%-u)/0.85\% & 0.3\% \leqslant u \leqslant 1.15\% \\ 0 & 其他 \end{cases} \quad (6.19)$$

$$\mu(v_5) = \begin{cases} 1 & u \leqslant 0.1\% \\ (0.3\%-u)/0.2\% & 0.1\% \leqslant u \leqslant 0.3\% \\ 0 & 其他 \end{cases} \quad (6.20)$$

政府科普经费投入占公共财政科技支出比重为 2.15%，代入上述线性隶属函数，可得 $\mu(v_3)=\mu(v_4)=\mu(v_5)=0$，$\mu(v_1)=0.300$，$\mu(v_2)=0.700$，则这一指标的评价向量为：(0.300, 0.700, 0, 0, 0)。

5）教育经费投入

教育经费投入占 GDP 比重属于越大越好型指标，依据教育经费投入占 GDP 比重的评价标准可得线性隶属函数表达式：

$$\mu(v_1)=\begin{cases}(u-4.25\%)/0.75\% & 4.25\%\leqslant u\leqslant 5\%\\ 1 & u\geqslant 5\%\\ 0 & 其他\end{cases} \quad (6.21)$$

$$\mu(v_2)=\begin{cases}(u-2.75\%)/1.5\% & 2.75\%\leqslant u\leqslant 4.25\%\\ (5\%-u)/0.75\% & 4.25\%\leqslant u\leqslant 5\%\\ 0 & 其他\end{cases} \quad (6.22)$$

$$\mu(v_3)=\begin{cases}(u-1.25\%)/1.5\% & 1.25\%\leqslant u\leqslant 2.75\%\\ (4.25\%-u)/1.5\% & 2.75\%\leqslant u\leqslant 4.25\%\\ 0 & 其他\end{cases} \quad (6.23)$$

$$\mu(v_4)=\begin{cases}(u-0.5\%)/0.75\% & 0.5\%\leqslant u\leqslant 1.25\%\\ (2.75\%-u)/1.5\% & 1.25\%\leqslant u\leqslant 2.75\%\\ 0 & 其他\end{cases} \quad (6.24)$$

$$\mu(v_5)=\begin{cases}1 & u\leqslant 0.5\%\\ (1.25\%-u)/0.75\% & 0.5\%\leqslant u\leqslant 1.25\%\\ 0 & 其他\end{cases} \quad (6.25)$$

我国教育经费投入占 GDP 比重为 4.30%，代入上述线性隶属函数，可得 $\mu(v_3)=\mu(v_4)=\mu(v_5)=0$，$\mu(v_1)=0.067$，$\mu(v_2)=0.933$，则这一指标的评价向量为：(0.067, 0.933, 0, 0, 0)。

6）互联网普及情况

互联网普及率属于越大越好型指标，依据互联网普及情况的评价标准可得线性隶属函数表达式：

$$\mu(v_1) = \begin{cases} (u-50\%)/10\% & 50\% \leqslant u \leqslant 60\% \\ 1 & u \geqslant 60\% \\ 0 & 其他 \end{cases} \quad (6.26)$$

$$\mu(v_2) = \begin{cases} (u-30\%)/20\% & 30\% \leqslant u \leqslant 50\% \\ (60\%-u)/10\% & 50\% \leqslant u \leqslant 60\% \\ 0 & 其他 \end{cases} \quad (6.27)$$

$$\mu(v_3) = \begin{cases} (u-15\%)/15\% & 15\% \leqslant u \leqslant 30\% \\ (50\%-u)/20\% & 30\% \leqslant u \leqslant 50\% \\ 0 & 其他 \end{cases} \quad (6.28)$$

$$\mu(v_4) = \begin{cases} (u-10\%)/5\% & 10\% \leqslant u \leqslant 15\% \\ (30\%-u)/15\% & 15\% \leqslant u \leqslant 30\% \\ 0 & 其他 \end{cases} \quad (6.29)$$

$$\mu(v_5) = \begin{cases} 1 & u \leqslant 10\% \\ (15\%-u)/5\% & 10\% \leqslant u \leqslant 15\% \\ 0 & 其他 \end{cases} \quad (6.30)$$

我国互联网普及率为 47.90%，代入上述线性隶属函数，可得 $\mu(v_1) = \mu(v_4) = \mu(v_5) = 0$，$\mu(v_2) = 0.895$，$\mu(v_3) = 0.105$，则这一指标的评价向量为：（0, 0.895, 0.105, 0, 0）。

结合调查问卷结果，整理得到的模糊评判矩阵为

$$R_1 = \begin{bmatrix} 0.440 & 0.560 & 0.000 & 0.000 & 0.000 \\ 0.184 & 0.816 & 0.000 & 0.000 & 0.000 \end{bmatrix} \quad (6.31)$$

$$R_2 = \begin{bmatrix} 0.000 & 0.177 & 0.823 & 0.000 & 0.000 \\ 0.300 & 0.700 & 0.000 & 0.000 & 0.000 \\ 0.067 & 0.933 & 0.000 & 0.000 & 0.000 \end{bmatrix} \quad (6.32)$$

$$R_3 = \begin{bmatrix} 0.300 & 0.480 & 0.120 & 0.100 & 0.000 \\ 0.300 & 0.480 & 0.220 & 0.000 & 0.000 \\ 0.240 & 0.160 & 0.420 & 0.180 & 0.000 \\ 0.000 & 0.895 & 0.105 & 0.000 & 0.000 \end{bmatrix} \quad (6.33)$$

$$R_4 = \begin{bmatrix} 0.100 & 0.420 & 0.280 & 0.180 & 0.020 \\ 0.080 & 0.440 & 0.340 & 0.120 & 0.020 \\ 0.240 & 0.460 & 0.180 & 0.080 & 0.040 \\ 0.180 & 0.400 & 0.380 & 0.040 & 0.000 \\ 0.020 & 0.420 & 0.280 & 0.280 & 0.000 \\ 0.280 & 0.380 & 0.280 & 0.040 & 0.020 \end{bmatrix} \quad (6.34)$$

$$R_5 = \begin{bmatrix} 0.040 & 0.420 & 0.320 & 0.180 & 0.040 \\ 0.200 & 0.460 & 0.200 & 0.120 & 0.020 \\ 0.200 & 0.340 & 0.280 & 0.160 & 0.020 \\ 0.140 & 0.460 & 0.260 & 0.140 & 0.000 \\ 0.160 & 0.440 & 0.180 & 0.120 & 0.100 \\ 0.120 & 0.360 & 0.280 & 0.240 & 0.000 \\ 0.200 & 0.360 & 0.320 & 0.120 & 0.000 \\ 0.140 & 0.460 & 0.280 & 0.120 & 0.000 \end{bmatrix} \quad (6.35)$$

$$R_6 = \begin{bmatrix} 0.220 & 0.540 & 0.180 & 0.060 & 0.000 \\ 0.220 & 0.440 & 0.200 & 0.120 & 0.020 \\ 0.180 & 0.420 & 0.220 & 0.160 & 0.020 \\ 0.180 & 0.380 & 0.320 & 0.080 & 0.040 \\ 0.240 & 0.360 & 0.300 & 0.100 & 0.000 \end{bmatrix} \quad (6.36)$$

6.2.2.4 模糊综合评价方法

1. 三级综合评价

由模糊评判矩阵及相应的指标权重，整理可得：

$$B_1 = U_{11} \times R_1 = (0.500 \quad 0.500) \times \begin{bmatrix} 0.440 & 0.560 & 0.000 & 0.000 & 0.000 \\ 0.184 & 0.816 & 0.000 & 0.000 & 0.000 \end{bmatrix} \quad (6.37)$$
$$= (0.312 \quad 0.688 \quad 0.000 \quad 0.000 \quad 0.000)$$

$$B_2 = U_{12} \times R_2 = (0.341 \quad 0.308 \quad 0.351) \times \begin{bmatrix} 0.000 & 0.177 & 0.823 & 0.000 & 0.000 \\ 0.300 & 0.700 & 0.000 & 0.000 & 0.000 \\ 0.067 & 0.933 & 0.000 & 0.000 & 0.000 \end{bmatrix}$$
$$= (0.116 \quad 0.603 \quad 0.281 \quad 0.000 \quad 0.000)$$

(6.38)

$$B_3 = U_{13} \times R_3 = (0.256 \quad 0.244 \quad 0.256 \quad 0.244) \times \begin{bmatrix} 0.300 & 0.480 & 0.120 & 0.100 & 0.000 \\ 0.300 & 0.480 & 0.220 & 0.000 & 0.000 \\ 0.240 & 0.160 & 0.420 & 0.180 & 0.000 \\ 0.000 & 0.895 & 0.105 & 0.000 & 0.000 \end{bmatrix}$$

$$= (0.212 \quad 0.499 \quad 0.218 \quad 0.072 \quad 0.000) \tag{6.39}$$

$$B_4 = U_{21} \times R_4 = (0.152 \quad 0.177 \quad 0.179 \quad 0.165 \quad 0.164 \quad 0.164)$$
$$\times \begin{bmatrix} 0.100 & 0.420 & 0.280 & 0.180 & 0.020 \\ 0.080 & 0.440 & 0.340 & 0.120 & 0.020 \\ 0.240 & 0.460 & 0.180 & 0.080 & 0.040 \\ 0.180 & 0.400 & 0.380 & 0.040 & 0.000 \\ 0.020 & 0.420 & 0.280 & 0.280 & 0.000 \\ 0.280 & 0.380 & 0.280 & 0.040 & 0.020 \end{bmatrix}$$

$$= (0.151 \quad 0.421 \quad 0.289 \quad 0.122 \quad 0.017) \tag{6.40}$$

$$B_5 = U_{22} \times R_5 = (0.119 \quad 0.124 \quad 0.124 \quad 0.119 \quad 0.124 \quad 0.135 \quad 0.130 \quad 0.125)$$
$$\times \begin{bmatrix} 0.040 & 0.420 & 0.320 & 0.180 & 0.040 \\ 0.200 & 0.460 & 0.200 & 0.120 & 0.020 \\ 0.200 & 0.340 & 0.280 & 0.160 & 0.020 \\ 0.140 & 0.460 & 0.260 & 0.140 & 0.000 \\ 0.160 & 0.440 & 0.180 & 0.120 & 0.100 \\ 0.120 & 0.360 & 0.280 & 0.240 & 0.000 \\ 0.200 & 0.360 & 0.320 & 0.120 & 0.000 \\ 0.140 & 0.460 & 0.280 & 0.120 & 0.000 \end{bmatrix}$$

$$= (0.151 \quad 0.411 \quad 0.265 \quad 0.151 \quad 0.022) \tag{6.41}$$

$$B_6 = U_{23} \times R_6 = (0.199 \quad 0.199 \quad 0.199 \quad 0.188 \quad 0.216)$$
$$\times \begin{bmatrix} 0.220 & 0.540 & 0.180 & 0.060 & 0.000 \\ 0.220 & 0.440 & 0.200 & 0.120 & 0.020 \\ 0.180 & 0.420 & 0.220 & 0.160 & 0.020 \\ 0.180 & 0.380 & 0.320 & 0.080 & 0.040 \\ 0.240 & 0.360 & 0.300 & 0.100 & 0.000 \end{bmatrix}$$

$$= (0.209 \quad 0.427 \quad 0.244 \quad 0.104 \quad 0.015) \tag{6.42}$$

2. 二级综合评价

由二级评判结果可得变换矩阵：

$$W_1 = \begin{bmatrix} 0.312 & 0.688 & 0.000 & 0.000 & 0.000 \\ 0.116 & 0.603 & 0.281 & 0.000 & 0.000 \\ 0.212 & 0.499 & 0.218 & 0.072 & 0.000 \end{bmatrix} \quad (6.43)$$

$$W_2 = \begin{bmatrix} 0.151 & 0.421 & 0.289 & 0.122 & 0.017 \\ 0.151 & 0.411 & 0.265 & 0.151 & 0.022 \\ 0.209 & 0.427 & 0.244 & 0.104 & 0.015 \end{bmatrix} \quad (6.44)$$

$$V_1 = U_1 \times W_1 = (0.349 \quad 0.303 \quad 0.349) \times \begin{bmatrix} 0.312 & 0.688 & 0.000 & 0.000 & 0.000 \\ 0.116 & 0.603 & 0.281 & 0.000 & 0.000 \\ 0.212 & 0.499 & 0.218 & 0.072 & 0.000 \end{bmatrix}$$

$$= (0.218 \quad 0.596 \quad 0.161 \quad 0.025 \quad 0.000) \quad (6.45)$$

$$V_2 = U_2 \times W_2 = (0.327 \quad 0.363 \quad 0.310) \times \begin{bmatrix} 0.151 & 0.421 & 0.289 & 0.122 & 0.017 \\ 0.151 & 0.411 & 0.265 & 0.151 & 0.022 \\ 0.209 & 0.427 & 0.244 & 0.104 & 0.015 \end{bmatrix}$$

$$= (0.169 \quad 0.419 \quad 0.267 \quad 0.127 \quad 0.018) \quad (6.46)$$

3. 一级综合评价

由一级评判结果可得变换矩阵：

$$W = \begin{bmatrix} 0.218 & 0.596 & 0.161 & 0.025 & 0.000 \\ 0.169 & 0.419 & 0.267 & 0.127 & 0.018 \end{bmatrix} \quad (6.47)$$

则总的综合评价结果 B 为

$$B = U \times W = (0.525 \quad 0.475) \times \begin{bmatrix} 0.218 & 0.596 & 0.161 & 0.025 & 0.000 \\ 0.169 & 0.419 & 0.267 & 0.127 & 0.018 \end{bmatrix} \quad (6.48)$$

$$= (0.194 \quad 0.512 \quad 0.211 \quad 0.073 \quad 0.009)$$

规定评价集中各元素的量化值为 $F_1 = 100$、$F_2 = 80$、$F_3 = 60$、$F_4 = 40$ 和 $F_5 = 20$，则可求出我国公民科学素质建设投入有效性评价结果为 76.205，可知我国公民科学素质建设投入处于较为有效的状态。

可以应用该方法，得出各级因素指标评价分数，如表 6.22 所示。

表 6.22 评价结果

准则层及分数	一级指标及分数	二级指标及分数	三级指标及分数
公民科学素质建设投入的有效性评价（76.205）	投入结构（80.133）	人员投入（86.240）	科普专职人员（88.800）
			科普兼职人员（83.680）
		资金投入（76.698）	人均科普经费投入（63.540）
			政府科普经费投入（86.000）
			教育经费投入（81.340）
		基础设施投入（77.008）	科技馆体系建设投入（79.600）
			电视台科普节目情况（81.600）
			科研机构、大学向社会开放情况（69.200）
			互联网普及情况（77.900）
	建设效果（71.864）	公众对科学的理解（71.351）	公众对科学术语的了解（68.000）
			公众对科学基本观点的了解（68.800）
			公众对基本科学方法的理解（75.600）
			公众对科学与非科学的鉴别（74.400）
			公众对科技发展与社会进步的理解（63.600）
			公众对科技发展与资源环境的理解（77.200）
		公众获取科技知识的方法和渠道（70.337）	公众通过传统媒体获取科技知识（64.800）
			公众通过互联网媒体获取科技知识（74.000）
			公众通过移动媒体获取科技知识（70.800）
			公众通过科技网站获取科技知识（72.000）
			公众通过科技类场馆获取科技知识（68.800）
			专家、学者和网络意见领袖的影响（67.200）
			参加科普活动情况（72.800）
			参与公共科技事务的程度（72.400）
		公众对科技的态度（74.198）	对科技信息的感兴趣程度（78.400）
			对科技的总体认识（74.400）
			对科学家的认识（71.600）
			对科技发展的认识（71.600）
			对科技创新的态度（74.800）

6.3 东北老工业基地公民科学素质建设投入有效性评价的状况分析

6.3.1 公民科学素质投入结构的状况分析

6.3.1.1 人员投入状况分析

根据评价结果可以看出,公民科学素质建设人员投入的评价分值为86.240,处于有效状态的状况,分值相对较高,但还需进一步提高,下面分指标对公民科学素质建设投入的人员投入状况进行分析。

从科普专职人员投入的评价结果来看,科普专职人员投入的评价分值为88.800,虽处于有效状态,但有进一步向下发展的态势。部分科普人员不能达到基本科学素质要求,不能为提升广大民众的科学素质做出应有的贡献。此外,部分科研人员为一些"伪科学"和商业炒作摇旗呐喊,置科学研究的严肃性和科研人员的尊严于不顾。目前,在我国从事科技传播者工作的从业人员大多是文科出身,科学技术知识相对薄弱。许多科技期刊的编辑基本没有受过专业科学技术方面的专门教育和训练,也就很难筛选出质量较好的科技信息。并且国内的新闻与传播学院很少开设自然科学、现代科学技术概论或科技新闻报道之类的课程,使得许多科技记者难于捕捉和理解最新的科技成果,与科技界鸿沟加深,沟通不畅,进而影响科技成果的有效传播。另外,在市场经济条件下,部分传播者价值取向"功利化"较为严重,传播者往往会优先选择那些能给自身带来重大经济、社会或新闻效应的科技成果进行传播,而忽视科技成果自身的学术价值,从而导致许多有学术价值的科技内容难于得到有效传播。从科普兼职人员投入的评价结果来看,科普兼职人员投入的评价分值为83.680,处于有效状态,说明我国科普兼职人员的投入状况比较理想,但仍存在不足。大多公众认为,科普工作仅仅是让公众理解科学知识,实际上科普活动是一种从科技工作者到公众的单向传播,公众作为科普对象是完全被动的,对普及内容没有选择权,这就需要科技工作者不断提升自身素质、开展科普活动,把公众被动接受科学知识的过程变成公众主动参与科学知识创造的过程,使公众具有科学精神、科学态度,并能够主动利用科学方法开展创新活动。

6.3.1.2 资金投入状况分析

根据评价结果可以看出，公民科学素质建设资金投入的评价分值为76.698，处于较为有效状况，但评价分值还比较低，有向一般有效发展的态势，下面分指标对公民科学素质建设投入的资金投入状况进行分析。

从人均科普经费投入的评价结果来看，人均科普经费投入的评价分值为63.540，处于较为有效状态，但分值相对较低，有向下过渡的趋势，说明我国公民科学素质建设工作还得不到社会的大力经济支持。从教育经费投入的评价结果来看，教育经费投入的评价分值为81.340，处于有效状态，但仍有待于进一步提升，而且科技教育未达到预期效果，需进一步落实资金去处，以此来提升我国科技教育水平。从政府科普经费投入的评价结果来看，政府科普经费投入占财政支出比重的评价分值为86.000，处于有效状态，但分值相对较低，处于警戒线边缘，有向下发展的趋势。

6.3.1.3 基础设施投入状况分析

根据评价结果可以看出，公民科学素质建设投入的基础设施投入评价分值为77.008，处于较为有效状态，评价分值相对较高，下面分指标对公民科学素质建设投入的基础设施投入状况进行分析。

从科技馆体系建设投入的评价结果来看，科技馆体系建设投入的评价分值为79.600，处于较为有效状态。科技馆是提升公民科学素质的重要组成部分，我国科技馆的兴起较发达国家晚，但是近年来发展却十分迅猛。数据显示，2016年起，我国科技馆的数量每年呈递增状态，2020年我国科技馆数量达到1000个，总建筑面积达526.5万平方米，比之前有了很大提升。但与发达国家相比还存在明显不足，需要进一步提升科技馆内部建设，使其能够从多角度呈现科普展览主题并以学科知识为支撑，能够使受众通过感知、体验等方式获取相关的信息和知识。从互联网普及情况的评价结果来看，互联网普及情况的评价分值为77.900，处于较为有效状态，说明我国公众能够运用互联网和相关网络技术手段，善于从中获取科技信息，同时也表明科学技术的发展是促进科技传播和公民科学素质提升的重要动力。现如今，由电子计算机技术、网络通信技术、信息处理技术催生的互联网革命，对人类社会的信息传播产生了更为深远的影响。互联网是现代科学技术在人类信息传播领域中综合运用的一个最新成果，集中体现了现代传播技术的最新进展。互联网技术的快速发展以及广泛普及，已经使互联网发展成为一个全新的传播媒介和平台，基于互联网的传播也逐渐发展成为一个具有多种优势的新途径，在共同体内的科学交流领域已经得到广泛应用，同时互联网也日益成为科技工作者获取科技信息的重要渠道，对科技获取、科技吸收和科技开发具有重要作用。

6.3.2 公民科学素质建设效果的状况分析

6.3.2.1 公众对科学的理解的状况分析

根据评价结果可以看出，公众对科学的理解的评价分值为71.351，处于较为有效状态，但评价分值相对较低，有下滑的趋势，下面分指标对公众对科学的理解的状况进行分析。

从公众对科学术语的了解的评价结果来看，公众对科学术语的了解的评价分值为68.000，处于较为有效状态，但分值相对较低。从公众对科学基本观点的了解的评价结果来看，公众对科学基本观点的了解的评价分值为68.800，虽然处于较为有效状态，但分值相对较低，有向下滑落的趋势。两个评价结果可以说明我国民众对科学和技术的理解还不到位，需要进一步提升自身的科学素质。从公众对基本科学方法的理解的评价结果来看，公众对基本科学方法的理解的评价分值为75.600，处于较为有效状态，说明民众对基本科学方法有一定接触和了解，但还需进一步提升。从公众对科学与非科学的鉴别的评价结果来看，公众对科学与非科学的鉴别的评价分值为74.400，处于较为有效状态。从公众对科技发展与社会进步的理解的评价结果来看，公众对科技发展与社会进步的理解的评价分值为63.600，虽然处于较为有效状态，但分值相对较低，仅仅比警戒线高3.600分。从公众对科技发展与资源环境的理解的评价结果来看，公众对科技发展与资源环境的理解的评价分值为77.200，处于较为有效状态，分值相对比较高，说明我国公众基本能够正确、积极理解科技发展与资源环境的互动关系。第十一次中国公民科学素质抽样调查显示，2020年我国公民具备科学素质的比例达到10.56%，说明我国很多民众还不具备分辨科学和伪科学的能力、基本的科学思维方法以及用科学方法思考和解决社会及生活中的各种问题的能力，在科学研究方法、科学对社会的影响的认知等方面落后更多，造成受众在正确理解科技信息并应用于日常生活和社会生产等方面的能力不足。接受者接受了劣质科技信息或伪科学信息并以此指导实践，将导致无效劳动，同时也因此缺乏对伪科学、商业炒作和存在误导性的科技传播信息的辨伪能力，而"先入为主"的认识特性不仅使科技传播发生偏差甚至谬误，还往往会阻碍人们纠正错误的认识，形成恶性循环。

6.3.2.2 公众获取科技知识的方法和渠道的状况分析

根据评价结果可以看出，公众获取科技知识的方法和渠道的评价分值为70.337，处于较为有效状态，但评价分值不高，下面分指标对公众获取科技知识的方法和渠道的状况进行分析。

从公众通过传统媒体获取科技知识的评价结果来看，公众通过传统媒体获取科技知识的评价分值为64.800，虽然处于较为有效状态，但分值相对较低，有向下滑落的趋势。从公众通过互联网媒体获取科技知识的评价结果来看，公众通过互联网媒体获取科技知识的评价分值为74.000，处于较为有效状态。从公众通过移动媒体获取科技知识的评价结果来看，公众通过移动媒体获取科技知识的评价分值为70.800，处于较为有效状态，说明我国民众公众能够运用移动媒体，善于从中获取科技信息。从公众通过科技网站获取科技知识的评价结果来看，公众通过科技网站获取科技知识的评价分值为72.000，处于较为有效状态。从公众通过科技类场馆获取科技知识的评价结果来看，公众通过科技类场馆获取科技知识的评价分值为68.800，处于较为有效状态，但还有进一步上升的空间，说明我国民众需要多参加科技类场馆举办的科普活动，以提高自身的科学素养。从专家、学者和网络意见领袖的影响的评价结果来看，专家、学者和网络意见领袖的影响的评价分值为67.200，虽然处于较为有效状态，但分值相对较低，有向下滑落的趋势，说明专家、学者和网络意见领袖还需多多发挥自身影响力，在自由平等的网络言论空间能够经常为他人提供信息、观点或建议。从参加科普活动情况的评价结果来看，参加科普活动情况的评价分值为72.800，处于较为有效状态。从参与公共科技事务的程度评价结果来看，参与公共科技事务的程度的评价分值为72.400，处于较为有效状态，说明公众具备一定的参与公共科技事务的能力，能够以科学所强调的价值观念一致的方式与周围的世界打交道。

长久以来，人们认为科普是一种线性模式的单向传播活动，传播的源头是科学家，传播的末端是公众，科学知识的传播是由科学家向公众单向流动的过程。这种模式的最大问题是硬性教育导向的思维方式，将普通公众想象为什么都不懂的"空桶"，而科学家的任务就是往这个"空桶"里放东西。在这种模式下，公众无法自主选择自己所要接受的知识，无法与科技工作者平等交流。随着信息化社会的来临，越来越多的高科技进入公众的日常生活，新的科技知识呈现爆炸性增长趋势。科普传播也必须紧跟时代步伐，对其内容、方式和方法进行改革和创新，并要更加积极主动地借助书刊、报纸、广播、电影、网络、手机等媒介，在公众中进行全方位立体科普，让普通公众对最新的科技成果产生浓厚的兴趣。

6.3.2.3 公众对科技的态度的状况分析

根据评价结果可以看出，公众对科技的态度的评价分值为74.198，处于较为有效状况，下面分指标对公众对科技的态度的状况进行分析。

从公众对科技信息的感兴趣程度的评价结果来看，公众对科技信息的感兴趣程度的评价分值为78.400，说明总体上我国公众对科技信息还是有浓厚兴趣的，但仍有很大一部分公民缺乏科技兴趣，主要原因在于受儒家思想影响较大。我国公众崇尚社会伦理而轻视工艺技术，对科技传播的重视程度不够，从而导致广大社会成员科技意识淡薄，不像西方人那样对自然问题充满好奇之心，以至于不敢冒险，害怕失败。从公众对科技的总体认识的评价结果来看，公众对科技的总体认识的评价分值为74.400，处于较为有效状态，说明我国公众能够较好地理解科学精神和科学方法，具备独立思考问题的能力，养成了科学思维的习惯，达到了具备文化科学素质的程度。从公众对科学家的认识的评价结果来看，公众对科学家的认识的评价分值为71.600，虽然处于较为有效状态，但分值相对较低。从公众对科技发展的认识的评价结果来看，公众对科技发展的认识的评价分值为71.600，虽然处于较为有效状态，但分值相对较低，有向下滑落的趋势，说明普遍来讲，公众能够积极、正确地看待科技发展，享受科技带来的乐趣。从公众对科技创新的态度的评价结果来看，公众对科技创新的态度的评价分值为74.800，说明我国公众大体上能在科学研究、技术发明和产业创新活动中体现出科学意识和科学精神并鼓励科技创新。

7 东北老工业基地公民科学素质建设投入的调控对策研究

7.1 加强科普活动建设，促进公民科学素质有序提升

目前，我国政府科普经费投入平稳增长，科普场馆规模不断扩大，但仍然存在科普资源"碎片化""孤岛现象"。我国公民科学素质建设首先应继续加大投入力度，在有效利用政府扶持的基础上，拓宽融资渠道，吸引市场及社会力量共同参与到科普活动中，回归科普真正内涵，增强与公民之间的互动性，提高公民参与科普活动的热情，从而探索更完善的科普建设途径。科普工作具有公益性，各级政府、科协机构及社会团体应该加大科普资金的投入力度。目前科普工作中仍然存在一些不足，统计结果显示，2018年，全国人均科普专项经费4.45元，比2017年的4.51元减少0.06元，出现小幅下降。对此科技部引进国外智力管理司科普工作负责人邱成利表示："由于财政收入和支出的差异，各地区和部门对于科普经费的投入差异非常大。"[①]在以政府拨款为主要来源的当下，如何推动科普经费来源多元化成为当下的主要问题。因此，要切实增加对科普的投入，按照国家预算管理规定和现行资金渠道，统筹考虑和落实公民科学素质建设所需经费，保证中央财政人均科普投入的稳定增长；同时，单靠政府部门投入，科普事业很难有大的发展，需要进一步鼓励并吸纳社会资本投入科普领域，包括企业捐赠等形式。我国现行科普经费筹集主要通过政府拨款、捐赠、自筹资金、其他收入等形式，其中以政府拨款为主，这就形成了科普经费筹集方式单一的局面。因此，在今后科普经费筹集工作中，既要保证政府拨款的合理运用，也应加大社会资金投入科普工作的力度，发动全社会力量支持科普工作，集全社会之力共谋科普事业新发展、共同促进公民科学素质建

---

① 张蕾. 2019-12-25. 解读最新全国科普统计数据. 光明日报, (008).

设。其次，加大对重点领域的突破，政府层面加大重点领域科普工作的支持力度，重视人才培养和人才利用，拓宽科普渠道，广泛利用互联网新媒体的传播作用，"以点带面"发挥其带动作用，使科普工作有序开展，促进我国科普工作全面开放，提高公民科学素质整体水平。最后，建设一支高素质、执行力强的科普队伍是科普工作顺利开展的关键环节。只有提升科普人才队伍整体水平，才能使科普工作得到实质改善，才能促进科普事业不断前进。科普人员应当热衷于科普事业，甘于为科普事业做贡献，为提升我国公民科学素质的整体水平贡献力量。

7.2 加大教育体制改革，保障公民科学素质全面发展

为落实《国家中长期科学和技术发展规划纲要（2006—2020年）》等确定的科普工作任务，国务院办公厅确定科技部、财政部、中共中央宣传部牵头，中央组织部等20个部门参加制定《中国公民科学素质基准》，建立《科学素质纲要》实施的监测指标体系，定期开展中国公民科学素质调查和全国科普统计工作，为公民提高自身科学素质提供衡量尺度和指导。《中国公民科学素质基准》共有26条基准、132个基准点，基本涵盖公民需要具有的科学精神、掌握或了解的知识、具备的能力。因此，需要根据《中国公民科学素质基准》要求适时调整教育体制，保障公民科学素质全面发展。

（1）在基础教育阶段，更新科学教育理念，合理设置教育目标，改进课堂教育方式，自基础阶段开始就培养学生的科学意识，提高学习科学知识、探索科学原理的积极性，形成科学教育合力。

（2）在高校建设过程中，应积极探索创新型教育方法，鼓励不同门类的跨学科选读，形成互补，推进教育人才发展体制机制改革，深入实施"长江学者奖励计划"，进一步加大向中西部、东北部地区倾斜力度，加大力度支持培养青年人才。

（3）组织高校承担国家重大科学基础设施和国家实验室建设任务，组织高校参与国家重大科技计划项目，建立和完善高校基础研究稳定支持机制。深化高校人文社会科学重点研究基地改革，启动高校专业化智库建设。

（4）着力提高教育经费保障与管理水平，进一步上调教育经费投入比例。

2019 年全国教育经费总投入为 50 175 亿元，比上年同期增长 8.74%[①]，督促各地按此比例落实教育经费增长。建立健全教育投入长效机制，并加大教育经费使用监管力度，推动财务信息公开。

世界主要创新型国家都非常重视科普教育活动，它们相继开展了对公民科学素质的系统调查，并将其作为国家科技政策的参考依据。我国也在不断加大公民科学素质建设力度。据统计，近年来我国公民科学素质水平快速提升，2020 年我国公民具备科学素质的比例达到 10.56%，比 2015 年的 6.20% 提高了 4.36 个百分点，圆满完成了"十三五"规划提出的 2020 年"公民具备科学素质的比例超过 10%"的目标任务。

7.3 兼顾区域协调发展，促进公民科学素质的整体提升

我国科学普及工作发展不平衡，东部地区和中西部地区、城市和农村居民间的科学素质差距较大。农民、城镇新居民、边远和少数民族地区民众获取科学素质公共服务的机会明显偏少，农民无论是在科技文化素养水平，对基本科学知识、基本科学术语的了解程度，还是在认识科学技术对个人和社会的影响的程度上都低于全国平均水平，与城市比较差距更加悬殊。普遍来讲，中西部由于经济发展和科技软环境发展相对滞后，难以吸引到高精尖人才，因而在公民科学文化素养方面也落后于东南沿海地区。因此，要适当增加对农村和偏远地区的科普建设力度，继续扩大实施"支援中西部地区招生协作计划"等专项计划，扩大优质教育资源教学成果对中西部省（自治区、直辖市）的覆盖，畅通农村和贫困地区学子纵向流动的渠道。加大对农村留守儿童、老人和妇女等困难群体的服务力度，强化面向革命老区、民族地区、边疆地区、集中连片贫困地区的科技帮扶和科普教育工作，补齐全民科学素质的短板，提高整体公民的科学素质。这就需要以科学发展观为指导，统筹各地区域发展，中西部地区可以借鉴学习东部地区在公民科学素质建设方面的有效做法，结合本地区实际情况，制定出适合本地区科学素质建设的合理规划目标。

在社区科普方面，坚持普惠共享的原则，广泛开展社区科技教育、传播与

---

① 教育部. 2020. 2019 年全国教育经费执行情况统计快报. http://www.moe.gov.cn/jyb_xwfb/gzdt_gzdt/s5987/202006/t20200612_465295.html [2020-06-12].

普及活动，面向城镇新居民开展适应城市生活的科普活动，帮助他们融入城市生活，拓展科技惠民新空间；结合东部沿海地区的优秀科普经验，以京津冀地区、长三角地区的科普教育辐射效应带动周边地区的公民科学素质发展，建立相关教育协同发展推动机制。

7.4 加快发展科技馆建设，多角度呈现科普展览主题

进入21世纪以来，我国的科技馆事业开始向着重视质量的方面转化，并进行了一些战略性的研究，制定了发展规划和战略措施。最重要的标志是研究制定了《科学技术馆建设标准》，并于2006年正式公布实施。2002年颁布的《中华人民共和国科学技术普及法》和2006年颁布的《科学素质纲要》，为我国的科技馆建设和发展提供了前所未有的政策和法律保障。科技馆虽然是科普教育场所，但其展示教育的方式表明，其主要功能应该是通过直观视觉刺激和互动体验，来唤醒人们的理性意识、科学理念，激发好奇心，激励人们进行探索和学习的兴趣，并逐渐改变观念，形成科学的世界观和人文的价值观。因此，要加强科技馆理论的研究，逐步建立符合当代科技馆发展潮流并具有我国特色的科技馆理论体系。同时，还应积极引进现代博物馆营销学的理念，使展览等活动的选题策划、市场调研、观众定位、内容选择、主题确定、展品创意、风格设计、公关宣传、市场推广等过程科学化、精确化，提高展览等活动的成功率和影响力，从而提高展览等活动的教育效果。

科技馆是公益性的科普教育设施，在现阶段应以政府投入为主。建议各级政府要把支持科技馆的建设和运行作为必须履行的公共服务职责，加大投入，保障科技馆建设、运行和展品更新、展览开发的经费需求。要让民众参观科技馆获得的经验具有教育价值，不仅具有"上手"的特征，更重要的是要具有"上心"的特征。以上海科技馆为代表的探索馆正是在这一方面上取得了重要突破。上海科技馆的所有展品均是经过精心设计的，不仅可以保证学习者在参观与互动的过程中上手操作，而且还可以确保他们在这一过程中用心思考，为其他地区的科技馆建设树立了榜样，值得其他地区借鉴和学习。同时，要鼓励企事业单位、社会团体、个人和海外资金支持科技馆建设，并通过设立基金和发行彩票，建立多渠道的科技馆资金来源，形成科技馆的长效运行机制。

7.5 促进政府与市场相协调，加速公民科学素质建设进程

党的十九届五中全会提出："全面深化改革，构建高水平社会主义市场经济体制。坚持和完善社会主义基本经济制度，充分发挥市场在资源配置中的决定性作用，更好发挥政府作用，推动有效市场和有为政府更好结合。"[①]市场决定资源配置是市场经济的一般规律，健全社会主义市场经济体制必须要遵循这条规律，着力解决市场体系不完善、政府干预过多和监管不到位问题。因此，在我国公民科学素质建设问题上，既要坚持政府部门对公民科学素质建设的整体把握，又要放开市场，让更多的社会力量参与到科学素质建设活动中，创新现有工作方法，积极拓宽发展平台，提高公民的参与度，加速我国公民科学素质建设进程。完善科普产业发展政策，加强科普产业市场培育，推动科普产品研发与创新，支持和鼓励科幻小说、科幻影视等创作。

7.6 加强创新教育，促进科技创新

创新教育是要培养人的创造能力，不光要会学习，还要有所创造，从传统的灌输知识转变为启发受教育者主动求知，强化创新意识和创新能力的培养。创新教育成为培养创造性人才的关键，它们之间的关系如下：①科学文化基础知识和基本技能技巧是创新教育的基础。科学文化基础知识和基本技能技巧也就是我们常说的"双基"。知识创新是一个继承和发展的过程，只有继承才有发展，没有科学知识和技能作铺垫，创新教育就成了"无源之水，无本之木"。②科学方法是创新教育的核心，我们实施创新教育的最终目的是培养学生的创新能力，而这一能力的形成，一方面是基础知识和基本技能，另一方面就是科学的方法论。没有科学的方法论，同样创新教育也将成为"空中楼阁"。③科学思想和科学精神是创新教育的关键。科学思想和科学精神就是以事实为依据，通过各种手段去感知客观事物，在大量感性经验的基础上，再运用理性思维去把握事物的本质。它主要包括科学自然观、科学社会观、科学价值观、科学道

---

① 新华社. 2020. 中国共产党第十九届中央委员会第五次全体会议公报. http://www.xinhuanet.com/politics/2020-10/29/c_1126674147.htm [2020-10-29].

德观、科学审美观。它决定了创新教育的一种价值取向,一种对待自然、社会和自我以及真、善、美等精神产品的态度。用科学思想和科学精神的标准去看待事物的发生、发展,能够使人们能逐渐领悟而内化为自己的精神领域,以促进人、自然、科学和谐发展为目的,从而使人类的发展达到一个崭新的、较高的层次,因此它是创新教育的关键。

科技创新、科学普及是实现创新发展的两翼,要把科学普及放在与科技创新同等重要的位置。在国家大力建设知识创新和技术创新的同时,要建立与之相适应的高效率科技传播系统和科普体系,通过专业人员进行科普产品创作和科学知识普及,才能及时为社会公众输送急需的科技知识,为知识创新系统和技术创新系统的良性运行提供有力支撑;才能推进以科技创新为核心的全面创新,推动大众创业、万众创新,引领经济发展新常态。这对助力创新型国家建设和实现2035年远景目标具有重要战略意义。

附录 A 调查问卷 1

尊敬的各位专家/学者：

您好！

本问卷用于测试和评估公民科学素质建设的投入水平，以利于对公民科学素质建设投入的有效性进行科学综合评价。答案没有对错之分，烦请您填写此问卷调查表。您所提供的情况，我们将严格保密，有关资料仅仅局限于课题研究使用，请您放心并尽可能地客观回答，切勿遗漏任何一题。感谢您的支持与合作！

问卷填写说明：采用 1—9 标度法，填写时前一个指标与后一个指标一样重要，设定尺度为 1；前一个指标比后一个指标稍微重要，设定尺度为 3；前一个指标比后一个指标明显重要，设定尺度为 5；前一个指标比后一个指标强烈重要，设定尺度为 7；前一个指标比后一个指标绝对重要，设定尺度为 9；而中间数 2、4、6、8，表示两个指标的重要性之比在上述两个相邻等级之间。

表 A.1 公民科学素质建设投入的有效性评估的准则层评判矩阵

公民科学素质建设投入的有效性	U_1	U_2
U_1 投入结构	1	
U_2 建设效果		1

表 A.2 公民科学素质投入结构的评判矩阵

投入结构	U_{11}	U_{12}	U_{13}
U_{11} 人员投入	1		
U_{12} 资金投入		1	
U_{13} 基础设施投入			1

表 A.3　公民科学素质建设效果的评判矩阵

建设效果	U_{21}	U_{22}	U_{23}
U_{21} 公众对科学的理解	1		
U_{22} 公众获取科技知识的方法和渠道		1	
U_{23} 公众对科技的态度			1

表 A.4　公民科学素质人员投入的评判矩阵

人员投入	U_{111}	U_{112}
U_{111} 科普专职人员	1	
U_{112} 科普兼职人员		1

表 A.5　公民科学素质资金投入的评判矩阵

资金投入	U_{121}	U_{122}	U_{123}
U_{121} 人均科普经费投入	1		
U_{122} 政府科普经费投入		1	
U_{123} 教育经费投入			1

表 A.6　公民科学素质基础设施投入的评判矩阵

基础设施投入	U_{131}	U_{132}	U_{133}	U_{134}
U_{131} 科技馆体系建设投入	1			
U_{132} 电视台科普节目情况		1		
U_{133} 科研机构、大学向社会开放情况			1	
U_{134} 互联网普及情况				1

表 A.7　公民科学素质公众对科学的理解的评判矩阵

公众对科学的理解	U_{211}	U_{212}	U_{213}	U_{214}	U_{215}	U_{216}
U_{211} 公众对科学术语的了解	1					
U_{212} 公众对科学基本观点的了解		1				
U_{213} 公众对基本科学方法的理解			1			
U_{214} 公众对科学与非科学的鉴别				1		
U_{215} 公众对科技发展与社会进步的理解					1	
U_{216} 公众对科技发展与资源环境的理解						1

表 A.8　公民科学素质公众获取科技知识的方法和渠道的评判矩阵

公众获取科技知识的方法和渠道	U_{221}	U_{222}	U_{223}	U_{224}	U_{225}	U_{226}	U_{227}	U_{228}
U_{221} 公众通过传统媒体获取科技知识	1							
U_{222} 公众通过互联网媒体获取科技知识		1						
U_{223} 公众通过移动媒体获取科技知识			1					
U_{224} 公众通过科技网站获取科技知识				1				
U_{225} 公众通过科技类场馆获取科技知识					1			
U_{226} 专家、学者和网络意见领袖的影响						1		
U_{227} 参加科普活动情况							1	
U_{228} 参与公共科技事务的程度								1

表 A.9　公民科学素质公众对科技的态度的评判矩阵

公众对科技的态度	U_{231}	U_{232}	U_{233}	U_{234}	U_{235}
U_{231} 对科技信息的感兴趣程度	1				
U_{232} 对科技的总体认识		1			
U_{233} 对科学家的认识			1		
U_{234} 对科技发展的认识				1	
U_{235} 对科技创新的态度					1

再次感谢您的参与和支持！

附录 B　调查问卷 2

尊敬的各位女士/先生：

您好！

本问卷用于测试和评估公民科学素质建设的投入水平，以利于对公民科学素质建设投入的有效性进行科学综合评价。答案没有对错之分，烦请您填写此问卷调查表。您所提供的情况，我们将严格保密，有关资料仅仅局限于课题研究使用，请您放心并尽可能地客观回答，切勿遗漏任何一题。感谢您的支持与合作！

问卷填写说明：附表 B.1 中对定性指标采用文字描述，对定量指标参考有关规定和标准，并结合调研情况给出了相应的范围。

附表 B.1 是有关公民科学素质建设投入的有效性评估的调查表，请您在您认为符合公民科学素质建设的实际情况所对应的区域内打钩。

附表 B.1 公民科学素质建设投入的有效性评价定性指标评分调查表

评价标准	有效	较为有效	一般	效用较差	无效
公众对科学术语的了解	公众了解科学研究中基本的术语，并且能够正确理解和合理运用	公众总体上了解科学研究中基本的术语，通常能够正确理解和合理运用	公众对科学研究中基本的术语有一定了解，有时能够正确理解和合理运用	公众对科学研究中基本的术语了解不足，几乎不能够正确理解和合理运用	公众对科学研究中基本的术语不了解，不能够正确理解和合理运用
公众对科学基本观点的了解	公众了解科学技术的本质，能够客观看待生活中的科技信息，有很强的鉴别能力	公众总体上了解科学技术的本质，通常能够客观看待生活中的科技信息，有较强的鉴别能力	公众对科学技术的本质有一定了解，有时能够客观看待生活中的科技信息，有有限的鉴别能力	公众对科学技术的本质了解不足，几乎不能够客观看待生活中的科技信息，有较差的鉴别能力	公众对科学技术的本质不了解，不能够客观看待生活中的科技信息，没有鉴别能力
公众对基本科学方法的理解	公众了解基本的科学研究方法，并能够合理地看待生活中的科技信息，具有很强的鉴别能力	公众总体上了解基本的科学研究方法，一般能够合理地看待生活中的科技信息，有较强的鉴别能力	公众对科学研究方法有一定了解，有时能够客观看待生活中的科技信息，有有限的鉴别能力	公众对科学研究方法了解不足，几乎不能客观看待生活中的科技信息，鉴别能力较差	公众对科学研究方法不了解，不能客观看待生活中的科技信息，没有鉴别能力
公众对科学与非科学的鉴别	公众能够严格区分"伪科学"和商业炒作，对网络炒作严格把关，过滤传播起到严格的把关作用	公众能够大体区分"伪科学"和商业炒作，对网络炒作一定的把关，传播起到一定的过滤作用	公众对"伪科学"和商业炒作有一定的鉴别，对网络炒作起到有限的把关，过滤传播起到有限作用	公众对"伪科学"和商业炒作几乎无鉴别，对网络炒作没有把关，过滤传播没有作用	公众对"伪科学"和商业炒作波助澜，盲目追捧，符号崇拜
公众对科技发展与社会进步的理解	公众能够正确、积极理解科技发展与社会进步的互动关系	公众能够大体上正确、积极理解科技发展与社会进步的互动关系	公众对科技发展与社会进步的互动关系有一定了解	公众对科技发展与社会进步的互动关系不甚了解	公众对科技发展与社会进步的互动关系完全不了解
公众对科技发展与资源环境的理解	公众能够正确、积极理解科技发展与资源环境的互动关系	公众能够大体上正确、积极理解科技发展与资源环境的互动关系	公众对科技发展与资源环境的互动关系有一定了解	公众对科技发展与资源环境的互动关系不甚了解	公众对科技发展与资源环境的互动关系完全不了解

续表

评价标准	有效	较为有效	一般	效用较差	无效
公众通过传统媒体获取科技知识	公众能很好地阅读书本、报纸，并善于从中获取科技信息	公众能够较好地阅读书本、报纸，并比较善于从中获取科技信息	公众具备有限的阅读书本、报纸的能力，并从中获取部分科技信息	公众具备较差的阅读书本、报纸的能力，几乎不能从中获取科技信息	公众不能够阅读书本、报纸，丝毫不能从中获取科技信息
公众通过互联网媒体获取科技知识	公众能够很好地运用互联网和相关网络技术手段，善于从中获取科技信息	公众能够较好地运用互联网和相关网络技术手段，比较善于从中获取科技信息	公众具备有限的运用互联网和相关网络技术的能力，能够从中获取部分科技信息	公众具备较差的运用互联网和相关网络技术的能力，几乎不能从中获取科技信息	公众不能够运用互联网和相关网络技术手段，丝毫不能从中获取科技信息
公众通过移动媒体获取科技知识	公众能够很好地运用移动媒体，善于从中获取科技信息	公众能够较好地运用移动媒体，比较善于从中获取科技信息	公众具备有限的运用移动媒体的能力，能够从中获取部分科技信息	公众具备较差的运用移动媒体的能力，几乎不能从中获取科技信息	公众不能够运用移动媒体等技术手段，丝毫不能够从中获取科技信息
公众通过科技类网站获取科技知识	公众能够很好地通过科技网站获取科技信息，具有很高的科学素质	公众能够较好地通过科技网站获取科技信息，具有较高的科学素质	公众具备有限的通过科技网站获取科技信息能力，科学素质较为一般	公众具备较差的运用科技等技术手段，几乎不能够获取科技信息，科学素质较为低下	公众不能运用科技等技术手段，丝毫不能够从中获取科技信息，不具备科学素质
公众通过科技类场馆获取科技知识	科技类场馆能够通过科学性、知识性的展览内容和参与互动的形式，很好地反映科学原理及技术应用，鼓励公众动手探索实践，较好地培养观众的科学思想、科学方法和科学精神	科技类场馆能够通过科学性、知识性的展览内容反映科学原理及技术应用，培养观众的科学方法和科学精神	科技类场馆能够通过有限的科学性、知识性的展览内容反映部分科学原理及技术应用，在一定程度上培养观众的科学思想、科学方法和科学精神	科技类场馆仅能够通过少量的科学性、知识性的展览内容反映一小部分科学原理及技术应用，几乎不能培养观众的科学思想、科学方法和科学精神	科技类场馆不能够通过科学性、知识性的展览内容反映科学原理及技术应用，丝毫不能培养观众的科学思想、科学方法和科学精神

续表

评价标准	有效	较为有效	一般	效用较差	无效
专家、学者和网络意见领袖的影响	专家、学者和网络意见领袖在自由平等的网络言论空间中能够经常为他人提供信息、观点或建议，并对其他网民施加个人影响力，网民的社会影响力，网民的媒介接近权得到了前所未有的释放	专家、学者和网络意见领袖在自由平等的网络言论空间能够为他人提供信息、观点或建议，并对其他网民施加个人影响，网民有较强的媒介接近权得到一定程度的释放	专家、学者和网络意见领袖在自由平等的网络言论空间能够有效的信息、观点或建议，并对其他网民施加一定的个人影响，具有一定的社会影响力	专家、学者和网络意见领袖在自由平等的网络言论空间仅能为他人提供少量的信息、观点或建议，几乎不能加个人影响，网民施加个人影响，具有较差的社会影响力	专家、学者和网络意见领袖在自由平等的网络言论空间不能为他人提供信息、观点或建议，不能够对其他网民施加个人影响，几乎不具有社会影响力
参加科普活动的情况	公众能够自觉自愿参与到科普活动中，并在活动中有所表现	公众能够较好地参与到科普活动中，一般能在活动中有所表现	公众能够有限地参与到科普活动中	公众较少地参与到科普活动中	公众不能够参与到科普活动中
参与公共科技事务的程度	公众具备参与公共科技事务的能力，能够以科学所强调的价值观念一致的方式与周围的世界打交道	公众大体上具备参与公共科技事务的能力，一般能够以科学所强调的价值观念一致的方式与周围的世界打交道	公众具备有限的参与公共科技事务的能力，能够在一定程度上以科学所强调的价值观念一致的方式与周围的世界打交道	公众具备较差的参与公共科技事务的能力，较少能够以科学所强调的价值观念一致的方式与周围的世界打交道	公众不具备参与公共科技事务的能力，不能够以科学所强调的价值观念一致的方式与周围的世界打交道
对科技信息的感兴趣程度	公众对科技信息具有浓厚的兴趣	公众对科技信息具有较浓厚的兴趣	公众对科技信息具有一定的兴趣	公众对科技信息的兴趣不足	公众对科技信息毫无兴趣
对科技的总体认识	公众能够理解科学精神和科学方法，具备独立思考问题的能力，养成科学思维的习惯，达到具备文化科学素质的程度	公众大体上能够理解科学精神和科学方法，具备独立思考问题的能力，养成科学思维的习惯，大体上具备文化科学素质	公众能够有限地理解科学精神和科学方法，具备有限的独立思考问题的能力，具备文化科学素质的程度一般	公众较少地理解科学精神和科学方法，独立思考问题的能力较差，具备文化科学素质的程度较差	公众不能够理解科学精神和科学方法，不具备独立思考问题的能力，不具备文化科学素质

续表

评价标准	有效	较为有效	一般	效用较差	无效
对科学家的认识	公众能够尊重科学家，并正确看待科学家的工作	公众大体上能够尊重科学家，一般能够正确看待科学家的工作	公众认为科学家及其工作对生活影响一般	公众不太重视科学家及其工作	公众认为科学家及其工作对生活毫无影响
对科技发展的认识	公众能够积极、正确地看待科技发展，享受科技带来的乐趣	公众能够较为积极、正确地看待科技发展，一般能够享受科技带来的乐趣	公众看待科技发展的眼光有限，不太享受科技带来的乐趣	公众不能够积极、正确地看待科技发展，较少享受科技带来的乐趣	公众不能够积极、正确地看待科技发展，不能享受科技带来的乐趣
对科技创新的态度	公众在科学研究、技术发明和产业创新活动中体现出科学意识和科学精神并激励科技创新	公众大体上能在科学研究、技术发明和产业创新活动中体现出科学意识和科学精神并激励科技创新	公众在科学研究、技术发明和产业创新活动中体现出有限的科学意识和科技创新态度	公众在科学研究、技术发明和产业创新活动中体现出较少的科学意识和科技创新态度	公众不能够在科学研究、技术发明和产业创新活动中体现出科学意识和科技创新态度
科技馆体系建设投入	科技馆能够通过科学性、知识性、趣味性相结合的展览内容和参与互动的形式普及科学知识，一般能够培养观众的科学思想、科学方法和科学思维	科技馆能够通过科学性、知识性、趣味性相结合的展览内容和参与互动的形式普及科学知识，在一定程度上能够培养观众的科学思想、科学方法和科学思维	科技馆能够通过有限的科学性、知识性、趣味性相结合的展览内容和参与互动的形式普及科学知识，在一定程度上能够培养观众的科学思想、科学方法和科学思维	科技馆能够呈现少量的科学普及科学知识，展览内容使受众通过展览内容和参与互动的形式取少量知识和信息	科技馆不能够呈现任何科学普及科学知识，展览内容不能使受众通过展览内容和参与互动的形式取知识和信息
电视台科普节目情况	电视台能够通过播放科普节目提高公众的科学素养	电视台基本能够通过播放科普节目提高公众的科学素养	电视台能够通过一定程度上在公众科普节目上提高公众的科学素养	电视台能够通过播放少量的科普节目提高公众的科学素养	电视台不能通过播放科普节目提高公众的科学素养
科研机构、大学向社会开放情况	科研机构、大学能够充分利用自身科技资源，发挥专业优势，建立和完善面向社会的定期开放制度	科研机构、大学能够充分利用自身科技资源，发挥专业优势，建立和完善面向社会的定期开放制度	科研机构、大学能够利用自身科技资源，在一定程度上建立和完善面向社会的定期开放制度	科研机构、大学期有较少的科技资源，面向社会定期开放次数较少	科研机构、大学不能够利用科技资源，不能建立面向社会的定期开放制度

再次感谢您的参与和支持！